高等职业教育“十二五”规划教材

高职高专计算机应用技术系列教材

Photoshop CS6 图形图像处理

（第二版）

赵　军　主　编

关　立　副主编

安　进　主　审

科　学　出　版　社

北　京

内 容 简 介

本书以培养职业能力为核心，以“任务驱动”为理念，以案例为导向，以 Adobe Photoshop CS6 具体应用为主线，介绍了图形图像处理的全过程。全书共分 11 章，有 19 个典型、实用、商业化的任务案例。

本书层次分明、语言流畅、图文并茂，由案例导入（任务）、基础知识（Photoshop 的各个知识点详述）、案例实施（对导入案例用多个工作过程详细实现）、工作实训营（实训操作）、工作实践中常见问题解析（给出工作中经常遇到的问题及解决方法）模块构成项目化教学体系，可以让读者在较短时间内掌握图形图像设计的基本方法和技巧，提高使用 Photoshop CS6 进行平面设计与制作的应用技能。

本书适合作为各职业院校相关专业的教材，也可以作为平面设计爱好者掌握职业技能的实用参考书。

图书在版编目（CIP）数据

Photoshop CS6 图形图像处理/赵军主编. —2 版. —北京：科学出版社，2015

ISBN 978-7-03-043351-0

Ⅰ. ①P… Ⅱ. ①赵… Ⅲ. ①图象处理软件 Ⅳ. ①TP391.41

中国版本图书馆 CIP 数据核字（2015）第 030212 号

责任编辑：赵丽欣 / 责任校对：马英菊
责任印制：吕春珉 / 封面设计：东方人华平面设计部

科学出版社 出版
北京东黄城根北街 16 号
邮政编码：100717
http://www.sciencep.com
北京市京宇印刷厂印刷
科学出版社发行　各地新华书店经销
*
2011 年 8 月第 一 版　开本：787×1092 1/16
2015 年 3 月第 二 版　印张：18 1/2
2020 年 1 月第五次印刷　字数：410 000

定价：37.00 元

（如有印装质量问题，我社负责调换〈北京京宇〉）
销售部电话 010-62140850　编辑部电话 010-62134021

前　言

本书根据目前课程建设和教材改革的新思路进行编写。全书实例均来源于校企合作单位，编写体例采用“项目教学、任务驱动”的方式，充分体现了以培养职业能力为核心的宗旨。

本书是在校企合作的基础上，以工作任务为驱动，每一章（除第 1、2 章外）有案例导入、基础知识、案例实施等模块，通过理论与实际相结合，使读者在完成任务的同时，掌握相关理论知识和使用技巧，掌握工作中平面设计师应该具备的技能。通过每章后的工作实训营，进行实训练习；通过工作实践中常见问题解析和习题，读者能较好地借鉴“前人”的经验，进一步掌握 Photoshop 的使用技巧。本书选取的案例力求体现典型、实用、商业化，同时也非常注重案例的效果体现，不但能提高读者对软件应用技术与艺术创作相结合的能力，而且能提高其在实际工作中的应用技能。

本书是基于全新的 Adobe Photoshop CS6 编写的，共分为 11 章，包括 19 个典型案例、Photoshop CS6 的基础知识、图像文件的基本操作、创建和编辑选区、绘制图像、修饰与编辑图像、图层、文字处理、绘制图形及路径、调整图形图像的色调与色彩、通道与蒙版的应用、应用滤镜、动作与动画、图像的打印与输出等内容。

本书由赵军担任主编，并负责本书的策划、统稿、校对等工作，关立担任副主编，安进担任主审，沈海洋、嵇可可两位老师，企业设计师张磊也给予了本书一定的支持，在此一并表示感谢。

为了方便教学，本书免费配套素材、源文件和电子课件，需要的读者可以到科学出版社网站 www.abook.cn 下载，也可以发邮件到 zhaolx@abook.cn 索取。

由于时间仓促，加之编者水平有限，本中难免存在不妥之处，敬请读者与专家批评指正，以便进一步提高。

目　录

第1章

Photoshop CS6基础知识

本章要点

了解图像处理的基本概念。

了解 Photoshop CS6 的新增功能。

熟悉 Photoshop CS6 的工作环境。

了解 Photoshop CS6 的系统设置。

掌握辅助编辑工具的使用方法。

技能目标

掌握 Photoshop CS6 系统的个性化设置方法。

掌握辅助编辑工具的使用方法和技巧。

引导问题

与图像有关的基础知识有哪些?

Photoshop CS6 的新增功能有哪些?

如何快速熟悉 Photoshop CS6 的工作界面?

Photoshop CS6 的工作界面中哪些面板是常用的?

Photoshop CS6 图像编辑过程中常用的辅助工具有哪些?

基础知识

1.1 图像设计的相关术语

1. 设计

设计（Design）指设计师有目标、有计划地进行技术性的创作活动。设计的任务不只是为生活和商业服务，同时也有艺术性的创作。

随着现代科技的发展、知识社会的到来、创新形态的嬗变，设计也正由专业设计师的工作向更广泛的用户参与演变，以用户为中心的、用户参与的创新设计日益受到人们关注。设计不仅通过视觉的形式传达出来，而且通过听觉、嗅觉、触觉传达出来以营造一定的感官感受。

2. 平面设计

平面设计（Graphic Design）也称视觉传达设计，以“视觉”作为沟通和表现的方式，结合符号、图片和文字等多种方式来创造，借此做出用来传达想法或讯息的视觉表现。平面设计师利用字体排印、视觉艺术、版面（Page Layout）等方面的专业技巧达成创作计划的目的。平面设计通常指制作（设计）时的过程，以及最后完成的作品。

平面设计的常见用途包括标志（商标和品牌）、出版物（杂志、报纸和书籍）、平面广告、海报、广告牌、网站图形元素等。例如，产品包装可能包括商标或其他的艺术作品、编排文本和纯粹的设计元素（如风格统一的图像、形状和颜色）。组合是平面设计的重要特性之一，尤其是当产品使用预先存在的材料或多种元素时，这种特性更加凸显。

3. CI/VI

CI 是英文 Corporate Identity 的缩写，意译为企业形象识别或品牌形象识别。CI 又称 CIS（企业识别系统的简称）。CI 是指企业有意识、有计划地委托专业 CI 公司策划、设计、制作《企业识别系统 CI 手册》或《品牌识别系统 CI 手册》，将企业或品牌信息进行统一化、标准化、美观化的展示，让顾客、消费者或社会公众印象深刻，认“牌”购买，借此积累品牌印象，提高经济效益和社会效益。

CI 有 3 个要素，即理念识别（Mind Identity，MI，即企业思想系统）、视觉识别（Visual Identity，VI，即品牌视觉系统）、行为识别（Behavior Identity，BI，即行为规范系统）。这些要素相互联系，相互作用，有机配合。

CI 将企业经营理念与精神文化运用整体传达系统（特别是视觉传达系统），将讯息传达给企业内部和社会大众，使其对企业产生一致的价值认同感和凝聚力。

MI 是整个 CI 工程的核心与灵魂，在结构图的“品”字排序中处在上方位置，引领着整个 CI 工程的走向与发展，VI 与 BI 都是它的外在表现。MI 包括经营宗旨、经营方针、经营价值观 3 个方面内容。

VI 是 CI 工程中形象性最鲜明的一部分。VI 是以标志、标准字、标准色为核心展开的完整的、系统的视觉表达体系。它将企业理念、企业文化、服务内容、企业规范等抽象概念转换为具体符号，塑造出独特的企业形象。

VI 系统包括基本要素系统和应用系统。

1）基本要素系统：如企业名称、企业标志、企业造型、标准字、标准色、象征图案、宣传口号等。

2）应用系统：如产品造型、办公用品、企业环境、交通工具、服装服饰、广告媒体、招牌、包装系统、公务礼品、陈列展示及印刷出版物等。

1.2　图像处理的基本概念

在学习使用 Photoshop CS6 前，必须先了解一些图像处理的基础知识，以便更加有效、合理地使用 Photoshop 应用软件对图像文件进行编辑处理。

1.2.1　像素和分辨率

1. 像素

像素（Pixel）是组成位图图像的最小单位，其形态是一个小方点。一个图像文件的像素越多，包含的图像信息越丰富，能表现的细节越多，图像质量也越高，但保存文件所需的磁盘空间也会越大，编辑和处理图像的速度会越慢。

2. 分辨率

分辨率是指每英寸位图图像所含的像素点的数量，常以像素/英寸（ppi）为单位来表示。单位长度上的像素点越多，图像就越清晰。常见的分辨率有以下 3 种。

（1）图像分辨率

图像分辨率指图像中的每个单位长度上像素点的多少，常以像素/英寸（ppi，1in≈2.45cm）为单位来表示。例如，168ppi 表示图像中每英寸包含 168 个像素点。

（2）显示器分辨率

显示器分辨率指计算机屏幕上显示的像素的大小，常以像素为单位来表示。台式计算机显示器常用分辨率一般为 1024×768 像素。而对于配置了较好的显卡和显示器的计算机，其显示器分辨率更高。

在计算机的显卡和显示器支持高分辨率的情况下，同样大小的显示器屏幕上会显示更多的像素。这是因为显示器的恒定大小是不会改变的，所以每个像素随着分辨率的增大而变小，整个图形也随之变小，但是在屏幕上显示的内容大大增多了。

（3）打印分辨率

打印分辨率指绘图仪或者打印机等输出设备，在输出图像时每英寸所产生的油墨点数，常以点/英寸（dpi）为单位来表示。使用与打印机输出分辨率成正比的图像分辨率，能产生较好的输出效果。

1.2.2　位图和矢量图

计算机图形可以分为位图和矢量图两大类，Photoshop 是一款位图处理软件。

1. 位图

位图也称为点阵图或栅格图像，是由许多点组成的，这些点称为像素。当把位图放大到一定程度显示时，在计算机屏幕上可以看到很多方形小色块，这就是组成图像的像素，位图存储的是每个像素的位置和色彩信息，因此位图可以精确、细腻地表达丰富的图像色彩。其文件大小和质量取决于图像中像素点的多少。图 1.1 和图 1.2 所示分别为位图放大前后的对比效果。

图 1.1 位图放大前效果

图 1.2 位图放大后效果

2. 矢量图

矢量图又称为向量图或面向对象绘图，与位图构成（由像素构成）有所不同，它是由点、线、面（颜色区域）等元素构成的。

由于矢量图不是由像素构成的，并且保存图像信息的方法也与分辨率无关，因此矢量图缩放后不会影响清晰度和光滑度，图像不会产生失真效果。图 1.3 和图 1.4 所示分别为矢量图放大前后的对比效果。

图 1.3 矢量图放大前效果

图 1.4 矢量图放大后效果

1.2.3 图像常用文件格式

由于处理图像的软件种类很多，每种软件具有各自的文件格式，面对不同的工作选择不同的文件格式非常重要。例如，图像用于彩色印刷时，图像文件要求为 TIFF 格式，而互联网中的图像文件因传输时要求容量小，所以采用高压缩比的 GIF 和 JPEG 格式，Photoshop CS6 支持 20 多种文件格式。下面介绍几种常用的文件格式。

1. PSD/PSB 格式

PSD 格式是 Photoshop 软件的默认格式，其优点是可以保存图像的每一个细节，也是唯一可以存取 Photoshop 特有的文件信息和所有色彩模式的格式。

PSB 格式是 Photoshop 中新增的一种文件格式，属于大型文件，除了具有 PSD 格式所有属性外，其最大的特点是支持宽度和高度最大达 30 万像素的文件，但 PSB 格式也有缺点，如存储文件大，占用磁盘空间多，适用性较差。

2. BMP 格式

BMP 格式是 DOS 和 Windows 操作系统兼容的计算机上的标准图像格式，其特点是包含图像信息比较丰富，几乎不对图像进行压缩，但文件容量大。

3. JPEG 格式

JPEG（JPG）格式是一种高压缩比、有损压缩真彩色的图像文件格式，其优点是所占磁盘空间较小，但 JPEG 格式在压缩保存过程中，以失真最小的方式丢掉一些肉眼无法分辨的图像像素，不适合放大观看。

小提示：

由于文件在存档的时候经过删除，因此再次打开时那些被删除的像素将无法被还原，这种类型的压缩文件称为有损压缩或失真压缩文件。

4. TIFF 格式

TIFF 格式是印刷行业标准的图像格式，通用性很强，绝大多数图像处理软件及排版软件都支持这种格式，被广泛应用于程序之间和计算机平台之间进行图像数据交换。

5. GIF 格式

GIF 格式是一种非常通用的图像格式，最多能保存 256 种颜色，并且使用 LZW 压缩方式压缩文件，文件容量较小，非常适合网络传输。GIF 格式还可以保存动画。

6. EPS 格式

EPS 格式是一种通用的行业标准格式，可以同时包含像素信息和矢量信息。除多通道模式的图像外，其他模式都可以存储为 EPS 格式，但其不支持 Alpha 通道。EPS 格式支持剪切路径，在排版软件中可以产生镂空或蒙版效果。

1.2.4 图像的颜色模式

图像的颜色模式决定显示和输出图像的颜色模型。颜色模式即用于表现颜色的一种数学算法，是指一幅图在计算机中显示或输出的方式。Photoshop 中常见的颜色模式有位图、灰度、双色调、RGB 颜色、CMYK 颜色、Lab 颜色、索引颜色、多通道及 8 位和 16 位通道等模式。图像颜色模式不同，对图像的描述和能显示的颜色数量也不同。此外，图像的颜色模式不同，图像的通道数和大小也不同。

1. RGB 颜色模式

RGB 颜色模式是测光的颜色模式，R 代表红色（Red），G 代表绿色（Green），B代表蓝色（Blue）。这 3 种色彩叠加形成其他颜色，因为这 3 种颜色每一种都有 256 个亮度水平级，所以彼此叠加能形成 256×256×256（约为 1680 万）种颜色。由于 RGB 颜色模式是由红、绿、蓝相叠加而形成其他颜色，因此该模式也称为加色模式。图像色彩由 RGB 数值决定。当 RGB 数值均为 0 时，为黑色；当 RGB 数值均为 255 时，为白色。

2. CMYK 颜色模式

CMYK 颜色模式是印刷中必须使用的颜色模式。C 代表青色，M 代表洋红，Y 代表黄色，K 代表黑色。在实际应用中，青色、洋红和黄色很难形成真正的黑色，因此引入黑色用来强化暗部色彩。在 CMYK 颜色模式中，由于光线照到不同比例的 C、M、Y、K 油墨纸上，部分光谱被吸收，反射到人眼中产生颜色，因此该模式是一种减色模式。使用 CMYK 颜色模式产生颜色的方法叫做色光减色法。

3. Lab 颜色模式

Lab 颜色模式是依据国际照明委员会（CIE）为颜色测量而定的原色标准得到的，是一种与设备无关的颜色模式。在 Lab 颜色模式中，L 表示亮度，其值在 0～100 之间，a 表示在红色到绿色范围内变化的颜色分量，b 表示在蓝色到黄色范围内变化的颜色分量，a、b 两个分量的变化范围为-120～+120。当 a=b=0，L 从 0 变为 100 时，表示从黑到白的一系列灰色。Lab 颜色模式包含的颜色范围最广，能够包含所有的 RGB 颜色模式和 CMYK 颜色模式中的颜色。

1.3 Photoshop CS6 新增功能

Photoshop CS6 是 Adobe Creative Suite 6 套件中大家最熟悉的重要组件。Photoshop CS6 软件包括全新的 Adobe Mercury 图形引擎，采用了全新的用户界面，重新开发了设计工具，可利用最新的内容识别技术更好地修复图片，为用户提供更多的选择工具；具有超快的性能和现代化的 UI，编辑时可获得即时结果。Photoshop CS6 可以有效增强用户的创造能力，大幅提升用户的工作效率。

1. 内容识别修补

Photoshop CS6 提供非常强大的内容识别修补功能用于修补图像，用户可以轻松选择示例区域，使用内容识别修补功能制作出神奇的修补效果，如图 1.5 所示。

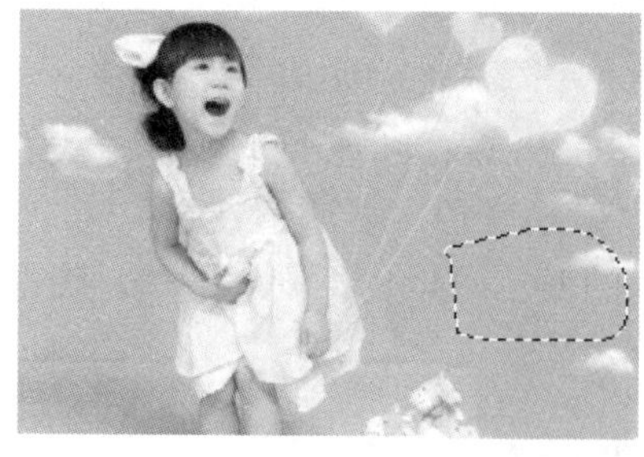

a）修补前

b）修补后

图 1.5 内容识别修补

2. Mercury 图形引擎

全新的Mercury图形引擎拥有前所未有的响应速度，让用户工作起来如行云流水般流畅。当使用 Photoshop CS6 的液化、操控变形和裁剪等主要工具进行编辑时，能够即时查看实时效果，如图 1.6 所示。

3. 全新和改良的设计工具

Photoshop CS6 提供全新和改良的设计工具，例如，应用文字样式以产生一致的格式，使用矢量画层应用画笔并将渐变添加至矢量目标，创建自定义画笔和图案，快速搜索图层等，能帮助用户更快地创作出更高级的设计。

4. 全新的 Blur Gallery

Photoshop CS6 能够使用简单的界面，借助图像控件快速创建照片模糊效果，如创建倾斜偏移效果，模糊所有内容，锐化一个焦点或在多个焦点改变模糊强度。

5. 全新的裁剪工具

Photoshop CS6 可以使用全新的非破坏性裁剪工具快速精确地裁剪图像。在画布上控制用户的图像，并借助 Mercury 图形引擎实时查看调整结果，裁剪工具使用效果如图 1.7 所示。

图 1.6 图形引擎

图 1.7 全新的裁剪工具

6. 全新的用户界面

Photoshop CS6 使用全新典雅的用户界面，深色背景的选项可凸显用户的图像，数百项设计改进为用户提供更顺畅、更一致的编辑体验，用户界面如图 1.8 所示。

7. 直观的视频创建

Photoshop CS6 提供的强大功能可以方便用户编辑视频素材。用户可以利用 Photoshop 中的各种工具轻松地处理视频，如图 1.9 所示。然后使用一套直观的视频工具制作影片。

8. 自适应广角

Photoshop CS6 能够轻松拉直全景图像或使用鱼眼或广角镜头拍摄的照片中的弯曲对象。通过全新的画布工具，可运用个别镜头的物理特性自动校正弯曲，如图 1.10 所示。

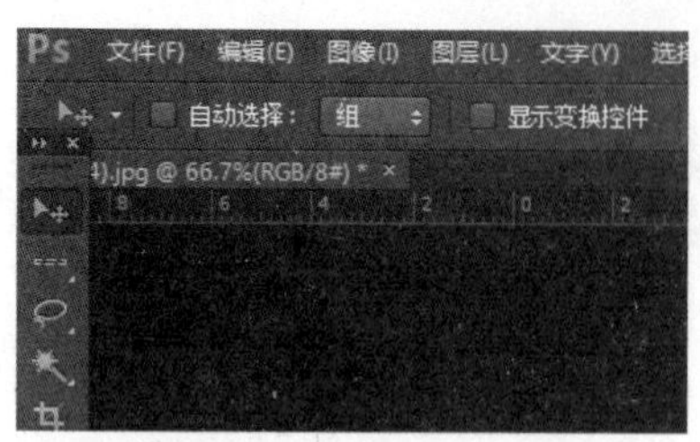

图 1.8 全新的用户界面

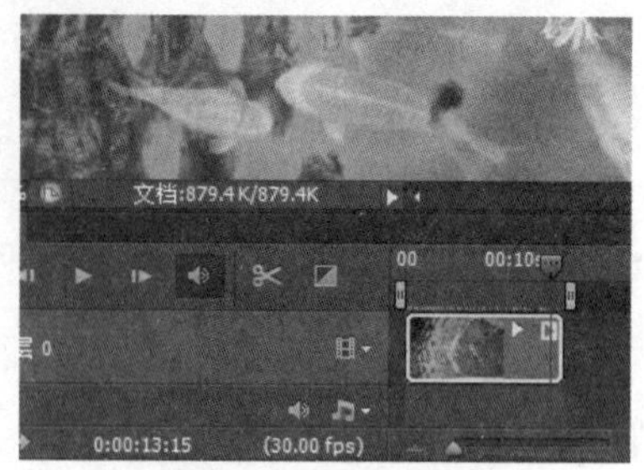

图 1.9 视频创建

9. 强大的后台存储能力

Photoshop CS6 改善性能以协助提高用户的工作效率。即使在后台存储大型的 Photoshop 文件，用户也能继续工作。

10. 自动恢复

Photoshop CS6 的自动恢复功能可在后台运行，因此可以在不影响用户操作的同时存储编辑内容。每隔 10min 存储用户工作内容，以便在意外关机时可以自动恢复用户的文件。

11. 改进的自动校正功能

Photoshop CS6 可以利用改良的自动弯曲、色阶和亮度/对比度功能增强用户的图像效果。Photoshop CS6 智能内置了数以千计的手工优化图像，为修改奠定基础，色阶自动校正效果如图 1.11 所示。

（a）校正前 （b）校正后

图 1.10 自动校正弯曲对比

（a）校正前

（b）校正后

图 1.11 自动校正色阶对比

1.4 Photoshop CS6 工作界面与首选项设置

1.4.1 工作界面

启动 Photoshop CS6 后，打开任意图像文件可显示工作界面，所有图像的处理工作都是在工作界面中完成的，如图 1.12 所示。

1. 菜单栏

菜单栏是 Photoshop CS6 的重要组成部分，其中包括 Photoshop 的大部分操作命令。

图 1.12 Photoshop CS6 的工作界面

Photoshop CS6 将所有的操作命令分类后，分别放置在 11 个菜单中，如图 1.13 所示。

Ps 文件(F) 编辑(E) 图像(I) 图层(L) 文字(Y) 选择(S) 滤镜(T) 3D(D) 视图(V) 窗口(W) 帮助(H)

图 1.13 Photoshop CS6 的菜单栏

选择其中任一菜单，就会出现一个下拉菜单，如图 1.14 所示。在下拉菜单中，如果命令显示为浅灰色，则表示该命令目前状态为不可执行；命令右方的字母组合代表该命令的快捷键，按相应快捷键即可快速执行该命令，使用快捷键有助于提高工作效率；若命令后面带省略号，则表示执行该命令后，将会弹出对话框。

Ps 文件(F) 编辑(E) 图像(I) 图层(L) 文字(Y) 选择(S) 滤镜(T) 3D(D) 视图(V) 窗口(W)
案例1 @ 100%(RGB/8)
全部(A) Ctrl+A
取消选择(D) Ctrl+D
重新选择(E) Shift+Ctrl+D
反向(I) Shift+Ctrl+I

图 1.14 下拉菜单

2. 工具箱

Photoshop CS6 的工具箱中包含用于创建和编辑图像、页面元素等对象的过程中频繁使用的工具和按钮，单击工具箱顶部的▶▶按钮，可以将工具箱切换为双列显示。

要使用某工具，可单击工具箱中的工具图标，将其激活。通过工具图标，可以快速识别工具类型，如套索工具是绳索的形状。工具箱中的许多工具并没有直接显示出来，而是以成组的形式隐藏在工具按钮组中，如单击【套索工具】图标并保持 1s 左右，或右击工具按钮，即可显示该组所有工具。此外，使用快捷键可以更快速地选择所需工具，如按 L 键，选择套索工具，按 Shift+L 快捷键，将在这组工具之间切换，工具箱如图 1.15 所示。

3. 工具属性栏

当在工具箱中选择了一个工具后，工具属性栏就会显示该工具相应的属性，以便对所选工具的参数进行设置。工具属性栏的内容随着选取工具的不同而改变，单行选框工具属性栏如图 1.16 所示。

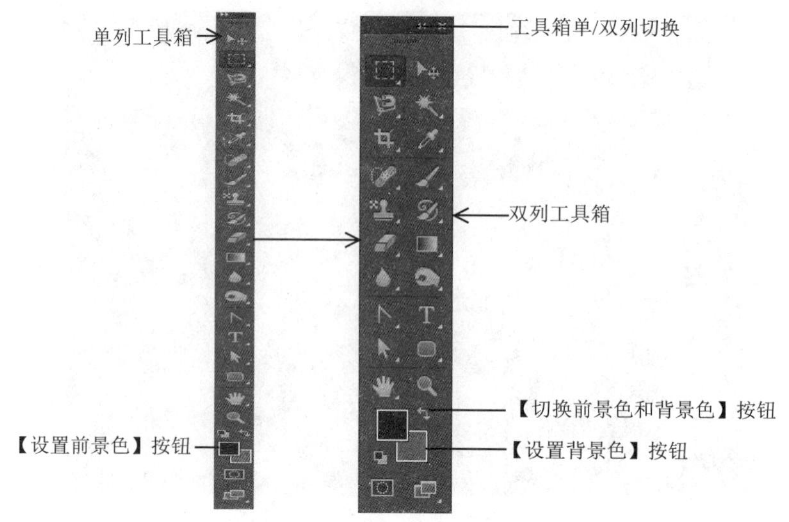

图 1.15　工具箱

图 1.16　单行选框工具属性栏

4. 面板

面板是 Photoshop CS6 工作区中非常重要的组成部分，通过面板可以完成图像处理时工具参数的设置，以及图层、路径编辑等操作。

在默认状态下，启动 Photoshop CS6 后，常用面板一般放置在工作区的右侧面板组（见图 1.17）中。对于一些不常用面板，可以通过选择【窗口】菜单中的相应命令，使其显示在操作窗口内。

通过选择【窗口】菜单中相应的面板名称，可打开所需的面板，如图 1.18 所示。如果面板名称前面有“ √ ”，则说明该面板已经打开。

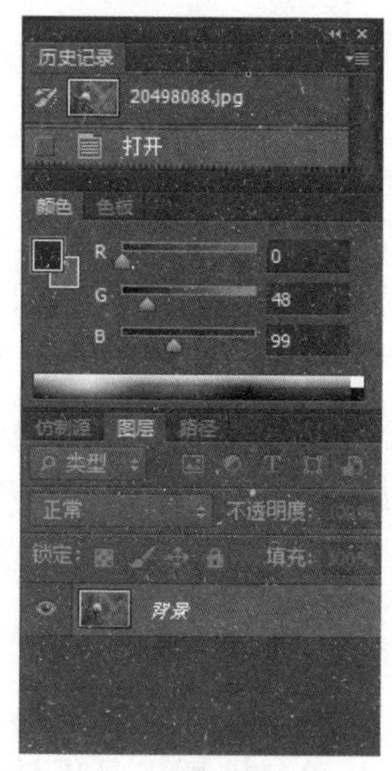

图 1.17　面板组

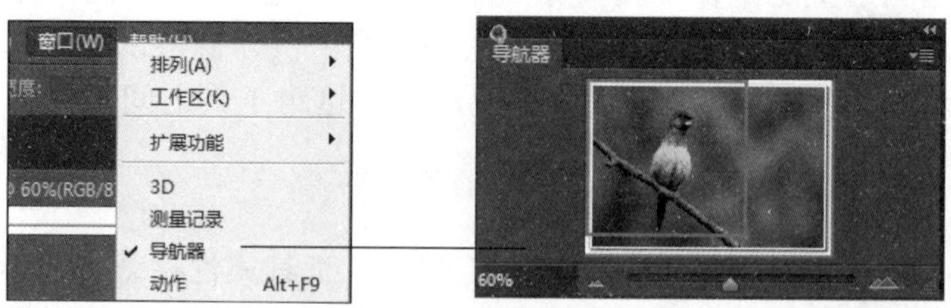

图 1.18　打开面板

要关闭面板，可以直接单击面板组右上角的【关闭】按钮，用户也可以通过面板菜单中的【关闭】命令关闭面板，或选择【关闭选项卡组】命令关闭面板组，如图 1.19 所示。

图 1.19 关闭面板

在默认设置下，每个面板组包含 2～3 个不同的面板，如需要将两个面板分离，只要在面板名称标签上按住鼠标左键并拖动，将其拖出面板组后，释放鼠标左键即可。若要合并面板，只要按住鼠标左键拖动面板名称标签到要合并的面板上，释放鼠标左键即可。

5. 屏幕模式

Photoshop CS6 提供了标准屏幕模式、带有菜单栏的全屏模式和全屏模式 3 种屏幕模式。可以选择【视图】|【屏幕模式】命令，或单击应用程序栏上的【屏幕模式】下拉按钮，从打开的下拉列表中选择所需要的模式即可，如图 1.20 所示。

图 1.20 屏幕模式

6. 状态栏

状态栏位于文档窗口的底部，用于显示当前图像的缩放比例、文件大小及有关使用当前工具的简要说明等信息。在最左端的数值框中输入数值，然后按 Enter 键，可以改变图像窗口的显示比例。另外，单击状态栏上的▶按钮，可以弹出快捷菜单，通过快捷菜单中的命令可以设置状态栏中显示的内容，如图 1.21 所示。

1.4.2 首选项设置

设置 Photoshop CS6 的首选项，可以有效地提高 Photoshop 的运行效率，使其更加符合用户的操作习惯，下面介绍几个常用的设置。

选择【编辑】|【首选项】命令（或直接按 Ctrl+K 快捷键），在子菜单中选择所需的首选项组，如图 1.22 所示；或打开【首选项】对话框，通过单击【下一个】按钮显示列表中的下一个首选项，单击【上一个】按钮显示上一个首选项。

下面说明常用的设置。

1. 【界面】设置

在【首选项】对话框中选择【界面】选项，打开如图 1.23 所示的界面。

1)【外观】选项组。在这里可以选择不同的颜色主题，这是 Photoshop CS6 的新功能。如果不习惯默认的深灰，也可以切换为 CS5 风格的浅灰。

2)【选项】选项组。【以选项卡方式打开文档】选项和【启用浮动文档窗口停放】选项用于设置打开文件的方式，以选项卡的方法排列，或独立自由浮动在窗口中。

图 1.21　状态栏中显示的内容

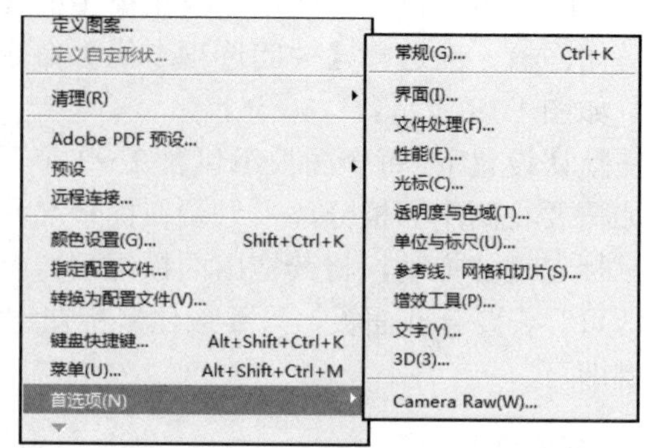

图 1.22　【首选项】子菜单

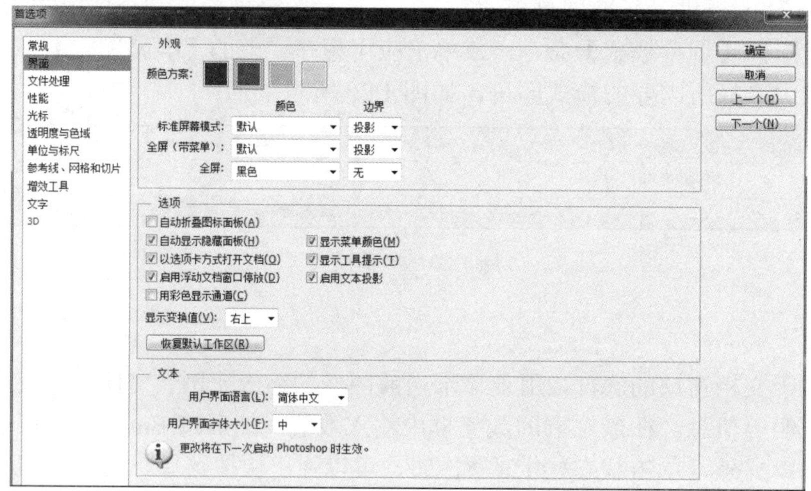

图 1.23　【界面】选项

2.【文件处理】设置

在【首选项】对话框中选择【文件处理】选项，打开如图 1.24 所示的界面。

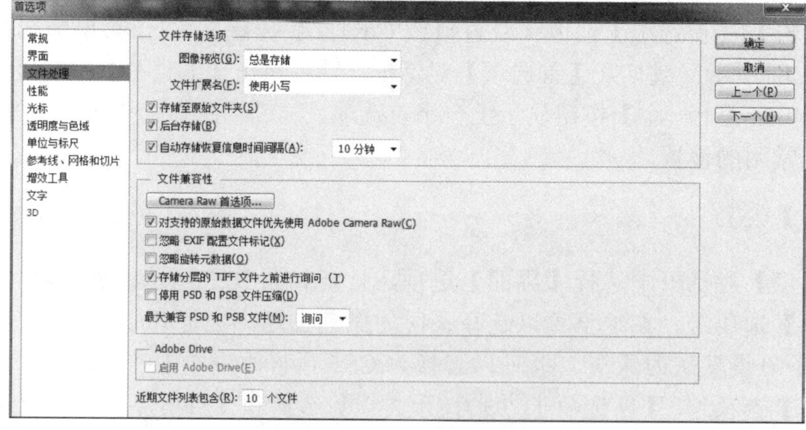

图 1.24　【文件处理】选项

设置文件保存位置时，Photoshop 允许设置将文件默认存储至原始文件夹还是上一次保存的文件夹，可以通过勾选或取消勾选【存储至原始文件夹】复选框实现。

3. 【性能】设置

在【首选项】对话框中选择【性能】选项，打开如图 1.25 所示的界面，其中包括以下几个选项组。

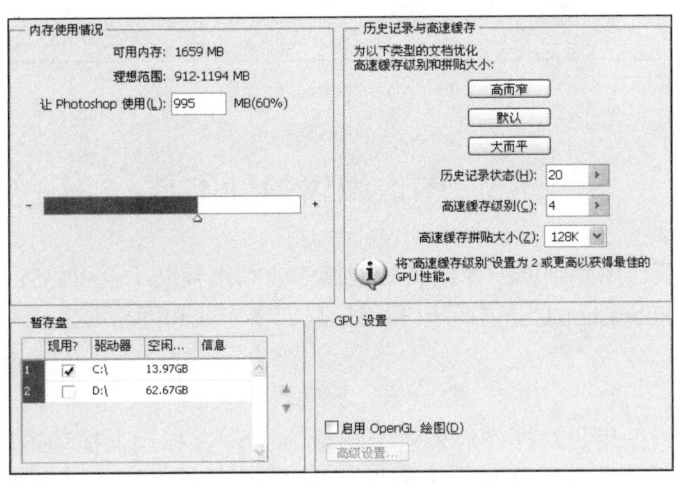

图 1.25 【性能】选项

1）【内存使用情况】选项组。处理图片需要比较大的内存才能保证速度，所以需要确保 Photoshop 有足够的内存容量来保存大量数据，其具体数值可以根据用户的内存容量而定。

2）【暂存盘】选项组。该选项组用于设置 Photoshop 的虚拟内存，不要将其设置到系统盘（一般是 C:\），也不要设置到分配了虚拟内存的磁盘和正在处理的文档的所在磁盘，以上情况都会造成 Photoshop 与系统争抢资源而降低使用性能。

3）【历史记录与高速缓存】选项组。【历史记录状态】数值框显示它记录的次数，即按 Ctrl+Alt+Z 快捷键的有效次数，当然这也是建立在内存消耗上的。

【高速缓存级别和拼贴大小】选项组默认有 3 个选项可供选择：高而窄（图层多且尺寸小）、默认（尺寸和图层数皆适中）、大而平（尺寸大且图层少），用户按照自己的需要设置即可。

4）【GPU 设置】选项组。显卡好的用户，可以通过勾选【启用 OpenGL 绘图】复选框启用 Photoshop CS6 的 3D 功能绘图。

4. 【光标】设置

在【首选项】对话框中选择【光标】选项，打开如图 1.26 所示的界面，在【绘画光标】选项组中可以设置绘画光标的样式。

小提示：

最好分出一个大小足够的区域，用于专门存放 Photoshop 的临时文件，并经常对其进行碎片整理以获得更高的性能。

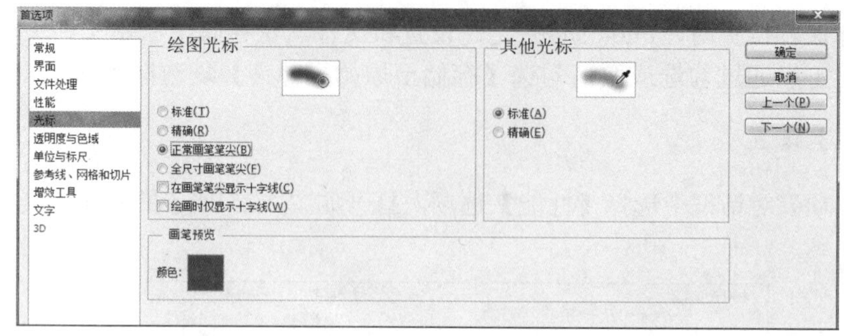

图 1.26　【光标】选项

1.5　图像编辑辅助工具

辅助工具的主要作用是辅助图像编辑处理操作。利用辅助工具可以提高操作的精确程度，提高工作效率。在 Photoshop CS6 中可以利用标尺、参考线和网格等工具来完成辅助操作。

1.5.1　标尺

标尺主要用于帮助用户对操作对象进行测量，此外，在标尺上拖动可以快速建立参考线。

显示标尺：选择【视图】|【标尺】命令或按 Ctrl+R 快捷键，可以在图像窗口的顶部和左侧分别显示水平标尺和垂直标尺，如图 1.27 所示。

图 1.27　标尺的显示及设置

更改标尺单位：移动光标至标尺上右击，从弹出的快捷菜单中选择所需的单位。

调整标尺位置：系统默认标尺原点（0，0）为图像左上角，如需移动原点位置，移动光标至标尺左上角水平和垂直标尺交界处的方格内，按住鼠标左键向画布方向拖动即可。如想让标尺原点回到系统默认位置，双击界面左上角标尺交界处即可。拖动时按住 Shift 键，可以使标尺原点与标尺刻度对齐。为了得到准确的读数，请按 100%的显示比例显示图像。

1.5.2　参考线、网格

参考线和网格的作用是帮助用户精确地定位图像或元素。参考线显示为浮动在图像上方的一些不会打印出来的线条，可以移动、删除、锁定（防止其意外移动）。

智能参考线可以帮助用户对齐形状、切片和选区。当绘制形状或创建选区、切片时，智能参考线会自动出现。如果需要，可以隐藏智能参考线。

网格对于排列对称像素很有用，在默认情况下显示为不打印出来的线条，但也可以显示为点。

1. 显示或隐藏网格、参考线或智能参考线

执行下列操作之一：

- 选择【视图】|【显示】|【网格】命令（按 Ctrl+’ 快捷键）。
- 选择【视图】|【显示】|【参考线】命令（按 Ctrl+; 快捷键）。
- 选择【视图】|【显示】|【智能参考线】命令。
- 选择【视图】|【显示额外内容】命令。此命令可用于显示或隐藏图层边缘、选区边缘、目标路径和切片。

2. 创建参考线

执行以下操作之一。

方法一：选择【视图】|【新建参考线】命令，在打开的【新建参考线】对话框中设置参考线的取向和位置，单击【确定】按钮即可添加一条新的参考线，如图 1.28 所示。

方法二：在标尺显示的情况下，可将鼠标指针置于窗口顶端或左侧的标尺上，按住鼠标左键，当指针变成形状或形状时，拖动到合适的位置后释放左键，该参考线即可显示在图像窗口中，如图 1.29 所示。

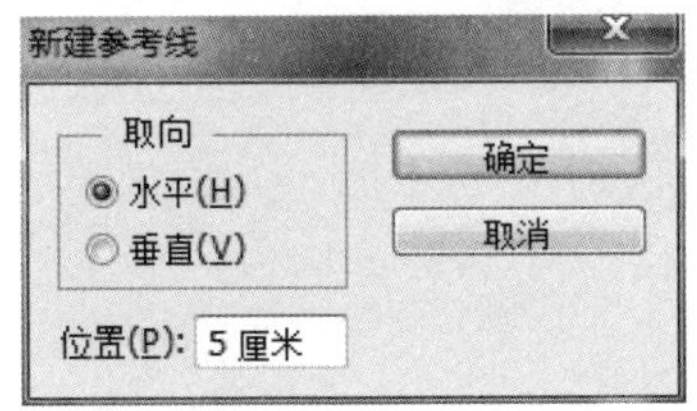

图 1.28 【新建参考线】对话框

图 1.29 创建参考线

3. 移动、删除、锁定参考线

将鼠标指针置于参考线上（指针会变为双箭头），拖动参考线以移动它。

如需删除某条参考线时，只需将该参考线拖到图像窗口区域外即可。若想删除所有参考线，可选择【视图】|【清除参考线】命令来完成。

若将参考线在图像窗口中定位好之后，担心在编辑图像时会误操作参考线，可选择【视图】|【锁定参考线】命令将其锁定。若想对参考线再次进行编辑，则需要再次选择【视图】|【锁定参考线】命令将其解锁。

4. 设置参考线、网格和切片

选择【编辑】|【首选项】|【参考线、网格和切片】命令，打开如图 1.30 所示的界面。

设置参考线和网格首选项如下。

【颜色】选项：为参考线或网格选择一种颜色。

【样式】选项：为参考线或网格选取一种显示样式。

【网格线间隔】选项：设置网格线间距的数值。在【子网格】文本框中输入一个值，将依据该数值来细分网格。

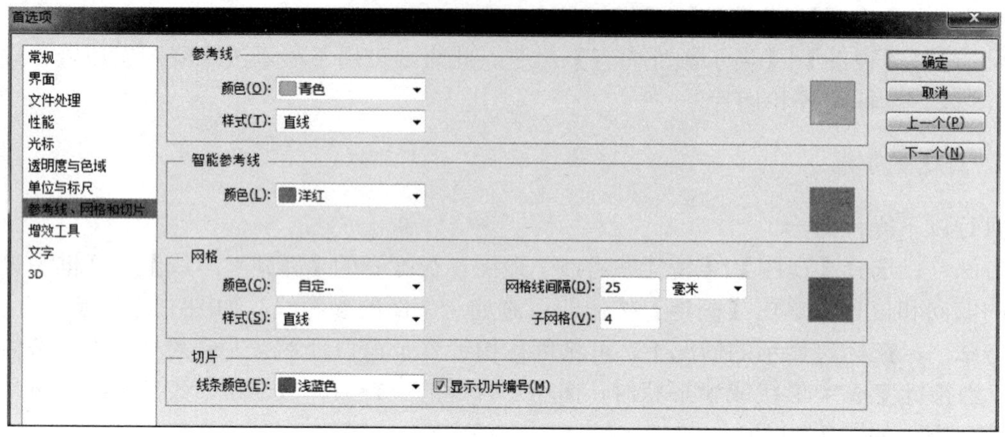

图 1.30 【参考线、网格和切片】选项

习　　题

1．简述矢量图和位图的区别。
2．简述常用的色彩模式及其特点。
3．简述位图的常用格式及其特点。
4．简述 Photoshop CS6 中常用系统参数的设置内容。
5．打开任意图片，设置其标尺、参考线、网格线。

第2章

图像文件的基本操作

本章要点

掌握图像文件的新建、打开和排列操作。

掌握图像文件的存储、关闭和置入操作。

掌握缩放图像、调整图像大小和画布大小的方法。

技能目标

掌握 Photoshop CS6 图像文件的基本操作方法。

掌握图像文件操作的快捷方式和技巧。

引导问题

如何在 Photoshop CS6 中新建、打开图像文件？

如何调整图像大小和画布大小？

如何进行图像的缩放？

基础知识

2.1 图像文件的新建、打开和排列

在使用 Photoshop CS6 编辑图像文件之前，必须先掌握图像文件的基本操作，以便用户能够更好、更有效地绘制和处理图像文件。

2.1.1 新建图像文件

新建图像文件操作步骤如下。

1）选择【文件】|【新建】命令或者按 Ctrl+N 快捷键。

2）在打开的【新建】对话框中，设置文件名称、宽度、高度、分辨率、颜色模式、背景内容等，如图 2.1 所示。

3）完成设置后单击【确定】按钮，这样就新建了一个空白图像文件。

2.1.2 打开图像文件

在处理图像文件时，经常需要打开保存的素材图像进行编辑。在 Photoshop CS6 中打开和导入不同格式的图像文件非常简单，具体操作步骤如下。

1）选择【文件】|【打开】命令或者按 Ctrl+O 快捷键，也可以在工作区窗口（注意：不是图像窗口）中双击。

2）在打开的【打开】对话框中，选择需要打开的文件，如图 2.2 所示。

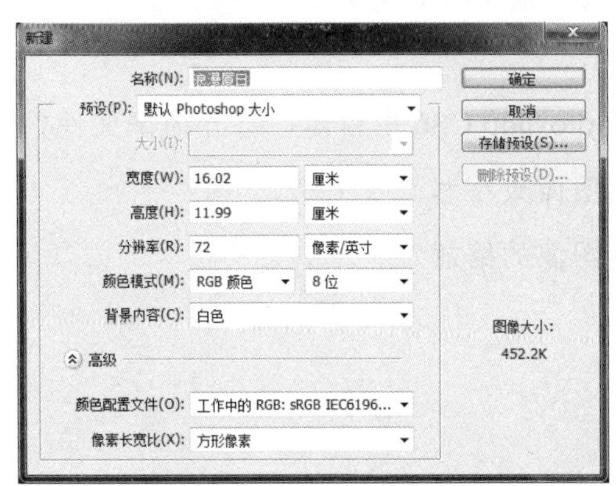
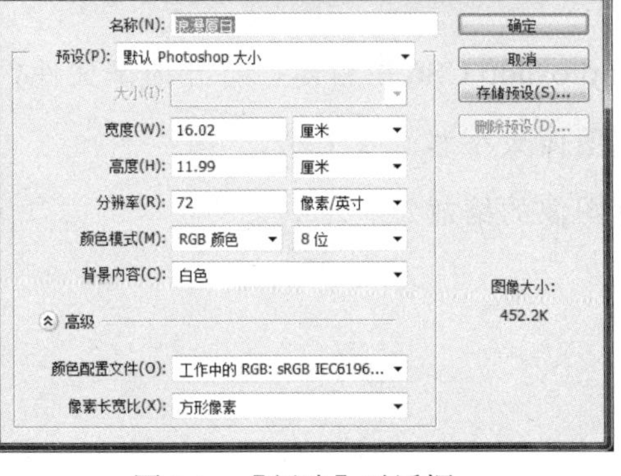

图 2.1 【新建】对话框

图 2.2 【打开】对话框

3）单击【打开】按钮，即可将所选文件在 Photoshop CS6 中打开。

2.1.3 排列图像文件

在使用 Photoshop CS6 的时候，有时打开了许多素材图片，为了操作方便要对其进行排列。这时，可以单击图像窗口的标题栏并按下鼠标左键，将图像窗口拖动到合适位置后释放左键即可。另外，使用 Photoshop CS6 的【排列】命令可对图像窗口进行有序的排列。排列方式主要有以下几种。

1）层叠：选择【窗口】|【排列】|【使所有内容在窗口中浮动】命令，可以得到多个图像文件相叠的效果（【编辑】|【首选项】|【界面】里面设置不用选项卡方式打开文档，就和之前版本的Photoshop一样，选择【层叠】实现），如图2.3所示。

2）平铺：选择【窗口】|【排列】|【平铺】命令，可以得到多个图像水平平铺的效果，如图2.4所示。

图2.3　层叠效果

图2.4　平铺效果

3）将所有内容合并到选项卡：选择【窗口】|【排列】|【将所有内容合并到选项卡中】命令，可以得到如图2.5所示的效果。

图2.5　将所有内容合并到选项卡中效果

2.2　图像文件的存储、关闭和置入

1. 存储图像文件

当完成了自己的作品后，需要将图像文件进行保存，具体操作步骤如下。

1）选择【文件】|【存储】命令或者按Ctrl+S快捷键。

2）如果是第一次保存图像文件，将打开【存储为】对话框，可在其中设置保存后的文件名、文件格式及存储图像时保留和放弃的选项等，如图2.6所示。设置好后单击【保存】按钮即可。如果是对已保存过的文件，编辑后再存储，按Ctrl+S快捷键直接保存，不弹出【存储为】对话框。如果希望对已保存过的文件换名称或换格式保存，

则可以选择【文件】|【存储为】命令或者按 Shift+Ctrl+S 快捷键，将文件另存为一个新的文件名，原文件仍然存在并且没有被覆盖。

Photoshop CS6 还提供了“存储为 Web 所用格式”的保存方法，这种方法的好处是可以对现有文件进行分割，以便在网页中使用。

3）单击【保存】按钮即可将文件保存。

2. 关闭图像文件

同时打开多个图像文件会占用系统资源，必要时要将其关闭。选择【文件】|【关闭】命令，或单击图像窗口标题栏中的【关闭】按钮 ×，或按 Ctrl+W、Ctrl+F4 快捷键都可以关闭图像文件，按 Alt+Ctrl+W 快捷键将关闭打开的全部图像文件。

3. 置入图像文件

利用 Photoshop CS6 的置入功能可以实现图像文件的交互。选择【文件】|【置入】命令，在打开的【置入】对话框中，用户可以选择 AI、EPS、PDF、PDP 格式的图像文件。单击【置入】按钮确定，即可将选择的图像文件作为智能对象导入 Photoshop CS6 的当前图像窗口中。在文件窗口中双击，取消智能对象的叉形标记，如图 2.7 所示。

图 2.6 【存储为】对话框

图 2.7 图像的置入

2.3 调整图像大小和画布大小

图像大小、画布大小和分辨率是一组互相关联的图像属性，在图像编辑过程中，经常需要设置。

> **小提示：**
> 在【图像大小】对话框中改变文档的大小，改变后的图像和原图像相同，大小不同；而运用裁剪工具裁剪后的图像和原图像不相同。

2.3.1 调整图像大小

图像大小和分辨率有着密切的关系。同样大小的图像文件，分辨率越高，图像越清晰。

如果要修改现有图像文件的像素、分辨率和打印尺寸，则可以选择【图像】|【图像大小】命令，打开【图像大小】对话框进行调整，如图 2.8 所示。改变后的图像文件的大小显示在该对话框顶部，原文件大小在括号内显示。

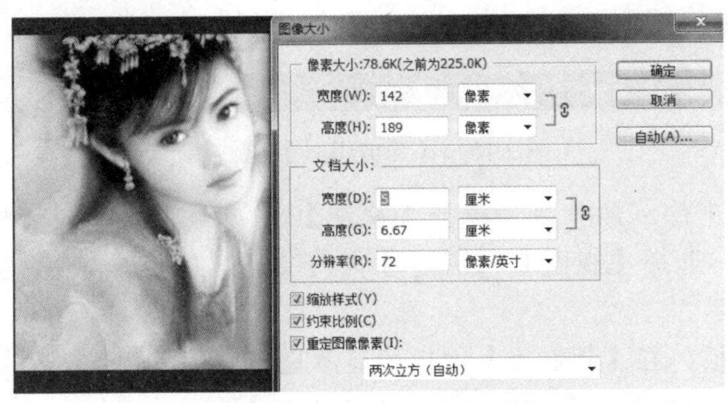

图 2.8　【图像大小】对话框

对话框中各参数含义如下。

- 【像素大小】选项组：通过输入宽度值和高度值改变图像的大小。
- 【文档大小】选项组：改变图像的实际打印尺寸和分辨率。
- 【缩放样式】选项：保持图像中的样式（图层样式等）按比例进行改变。
- 【约束比例】选项：勾选该选项复选框后，在【宽度】选项和【高度】选项后将出现链接标志，表示改变其中一项设置时，另一项也将按相同比例改变。
- 【重定图像像素】选项：勾选该选项复选框，表示修改打印尺寸或分辨率，并按比例调整图像中的像素总数；若不勾选该选项复选框，表示只修改打印尺寸和分辨率，而不更改图像中的像素总数。

2.3.2　调整画布大小

画布是指整个文档的工作区域，在处理图像时，可以根据需要调整画布的大小，选择【图像】|【画布大小】命令，在打开的【画布大小】对话框中进行修改，如图 2.9 所示。

当增大画布大小时，在图像周围添加白色区域（增加区域的颜色可通过设置【画布大小】对话框中的【画布扩展颜色】选项实现）。当减小画布大小时，可裁剪图像（裁剪图像由【画布大小】对话框中的【定位】选项的 9 个小方框的位置实现，如选择正中间的方框，则从图像四周向中心方向裁剪）。

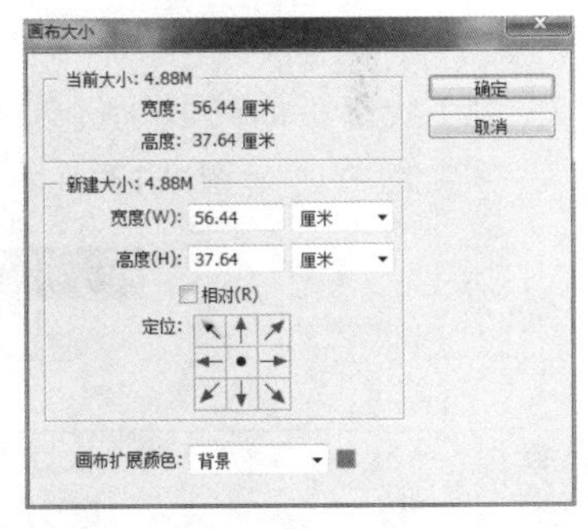

图 2.9　【画布大小】对话框

2.4　图 像 显 示

在图像编辑过程中，经常需要放大或缩小图像的显示比例，或移动图像、调整编辑区域，以满足操作的需要。

2.4.1　调整图像显示比例

通过工具箱中的【缩放工具】、【视图】菜单中的缩放命令，【导航器】面板及状态栏的缩放比例选项可以调整画面的显示比例。

1)【缩放工具】：在工具箱中选择【缩放工具】，将鼠标指针移到图像窗口中，当鼠标指针变成形状时，单击可将图像放大。按住 Alt 键，当鼠标指针变成形状时，单击可将图像缩小。【缩放工具】属性栏如图 2.10 所示。

图 2.10 【缩放工具】属性栏

2)【视图】菜单中的缩放命令：选择【视图】|【放大】命令或者按 Ctrl++快捷键可以将图像放大；选择【视图】|【缩小】命令或者按 Ctrl+–快捷键，可以将图像缩小，如图 2.11 所示。

3)【导航器】面板：在【导航器】面板的显示比例数值框中输入需要放大（大于 100）/缩小（小于 100）的数值并按 Enter 键或者拖动下方的滑块，即可让图像放大/缩小显示，如图 2.12 所示。

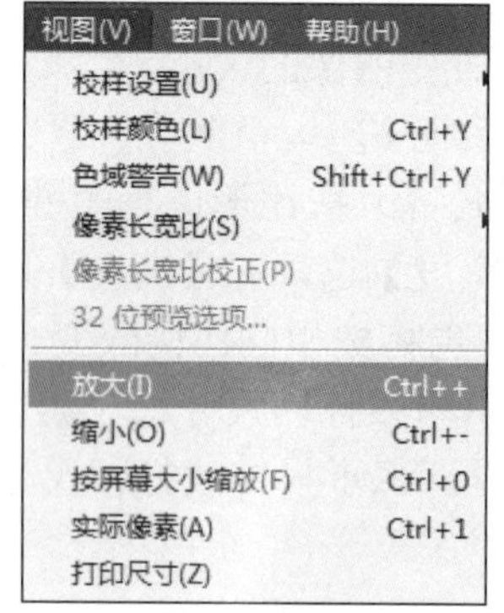

图 2.11 缩放菜单

图 2.12 【导航器】面板

4)状态栏的缩放比例选项：在状态栏最左端的数值框中输入数值，按 Enter 键也可实现缩放，如图 2.13 所示。

16.53% 文档:6.59M/6.59M

图 2.13 状态栏的缩放比例选项

拓展：

在 Photoshop CS6 中，放大比例的最大值为原文件的 3200%，缩小比例的最小值为原文件的 0.40%。

2.4.2 移动显示区域

当图像超出图像窗口所能显示的范围时，图像窗口会显示垂直滚动条和水平滚动条，拖动滚动条可以移动图像的显示区域，但使用滚动条移动图像不是很方便，可以使用【抓手工具】来随意移动图像。使用时按住空格键，然后按住鼠标左键拖动图像即可实现移动。右击，在弹出的快捷菜单中选择【按屏幕大小缩放】等命令，可以快速复原图像。

【导航器】面板中的红色矩形框如图 2.14 所示，框内区域为当前图像窗口中显示的图像，框外区域为当前图像窗口中隐藏的图像，在红色矩形框内拖动图像，也可实现移动。

图 2.14 【导航器】面板中的红色矩形框

习　　题

1. 新建文件，在文件中添加一幅图像，并以 JPEG 格式保存。

2. 打开前面保存的文件，沿图像边框向内缩 2mm，添加辅助线，并调整画布大小后以 TIFF 格式保存为另外一个文件。

第3章

创建和编辑选区

本章要点

熟悉 Photoshop CS6 选框工具的创建规则。

学习选区的增减、相交等运算。

学习快速使用套索工具创建新选区。

熟悉使用魔棒工具创建新选区操作。

掌握移动、扩展、收缩及平滑和羽化选区的方法。

熟悉对选区进行变形、选区图像进行变形的操作。

技能目标

掌握在 Photoshop CS6 中创建和编辑选区的方法。

熟练掌握创建图像选区的各种工具的使用方法。

案例导入

【案例一】绘制 LED 显示器。

要求：绘制一个尺寸为 1366×768 像素的 LED 显示器。最终效果如图 3.1 所示。

图 3.1　效果图

【案例二】水果拼盘。

要求：掌握选框工具的使用方法，掌握变换选区图像等基本操作方法和技巧，水果拼盘的最终效果如图 3.2 所示。

图 3.2　效果图

【案例三】长发少女抠图。

要求：利用【调整边缘】命令对长发少女图进行抠取。素材如图 3.3 所示，最终效果如图 3.4 所示。

图 3.3　素材图片

图 3.4　效果图

引导问题

什么是选区？为什么说选区很重要？

有哪些方法能创建和编辑选区？

创建选区有哪些技巧？

基础知识

3.1 创建选区

选区就是选择某个区域，选区工具从大的角度分为 3 类：选区工具、路径工具和通道，选区工具又细分为选框工具、套索工具、魔棒工具和色彩范围。选区在 Photoshop 图像文件的编辑过程中有着非常重要的作用。选区显示时，表现为有浮动的虚线（也称为蚁形线）。当图像窗口中存在选区时，用户进行的编辑或绘制操作将只影响选区内的图像，而对选区外的图像无任何影响。

3.1.1 使用选框工具创建选区

选框工具用于建立简单的几何形状选区。Photoshop CS6 提供了 4 种选框工具，包括【矩形选框工具】、【椭圆选框工具】、【单行选框工具】和【单列选框工具】，分别用于创建矩形、椭圆、单行和单列选区。选框工具如图 3.5 所示。

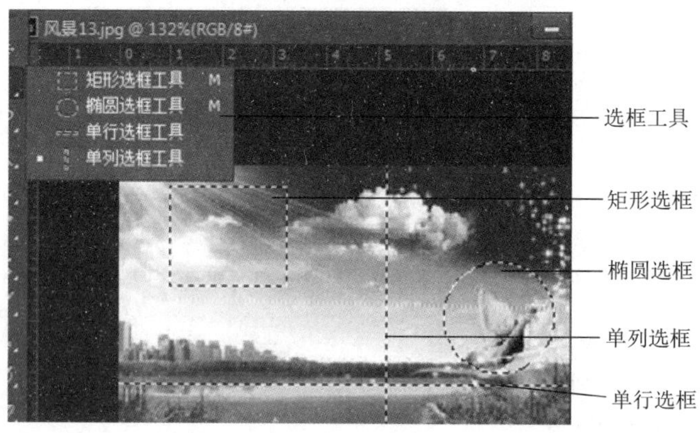

图 3.5 选框工具

1. 矩形选框工具

【矩形选框工具】在选区工具中较为常用，使用【矩形选框工具】创建选区时，在起始点按住鼠标左键不放，然后向任意方向拖动即可创建矩形选区。

2. 椭圆选框工具

利用【椭圆选框工具】可以在图像中创建椭圆或正圆选区。

小提示：

对于单个选区而言，当需要创建正方形或者圆形选区时，只需在选定工具后按住 Shift 键的同时拖动鼠标即可。按 Shift+Alt 快捷键，则以鼠标指针的起始点为圆心或正方形的中心绘制圆或正方形。对于多个选区而言，按 Shift 键执行选区相加操作，按 Alt 键执行选区相减操作，按 Shift+Alt 快捷键执行选区相交操作。这 3 个快捷键对套索工具和魔棒工具都适用。

3. 单行/单列选框工具

在选框工具的右键菜单中，选择【单行选框工具】命令或【单列选框工具】命令，在图像上单击，可以建立一个只有1像素高度的水平选区或1像素宽度的垂直选区，单行/单列选框工具常用来制作网格。

选框工具的属性栏如图3.6所示（以【矩形选框工具】属性栏说明各参数的含义）。

图3.6 选框工具的属性栏

- 【羽化】选项：该选项用于设置选区的羽化属性。羽化选区可以模糊选区边缘的像素，产生过度效果。羽化宽度值越大，则选区的边缘越模糊，选区的直角部分也将变得圆滑，这种模糊会使选定范围边缘上的一些细节丢失。在【羽化】文本框中可以设置羽化数值。
- 【消除锯齿】选项：勾选该选项复选框后，选区边缘的锯齿将消除，此选项在使用椭圆选框工具时才有效。
- 【样式】选项：该选项用于设置选区的形状，单击【样式】下拉按钮，可以在打开的下拉列表中选取不同的样式，其中，【正常】选项表示可以创建不同大小和形状的选区；【固定长宽比】选项可以设置选区宽度和高度之间的比例，并可在其右侧的【宽度】文本框和【高度】文本框中输入具体的数值；若选择【固定大小】选项，表示将锁定选区的长宽比例及选区大小，选区大小由其后的宽度和高度文本框中输入的数值决定。

【样式】下拉列表仅当选择矩形选框工具和椭圆选框工具后才可以使用。

小提示：

Photoshop CS6新增了上下文提示功能（见图3.7），在绘制或调整选区或路径等矢量对象，以及调整画笔的大小、硬度、不透明度时，将显示相应的提示信息。是否显示该信息及信息相对于光标的方位可通过【编辑】|【首选项】|【界面】命令实现。

3.1.2 使用套索工具创建选区

使用套索工具可以绘制出不规则的选区。套索工具组包括【套索工具】、【多边形套索工具】和【磁性套索工具】，如图3.8所示。

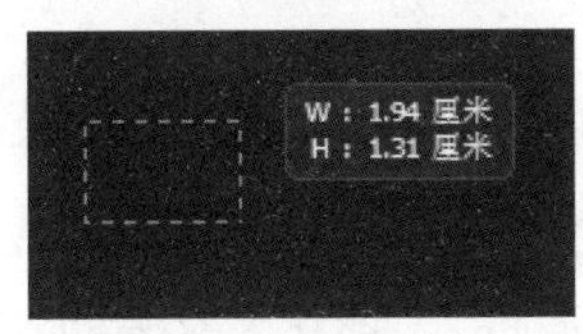

图3.7 上下文提示功能

图3.8 套索工具组

1. 套索工具

【套索工具】用于创建自由形状的选区。将鼠标指针移至图像窗口，鼠标指针将变成形状，按住鼠标左键不放，沿着需要选取的图像边缘拖动即可，如图3.9所示。

2. 多边形套索工具

【多边形套索工具】用于建立不规则的多边形选区，一般用于选择一些较复杂的、棱角分明、边缘呈直线的选区。将鼠标指针移至图像窗口，鼠标指针变成形状，按住鼠标左键，沿着需要选取的图像边缘拖动，每当遇到转折点时单击，当鼠标指针移至起始点时，指针变为形状，单击即可闭合选取区域，完成对图像的抠取（无论拖出的是一条非闭合曲线还是闭合区域，松开鼠标左键后双击都可以创建一个闭合选区），如图 3.10 所示。

图 3.9 【套索工具】创建选区示例

图 3.10 【多边形套索工具】创建选区示例

> **小提示：**
> 用【多边形套索工具】选取图像时，按住 Shift 键可以水平、垂直或者 45° 方向选取线段；在没结束选取前按 Delete 键可以删除最近选取的一条线段。结束选取后，按 Delete 键，则打开【填充】对话框，可以对选区设置填充效果。

3. 磁性套索工具

【磁性套索工具】常用于图像与背景反差较大、形状较复杂的图像选取。该工具能自动捕捉复杂图形的边缘，自动紧贴图像对比最强烈的地方，像磁铁一样具有吸附功能，当经过对比度不强的图像区域时，可单击添加落点，当鼠标指针返回起始点时，鼠标指针变为形状，单击闭合选取区域，完成对图像的精确抠取，如果鼠标指针没有返回到起始点，想创建一个闭合区域，则双击，系统自动把起始点和双击处连接成封闭区域。按 Delete 键或 Backspace 键删除最近一条线段，按 Esc 键取消已有选区。磁性套索工具创建选区示例如图 3.11 所示。

图 3.11 【磁性套索工具】创建选区示例

【磁性套索工具】属性栏如图 3.12 所示。各参数说明如下。

图 3.12 【磁性套索工具】属性栏

- 【羽化】选项：该选项用于设置选区的羽化属性。【羽化】文本框中可以输入的羽化数值范围是 0～1000 像素。
- 【消除锯齿】选项：勾选该选项复选框后，选区边缘的锯齿将消除。
- 【宽度】选项：该选项用于设定系统检测范围。系统将以鼠标指针为中心在设定的范围内选定最大的边缘，此值范围为 1～256 像素。
- 【对比度】选项：该选项用于设置系统检测边缘的精度，其值越大，该工具所能识别的边界对比度越高，此值的取值范围为 1～100。

- 【频率】选项：该选项用于设定创建关键点的频率（速度），其值越大，系统创建关键点的速度越快，此参数设置范围为 0～100。
- 工具：用于使用绘图板压力以更改钢笔宽度。

3.1.3 使用魔棒工具创建选区

1. 魔棒工具

【魔棒工具】是依据图像颜色选取区域的工具，可以选取颜色相同或相近的图像区域。选取时只需在颜色相近的区域单击即可。

【魔棒工具】属性栏如图 3.13 所示。各参数说明如下。

图 3.13 【魔棒工具】属性栏

- 【取样大小】选项：该选项用于设置工具取样的范围，默认为取样点。还可以选择 3×3 平均、5×5 平均、11×11 平均、31×31 平均、51×51 平均、101×101 平均等。例如，3×3 平均表示在大小为 3 像素乘以 3 像素的范围内取样。
- 【容差】选项：该选项是影响 Photoshop CS6 魔棒工具性能的重要选项，用于控制色彩的范围，数值越大，可选的颜色范围越广；该参数设置范围为 0～255。输入的数值越高，选取的颜色范围越大；输入的数值越低，选取的颜色与单击处图像的颜色越接近，范围也就越小。不同容差值的对比效果如图 3.14～图 3.16 所示。

图 3.14 容差值为 10 时的选区

图 3.15 容差值为 70 时的连续选区

图 3.16 容差值为 70 时的不连续选区

- 【清除锯齿】选项：该选项用于消除选区边缘的锯齿。
- 【连续】选项：勾选此选项复选框，可以只选取相邻的图像区域；未勾选该选项复选框时，可将不相邻的区域也添加入选区。勾选【连续】复选框，单击图像，可见，不和单击处连接的地方没有被选中；取消勾选【连续】复选框，单击图像，可见，不和单击处连接的地方也被选中。
- 【对所有的图层取样】选项：当图像中含有多个图层时，勾选该选项复选框，将对所有可见图层的图像起作用；取消勾选选项复选框，魔棒工具只对当前图层起作用。

小提示：

使用【魔棒工具】时，根据单击图像中的位置不同会得到不同的选取结果。另外，在原有选区的基础上，还可按住 Shift 键用【魔棒工具】多次在图像中单击来扩大选取范围。按 Alt 键缩小选取范围，如果要取消当前的选取范围，则可选择【选择】|【取消选择】命令，或者按 Ctrl+D 快捷键。

拓展：

【选择】菜单中有【扩大选取】命令和【选取相似】命令，它们是用来扩大选择范围的，并且和【魔棒工具】一样，都根据像素的颜色近似程度增加选择范围。选择范围是由【容差】选项来控制，容差值在【魔棒工具】属性栏中设定。

图 3.17 【快速选择工具】创建选区示例

2. 快速选择工具

【快速选择工具】类似于画笔，能够调整圆形笔尖大小绘制选区。在图像中单击并拖动鼠标即可绘制选区，如图 3.17 所示。这是一种基于色彩差别但用画笔智能查找主体边缘的新颖方法。

【快速选择工具】属性栏如图 3.18 所示。各参数说明如下。

图 3.18 【快速选择工具】属性栏

- 选区方式：3 个按钮从左到右分别是【新选区】按钮、【添加到选区】按钮、【从选区减去】按钮。

没有选区时，默认选择方式是新建方式；选区建立后，自动改为添加到选区方式；如果按住 Alt 键，选择方式变为从选区减去方式。

- 画笔设置选项：初选离边缘较远的较大区域时，画笔尺寸可以大一些，以提高选取的效率；但对于小块的主体或修正边缘时，则要换成小尺寸的画笔。总体来说，大画笔选择快，但选择粗糙，容易多选；小画笔一次只能选择一小块主体，选择慢，但得到的边缘精度高。

更改画笔大小的简单方法：在建立选区后，按] 键可增大画笔的大小，按 [键可减小画笔大小。

- 【自动增强】选项：勾选该选项复选框后，可减少选区边界的粗糙度和块效应，即【自动增强】选项使选区向主体边缘进一步流动并做一些边缘调整。一般应勾选该选项复选框。

3.1.4 使用【色彩范围】命令创建选区

【色彩范围】命令可以指定一个标准色彩或用吸管吸取一种颜色，然后在容差中设定允许的范围，则图像中所有在色彩范围内的色彩区域都将成为选择区域。遇到复杂难抠的头发或毛茸茸的宠物时，可利用【色彩范围】命令抠图。

图 3.19　【色彩范围】对话框

选择【选择】|【色彩范围】命令，打开【色彩范围】对话框，如图 3.19 所示，其参数说明如下。

1)【选择】选项：用于设置选区的创建方式。该选项下拉列表中包括【取样颜色】、【红色】、【黄色】、【绿色】、【青色】、【蓝色】、【洋红】、【高光】、【中间调】、【阴影】、【肤色】、【溢色】等选项。

选择相应命令，可以实现图形中相应内容的选择。例如，如果要选择图形中的高光区，可以选择【选择】下拉列表中的【高光】选项，然后单击【确定】按钮，即可选中图形中的高光部分。

①【取样颜色】选项：这是默认选项。可以将吸管（位于对话框右侧）放在图像窗口中的图像上，单击背景中的某一处区域，以选择颜色，此时，在【色彩范围】对话框中的选区预览区内会自动显示刚才选择的颜色对应的区域范围。

如果要添加颜色，可以单击【添加到取样】按钮，然后在图像窗口中的图像背景中选取颜色；如果要减去颜色，可以单击【从取样中减去】按钮，然后在图像窗口中的图像背景上选取要减去的颜色。

【取样颜色】选项可以配合【颜色容差】选项进行设置，颜色容差中的数值越大，则选取的色彩范围越大。

②【红色】、【黄色】、【绿色】、【青色】、【蓝色】、【洋红】选项：指定图像中的红色、黄色、绿色等成分的色彩范围。选择该选项后，【颜色容差】选项就会不可用。

③【高光】选项：选择图像中的高光区域。

④【中间调】选项：选择图像中的中间调区域。

⑤【阴影】选项：选择图像中的阴影区域。

⑥【肤色】选项：选择图像中的皮肤颜色的区域。

⑦【溢色】选项：可以将一些无法印刷的颜色选出来。该选项只用于 RGB 模式下。

2)【检测人脸】选项：如果图像中包含人脸部分，勾选该选项复选框后，自动显示出人脸部分。

3)【本地化颜色簇】选项：如果要在图像中选择多个颜色范围，则勾选【本地化颜色簇】复选框将构建更加精确的选区。如果已勾选【本地化颜色簇】复选框，则使用【范围】滑块以控制要包含在选区中的颜色区域与取样点的距离。

例如，图像在前景和背景中都包含一束红色的花，但只想选择前景中的花。对前景中的花进行颜色取样，并缩小范围，以避免选中背景中相似颜色的花。

4)【颜色容差】选项：用于控制颜色的选择范围，该值越高，包含的颜色越广。

5)选区预览区：在对话框的中间有一个选区预览区，它下面有两个选项：

选中【选择范围】单选按钮时，在预览区的图像中，白色代表被选择的区域，黑色代表未选择的区域，灰色代表被部分选择的区域（带有羽化效果的区域）。

选中【图像】单选按钮时，预览区内会显示彩色图像，不显示选择区域，所以一般不常用。

6)【选区预览】选项：用于设置图像窗口中选区的预览方式。

①【无】选项：表示不在图像窗口中显示选区。

②【灰度】选项：在图像窗口中，可以按照选区在灰度通道中的外观来显示选区。

③【黑色杂边】选项：在图像窗口中，可以在未选择的区域上覆盖一层黑色。

④【白色杂边】选项：在图像窗口中，可以在未选择的区域上覆盖一层白色。

⑤【快速蒙版】选项：在图像窗口中，可以显示选区在快速蒙版状态下的效果，此时，未选择的区域会覆盖一层宝石红色。

7）【载入】/【存储】选项：单击【存储】按钮，可以将当前的设置状态保存为选区预设；单击【载入】按钮，可以载入存储的选区预设文件。

8）【反相】选项：可以在选取范围和非选取范围之间切换。功能类似于菜单栏中的【选择】|【反向】命令。

小提示：

如果在图像中创建了选区，则【色彩范围】命令只用于分析选区内的图像。如果要细调选区，可以重复使用该命令。

【实例】 用【色彩范围】命令抠人像

操作步骤

1）在 Photoshop CS6 中打开素材图片 3.20，如图 3.20 所示。按住 Alt 键，双击【背景】图层，把【背景】图层变为【图层 0】（变为普通图层有利于后来的编辑）。

2）按 Ctrl+J 快捷键复制【图层 0】为【图层 0 副本】，然后按 Ctrl+I 快捷键反相，如图 3.21 所示。我们可以观察到，整个人物呈现负片反转色，其中头发呈白色，脸呈蓝色。现在要抠取的就是呈现白色的区域。

图 3.20　素材图片

图 3.21　反相效果

3）选择【选择】|【色彩范围】命令，打开【色彩范围】对话框，如图 3.22 所示，取吸管单击白色区域，多单击几次，使头发丝与背景充分分离出来，单击【确定】按钮，得到的选择范围如图 3.23 所示。

4）按 Ctrl+J 快捷键将选区的图像内容复制为一个新图层，得到【图层 1】。再一次复制图层，得【图层 1 副本】，使头发区域更黑，如图 3.24 所示。

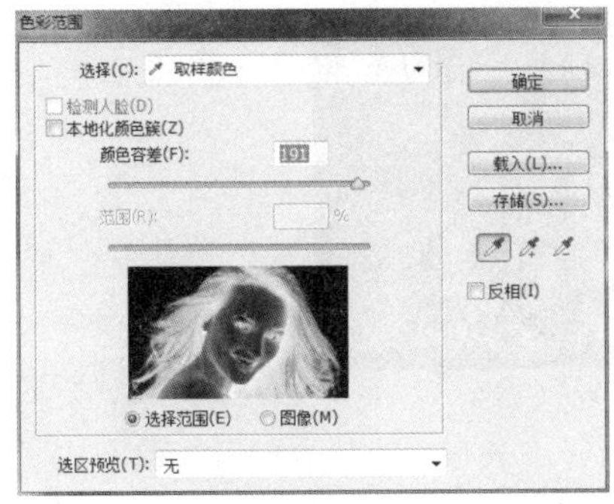

图 3.22 【色彩范围】对话框

图 3.23 效果图（一）

再一次按 Ctrl+I 快捷键反相，如图 3.25 所示。

图 3.24 效果图（二）

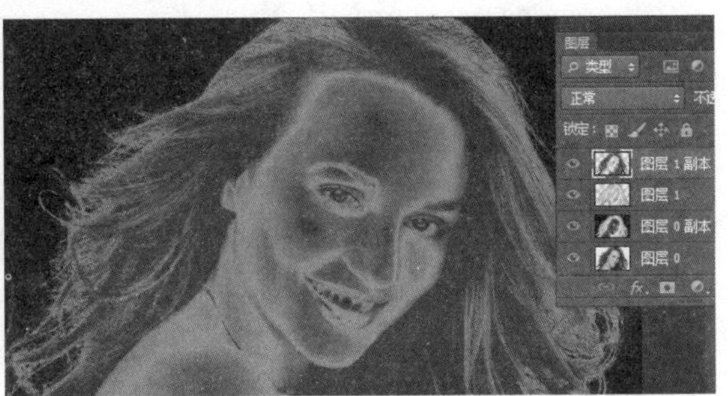

图 3.25 效果图（三）

5）将【图层 1 副本】作为当前图层，单击【图层 0】和【图层 0 副本】左侧的眼睛图标，隐藏【图层 0】和【图层 0 副本】，如图 3.26 所示。

6）用【历史记录画笔工具】（历史记录画笔的硬度为 100%，不透明度为 100%）涂抹出脸和身体，如图 3.27 所示。

图 3.26 效果图（四）

图 3.27 涂抹脸和身体效果图

7）按住 Ctrl 键，单击【创建新图层】按钮，将会在【图层 1】的下方添加一个新的图层【图层 2】，将【图层 2】填充为绿—白渐变色，选择【渐变工具】，单击属性栏中的【线性渐变】按钮，然后从照片下面开始向上沿直线拖动鼠标，人物就会出现在新背景上，如图 3.28 所示。最后在【图层】面板的功能选项菜单中选择【拼合图像】选项，并将文件存储为 JPG 格式。

图 3.28　最终效果图

3.2　选区的运算

在选取图像的过程中，经常需要在原有选区的基础上增加或减少选区，或者恰好需要选中两个选区的交叉部分。当选中选框工具或套索工具后，在其工具属性栏中出现如图 3.29 所示的选区运算按钮。

图 3.29　选区运算按钮

1）【新选区】按钮：如果图像中已有选区，在图像中单击可以取消选区，直接新建选区，这是 Photoshop 默认的选择方式。

2）【添加到选区】按钮：在原有选区的基础上，增加新的选区。按住 Shift 键也可以添加选区。

3）【从选区减去】按钮：在原有选区中，减去与新的选区相交的部分。如果新绘制的选区范围包含已有选区，则图像中无选区。按住 Alt 键也可以从选区中减去。

4）【与选区交叉】按钮：使原有选区和新建选区相交的部分成为最终的选择范围，如果新绘制的选区与已有选区无相交，则图像中无选区。

1. 增加选区

启动 Photoshop CS6，打开本章素材 3.30，用【矩形选框工具】在图中创建一个矩形选区；然后单击【矩形选框工具】属性栏上的【添加到选区】按钮；将鼠标指针移至图像窗口区域内，在图像窗口中再拖出一个选区，如图 3.30 所示。

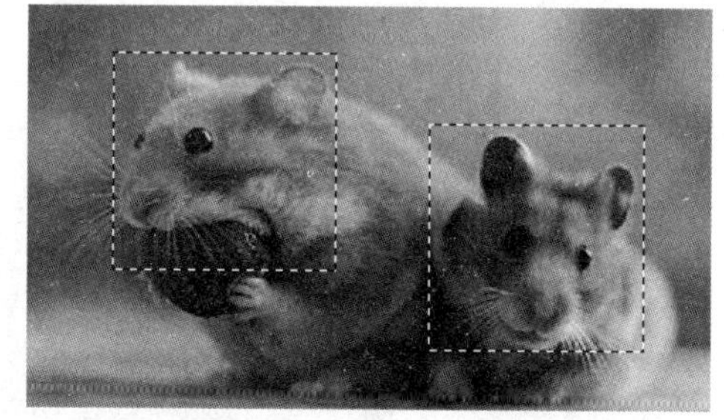

图 3.30　添加选区

2. 删减选区

如果要在当前选区中减去一部分选区，可在原有选区的基础上，单击【从选区减去】按钮；然后将鼠标指针移至图像窗口区域内，再在原有选区上拖出一个选区，即可减去一部分选区范围，如图 3.31 和图 3.32 所示。

3. 选区相交

如果只想选取两个选区中的交叉部分，在图 3.30 所示选区基础上，单击【与选区交叉】按钮，再在画面中拖出一个与原选区交叉的新选区，见图 3.33，将只留下两个选区的交叉部分，如图 3.34 所示。

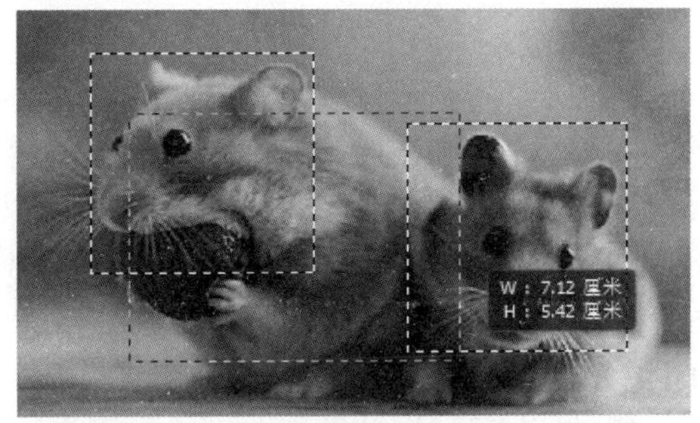

图 3.31 矩形选区基础上减去选区

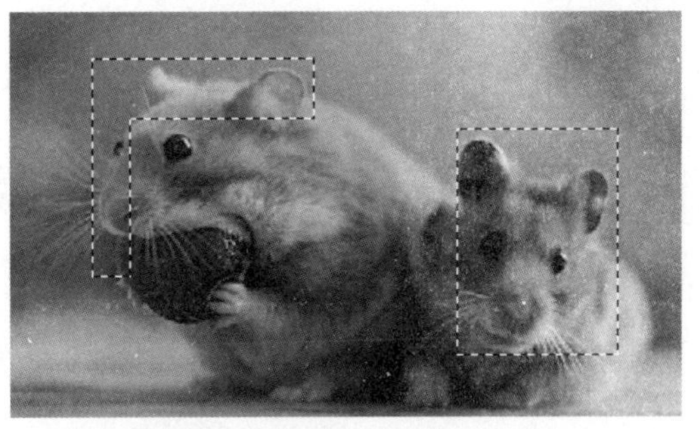

图 3.32 从选区减去后的区域

图 3.33 交叉选区

图 3.34 最终选区

3.3 编辑选区

选区和图像一样，可以移动、翻转、缩放和旋转，调整其位置和形状，得到需要的选区。

1. 选取选区

全选图像：选择【选择】|【全选】命令，或按 Shift+A 快捷键，可以选择整幅图像或得到整幅图像选区。

反向选取：选区的反选，即将当前图层中的选取区域和非选取区域进行互换。选择【选择】|【反向】命令，或按 Ctrl+Shift+I 快捷键实现。

取消选区：当不需要一个选区时，可以将其取消。选择【选择】|【取消选择】命令，或按 Ctrl+D 快捷键实现。

重选选区：载入/恢复之前的选区。选择【选择】|【重新选择】命令，或按 Ctrl+Shift+D 快捷键实现。

2. 移动选区

为了改变选区位置，需要移动选区，首先选择【移动工具】（或【魔棒工具】），然后移动光标至选区内，拖动即可。

技巧：

当需要对选区精确微调时，按方向键（↑、→、↓、←）可每次以 1 像素为单位移动选区，按住 Shift 键的同时再按方向键，则每次以 10 像素为单位移动选区。

3. 变换选区

创建选区后，选择【选择】|【变换选区】命令，选区的四周出现带有 8 个控制点的选区变换框，移动鼠标指针于框线上，拖动鼠标可以调整、缩放选区；移动鼠标指针于控制框外，可以旋转控制框，使选区变形。右击图像，在弹出的快捷菜单中选择不同的命令（见图 3.35）可以对选区进行相应的变换，变换效果如图 3.36 所示。

图 3.35　变换选区快捷菜单

1）【缩放】命令：可以调整选区大小，若按住 Shift 键的同时拖动鼠标，可以按固定比例缩放选区大小。

2）【旋转】命令：可以对选区进行旋转变换。

3）【斜切】命令：可以使选区倾斜变换。

4）【扭曲】命令：可以任意拖动各节点对选区进行扭曲变换。

5）【透视】命令：可以拖动变换框上的节点，将选区变换成等腰梯形或等腰三角形等形状。

6）【变形】命令：通过改变选区控制框的顶角位置或边的弧度，实现选区变形。

（a）原选区

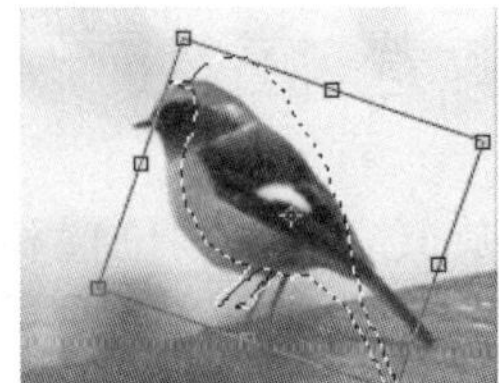

（b）旋转后选区

（c）水平翻转的选区

（d）垂直翻转的选区

图 3.36　变换选区

4. 变换选区图像

变换选区图像是指对已创建的选区及选区内图像进行移动、调整大小和变形等操作。

选择【编辑】|【自由变换】命令（或按 Ctrl+T 快捷键），此时选区周围会出现一个变换框，将鼠标指针移至任意一角上，当鼠标指针变成形状时，按住 Shift 键的同时拖动鼠标即可等比例缩放图像，其他变形操作同变换选区操作，如图 3.37 所示。

5. 修改选区

【选择】菜单下的【修改】子菜单提供的几个命令可以实现选区的扩展、收缩、边界、平滑和羽化操作，如图 3.38 所示。

扩展：创建选区后，选择【选择】|【修改】|【扩展】命令可使选区的边缘向外扩大一定的范围（由【扩展量】参数决定扩展范围）。

收缩：选择【选择】|【修改】|【收缩】命令可将选区的范围向内缩小（由【收缩量】

图 3.37 变换选区图像

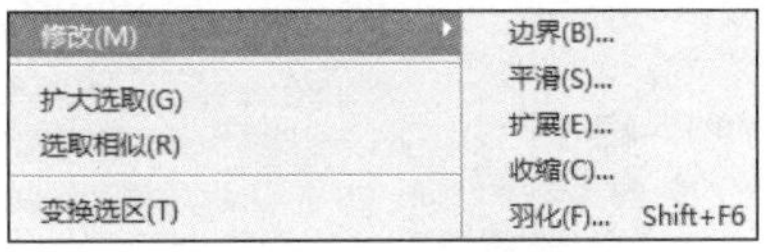

修改(M)
扩大选取(G)
选取相似(R)
变换选区(T)
边界(B)...
平滑(S)...
扩展(E)...
收缩(C)...
羽化(F)... Shift+F6

图 3.38 【修改】菜单

参数决定缩小范围）。

平滑：使用【平滑】命令可为选区的边缘消除锯齿，选择【选择】|【修改】|【平滑】命令，打开【平滑选区】对话框。在【取样半径】文本框中输入 1～500 之间的整数，可以使原选区范围变得连续而光滑。

边界：将原选区的边缘扩张一定的宽度，一般用于描绘图像的轮廓。

羽化：通过扩展选区轮廓周围像素区域，达到柔和边缘效果。

小提示：

【扩展】命令与【边界】命令的不同之处是，【边界】命令是针对选区的边缘进行一个封闭的区域扩展；而【扩展】命令是将创建的整个选区向外扩展。

上述命令的效果分别如图 3.39～图 3.44 所示。

图 3.39 创建选区

图 3.40 扩展量为 10 像素的选区

图 3.41 收缩量为 10 像素的选区

图 3.42 取样半径为 50 像素的平滑选区

图 3.43 宽度为 20 像素的边界选区

图 3.44 羽化半径为 50 像素的选区

6. 存储选区和载入选区

（1）存储选区

通过【存储选区】命令可保存复杂的图像选区，以便在编辑过程中再次使用。当创建选区后，选择【选择】|【存储选区】命令，或在选区上右击，从弹出的快捷菜单中选择【存

储选区】命令，在打开的【存储选区】对话框中为选区命名，单击【确定】按钮保存，如图 3.45 所示。选区保存在通道面板中，如图 3.46 所示。

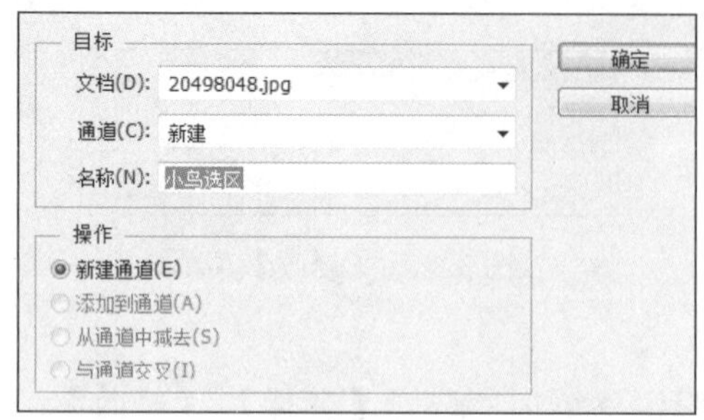

图 3.45 【存储选区】对话框

图 3.46 选区保存在通道面板

（2）载入选区

载入选区和存储选区的操作相反，通过【载入选区】命令，可以将保存在 Alpha 通道中的选区载入图像窗口。选择【选择】|【载入选区】命令，打开【载入选区】对话框，选择要载入的选区名称。

【载入选区】对话框与【存储选区】对话框中的参数选项基本一致，只是多了【反相】复选框，如图 3.47 所示。如果勾选【反相】复选框，则将 Alpha 通道中的选区反选并载入图像文件中。

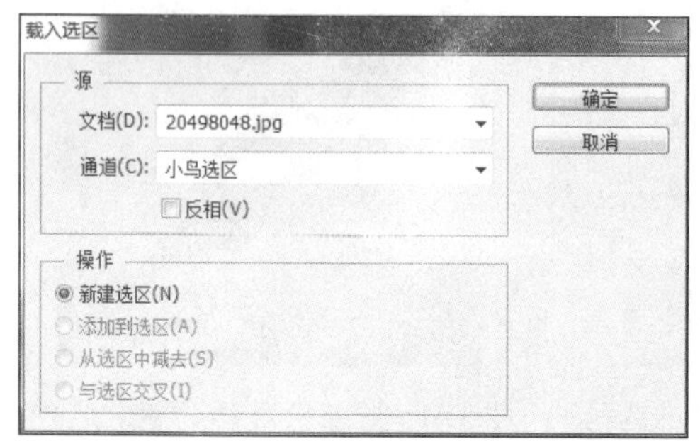

图 3.47 【载入选区】对话框

拓展：

通道是图像文件的一种颜色数据信息存储形式，与图像文件的颜色模式密切关联，多个分色通道叠加在一起，可以组成一幅具有颜色层次的图像。通道还可以用来存放选区和蒙版，帮助用户完成更复杂的操作。通道分为以下 3 种。

① 颜色通道：用于保存颜色信息的通道。

② Alpha 通道：用于存放选区信息的通道。

③ 专色通道：用于保存专色信息的通道。指定用于专色油墨印刷的通道。

3.4 选区的描边与填充

创建了选区后，可以对选区进行描边和填充。

1. 选区的描边

选区的描边是指用前景色沿着创建的选区描绘边缘。选择【编辑】|【描边】命令，打开【描边】对话框，如图 3.48 所示。

设置【宽度】为 10。在【颜色】选项中设置描边的颜色 RGB（10，10，250）。【位置】选项组中选中【居中】单选按钮，以选区边框为中心进行描边，图 3.49 所示在新建的图层上对选区进行【描边】的效果。

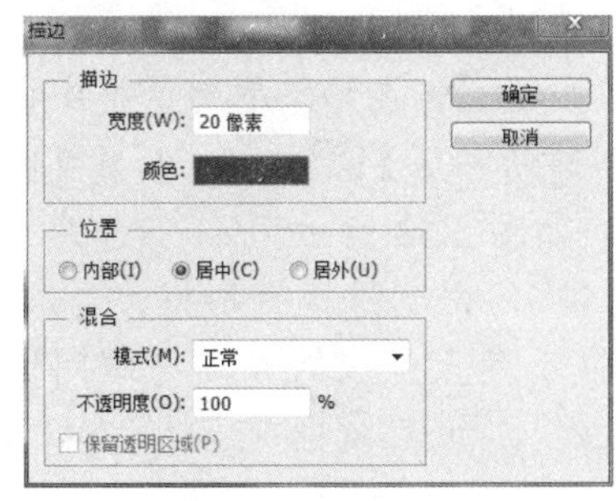

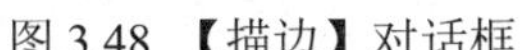
图 3.48 【描边】对话框

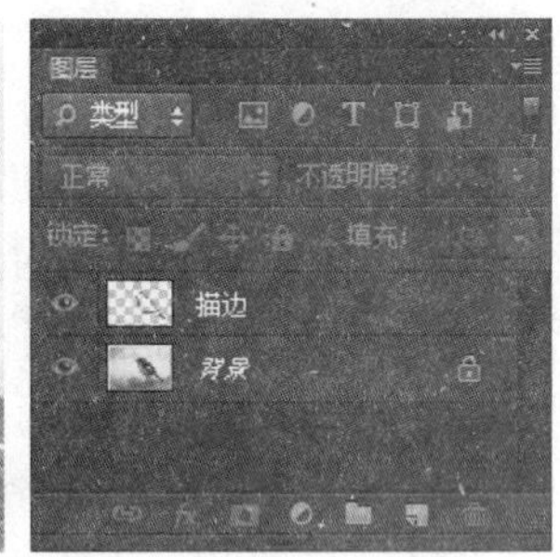

图 3.49 【描边】效果

2. 选区的填充

1）使用快捷键填充。设置好前景色或背景色后，按 Alt+Delete 快捷键，可将选区填充为前景色；按 Ctrl+Delete 快捷键，可将选区填充为背景色。

2）用【填充】命令填充。使用【填充】命令可以在指定的选区内填充颜色、图案或历史记录等内容。选择【编辑】|【填充】命令，打开【填充】对话框，设置完相关参数后单击【确定】按钮，如图 3.50 所示。

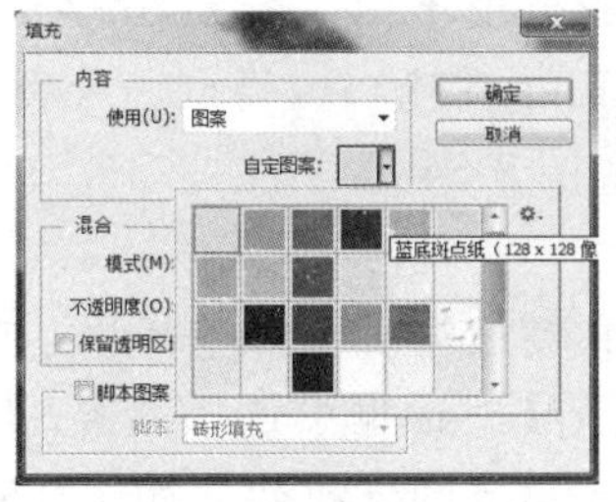

图 3.50 【填充】对话框及填充效果

案 例 实 施

案例一　实施步骤

了解创建和编辑选区的相关知识后，下面利用所学知识完成案例一中的任务。

【步骤一】基础操作。

打开 Photoshop CS6，因为显示器尺寸为 1366×768 像素，新建 2000×1500 像素，白色背景、名称为“显示器”的文件，其他参数默认，如图 3.51 所示。

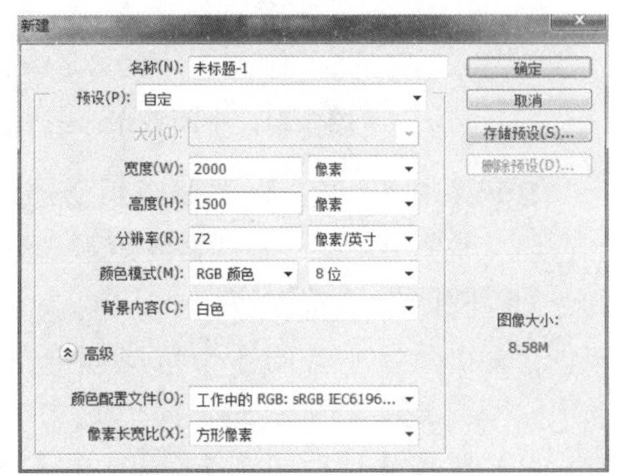

图 3.51 新建文件

【步骤二】绘制显示器。

1）选择【矩形选框工具】，设置【矩形选框工具】属性栏的【样式】为【固定大小】，【宽度】

为 1366，【高度】为 768，从画布的左上角开始拖出矩形选区（选区位置可以随鼠标指针的移动而改变），单击工具面板下方的【设置前景色】按钮，在拾色器对话框中设置 RGB（200，190，190），单击【图层】面板下方的【创建新图层】按钮，新建【图层 1】，按 Alt+Delete/Alt+Backspace 快捷键填充前景色，如图 3.52 所示。

2）选择【选择】|【变换选区】命令（或按 Alt+S+T 快捷键），得到选区变形框。

3）按 Shift+Alt 键的同时拖动定界框角点（按住 Shift 键拖动角点是以对角点为准同比例缩放，按 Alt 键拖动角点是以中心点为准同比例缩放），如图 3.53 所示。

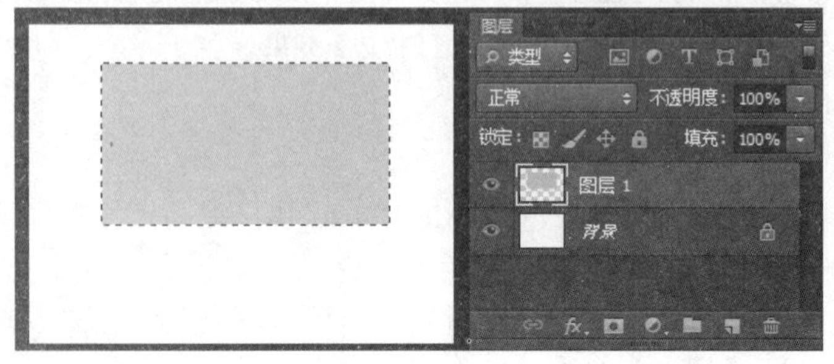

图 3.52 中间效果（一）

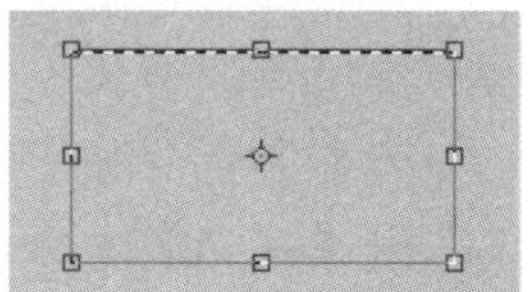

图 3.53 中间效果（二）

4）由于同比例缩放造成未被选中的区域上、下和左、右宽度不同，按 Shift+Alt 快捷键，选中任意一侧边点横向拖动进行微调后，双击或按 Enter 键确认，得到一个新的选区，按 Delete 键删除所选区域，得到显示器的外框，如图 3.54 所示。

【步骤三】绘制底座。

1）新建【图层 2】，选择【多边形套索工具】，按住 Shift 键绘制一个等腰梯形，右击，在弹出的快捷菜单中选择【填充】命令，在打开的【填充】对话框中选择图案，如图 3.55 所示。单击【确定】按钮，得到一个小梯形，作为显示器的支撑架，如图 3.56 所示。

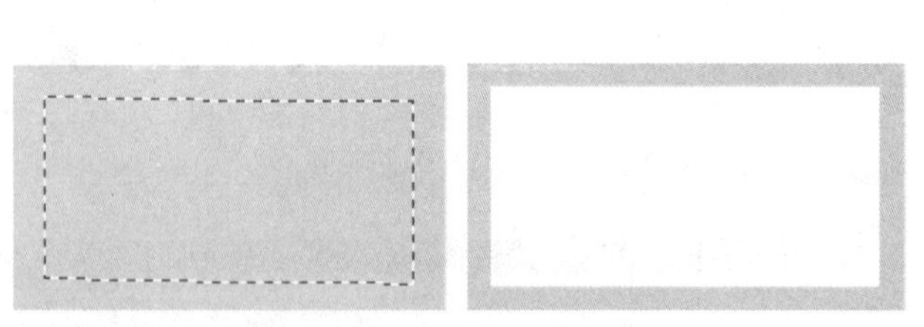

图 3.54 中间效果（三）

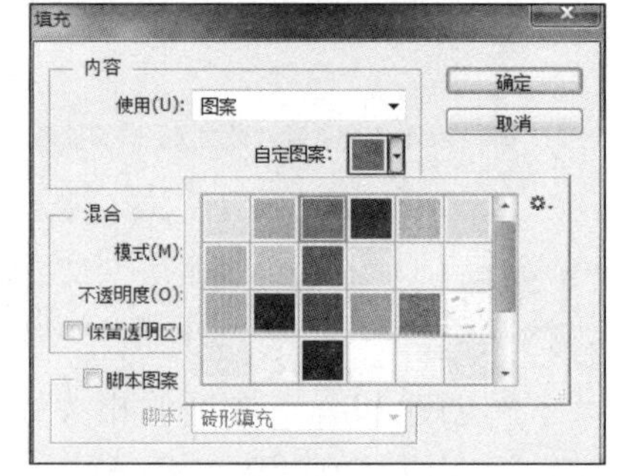

图 3.55 【填充】对话框

2）新建【图层 3】，选择【矩形选框工具】，设置【矩形选框工具】属性栏的【样式】为【正常】，绘制一个扁长的矩形选区，并填充颜色，作为显示器的底座，如图 3.57 所示。

【步骤四】调整对齐。

1）由于显示器的 3 个组成部分排列没有居中对齐，按住 Shift 键，单击【图层 1】、【图层 2】、【图层 3】，同时选中 3 个图层，如图 3.58 所示。

2）选择【移动工具】，在【移动工具】属性栏中，单击【水平居中对齐】按钮，效果如图 3.59 所示。

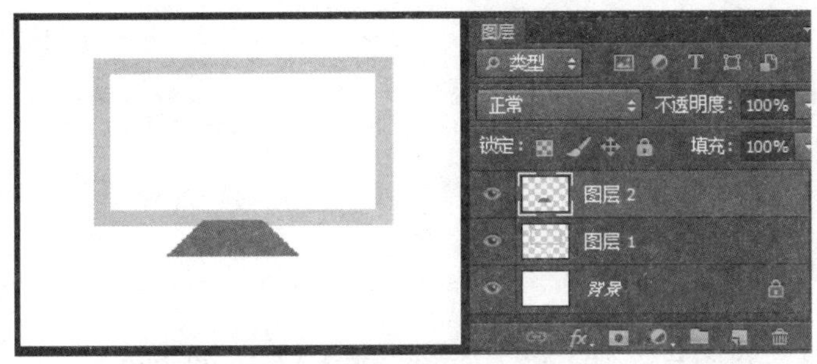

图 3.56　中间效果（四）

图 3.57　中间效果（五）

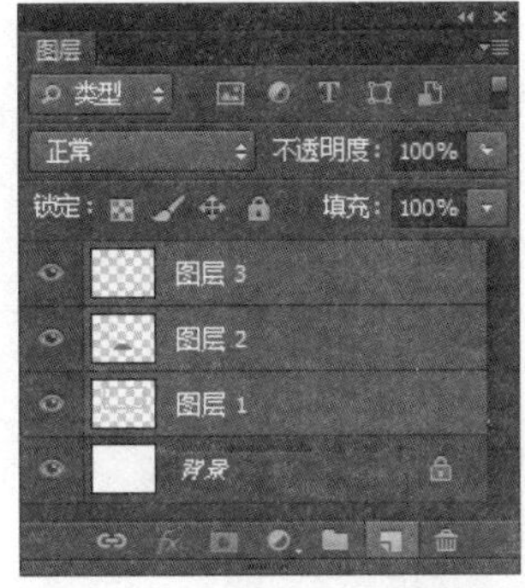

图 3.58　选中多个图层

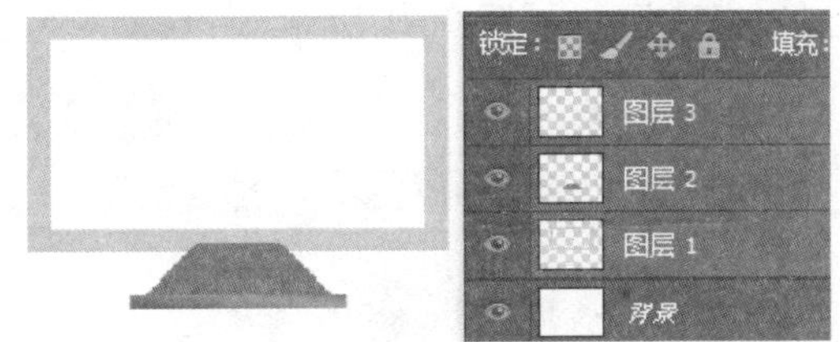

图 3.59　中间效果（六）

3）单击【图层 2】，按住鼠标左键不放，拖动【图层 2】到【图层 1】下方，让显示器的梯形支撑架位于外框的后面，形成正常的视觉效果，如图 3.60 所示。

【步骤五】绘制显示图像。

利用【椭圆选框工具】绘制一个小熊头，并填充颜色（自由发挥），注意调整图层的上下位置关系（上面图层的图像会遮住下面图层的图像），如图 3.61 所示。最终效果如图 3.1 所示。

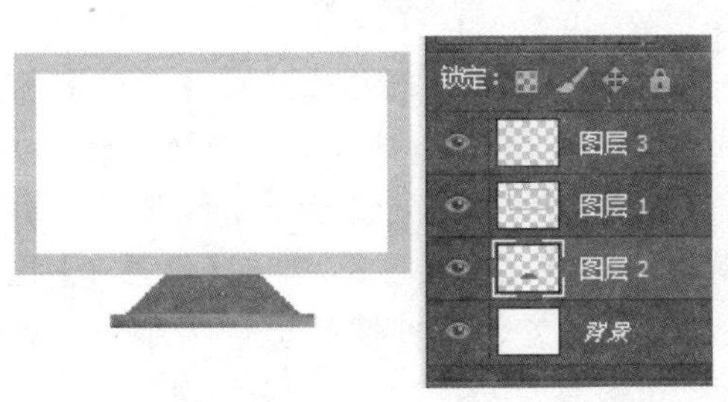

图 3.60　中间效果（七）

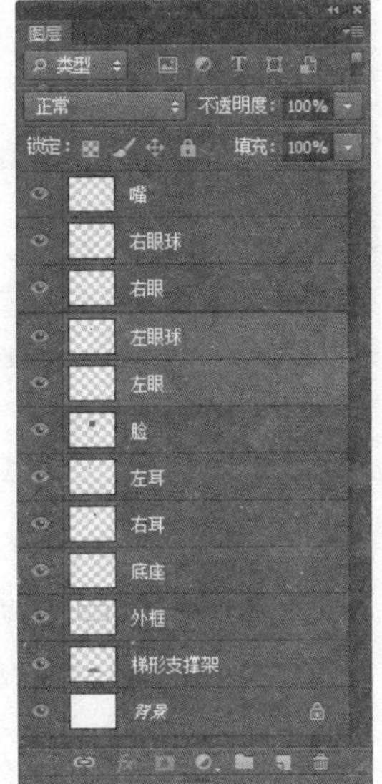

图 3.61　【图层】面板

【步骤六】保存文件。

把文件以 PSD 和 JPG 格式分别保存为“LED 显示器”。

案例二 实施步骤

下面利用所学知识完成案例二中的任务。

【步骤一】基础操作。

在 Photoshop CS6 中分别打开本章素材图片，3.62（a）lemon.jpg、3.62（b）banana.jpg、3.62（c）pear.jpg、3.62（d）fruit.jpg 和 3.62（e）plate.jpg。

【步骤二】柠檬入盘。

1）在如图 3.62 所示中的柠檬图中，按 Ctrl+A 快捷键全选图片，选择【快速选择工具】，单击【快速选择工具】属性栏的【从选区减去】按钮，沿白色背景拖动鼠标，得到柠檬选区，如图 3.63 所示。

图 3.62 柠檬素材

图 3.63 建立选区

2）选择【移动工具】，勾选【移动工具】属性栏的【显示变换控件】复选框，拖动柠檬到空盘（素材图片 plate.jpg）中，自动生成新图层【图层 1】，效果如图 3.64 所示。

3）按住 Shift 键，拖动控点对柠檬选区进行缩放，调整柠檬大小，如图 3.65 所示。

图 3.64 复制柠檬图像

图 3.65 移入盘中

4）在【图层】面板中，单击【图层 1】前面的图标隐藏柠檬，选择【背景】图层（盘子图像），选择【快速选择工具】，拖选盘子，如图 3.66 所示。单击【快速选择工具】属性栏的【从选区减去】按钮，沿盘子上边拖动，得到盘子下边缘选区，如图 3.67 所示，按 Ctrl+J 快捷键复制选区，并新生成图层【图层 2】，单击【图层 1】前面的图标显示柠檬，拖动【图层 2】到【图层 1】上方，使柠檬超出盘子部分被遮挡，产生柠檬入盘的效果，如图 3.68 所示。

图 3.66 盘子选区

图 3.67 盘子下边缘选区

图 3.68 调整位置

【步骤三】香蕉入盘。

1）在如图 3.69 所示的香蕉图中，选择【磁性套索工具】，沿香蕉的边沿建立选区，如图 3.70 所示。

图 3.69 香蕉素材

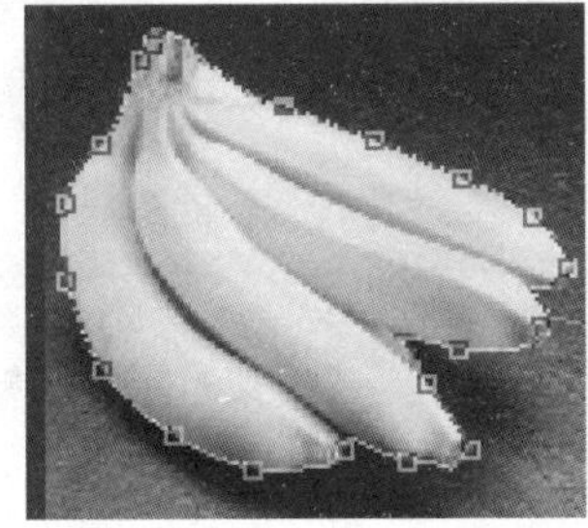

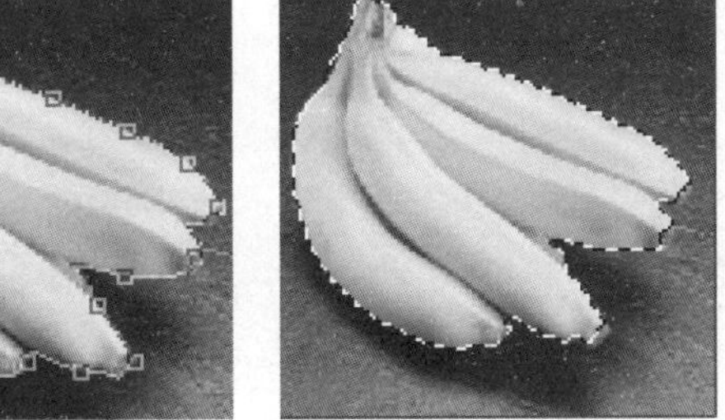

图 3.70 建立选区

2）使用【移动工具】将香蕉选区拖到空盘（素材图片 plate.jpg）中，生成新图层【图层 3】，如图 3.71 所示。

3）依照【步骤二】中第 3）和第 4）的操作，调整香蕉的大小、与盘子边缘的前后遮挡关系，产生香蕉入盘的效果，如图 3.72 所示。

图 3.71 复制、移入香蕉

图 3.72 调整香蕉位置

【步骤四】梨入盘。

1）在如图 3.73 所示的梨图中，使用【魔棒工具】在白色背景上单击，图中还有一部分

灰色阴影没有被选择，按 Shift 键，使用【套索工具】增加选区，如图 3.74 所示。选择【选择】|【反向】命令，即可选取梨。

图 3.73 梨素材

图 3.74 建立选区

2）使用【移动工具】将梨拖到盘子中，生成新图层【图层 5】，如图 3.75 所示。

3）依照【步骤二】中第 3）和第 4）的操作，调整梨与盘子边缘的前后遮挡关系，产生梨入盘的效果，如图 3.76 所示。

图 3.75 复制、移入梨

图 3.76 置入盘中

【步骤五】葡萄入盘。

1）葡萄素材如图 3.77 所示，使用【套索工具】创建葡萄选区，如图 3.78 所示。

2）同样依照【步骤二】中的第 3）和第 4）的操作将葡萄移入盘中，调整缩放比例和遮挡关系，效果如图 3.79 所示。

图 3.77 梨素材

图 3.78 建立选区

图 3.79 葡萄入盘

【步骤六】保存文件。

将最终效果以“Xps1-1.psd”为文件名保存。

案例三　实施步骤

下面利用所学知识完成案例三中的任务。

【步骤一】创建选区。

打开 PhotoShop CS6，打开素材图片 3.3，用【魔棒工具】单击浅粉色背景，并右击，在弹出的快捷菜单中选择【选取相似】命令（尽可能多地把背景部分选出来），如图 3.80 所示。

【步骤二】清洗发边。

1）按 Ctrl+Shift+I 快捷键反选选区，基本上把人物选取出来，选择【选择】|【调整边缘】命令，打开【调整边缘】对话框，单击【调整半径工具】按钮（扩展监测区域），如图 3.81 所示。

图 3.80　建立选区

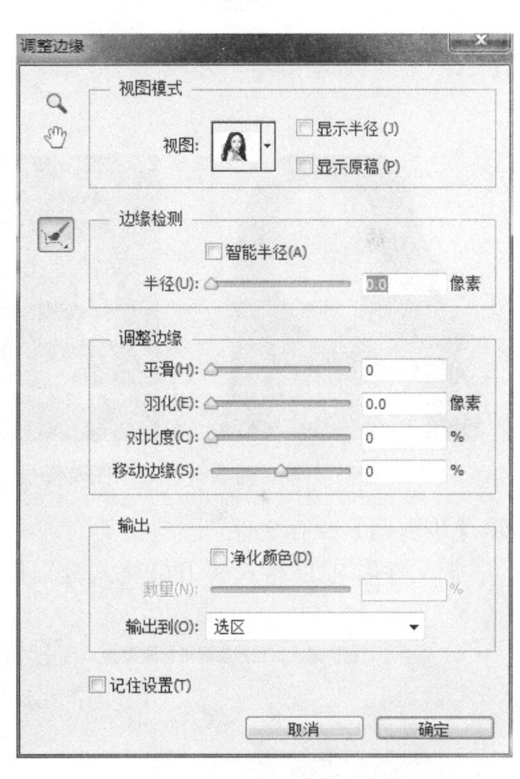

图 3.81　【调整边缘】对话框

2）可以看到人物已整体脱离背景了，如图 3.82 所示。头发末稍仍有“粘结”现象，此时按住鼠标左键开始涂抹头发间的粉色背景残余（即在头发末稍的粘结处涂抹），可以看到“粘结”现象消失，如图 3.83 所示。

3）有粘结的地方都涂抹完后，单击【确定】按钮，人物被重新精确地选出来，这是一个精确的选区，精细到每根发丝都显现出来，按 Ctrl+J 快捷键复制选区，建立并填充一个纯白图层作为背景，如图 3.84 所示。

图 3.82　效果图（一）

图 3.83　效果图（二）

4）对于发梢残存的原背景色用【加深工具】修补一下即可。

【步骤三】换背景。

如果换了背景，“粘结”现象可能又重新出现，这时可以复制已经抠出来的人物图层（【图层 2 副本】），把原来的人物图层（【图层 2】）放在所复制的图层（【图层 2 副本】）下面，对【图层 2】的混合模式进行调整，如调整成【叠加】模式，再用软边的橡皮擦把【图层 2 副本】的灰色发梢轻轻擦去，图层面板如图 3.85 所示。

图 3.84　效果图及图层

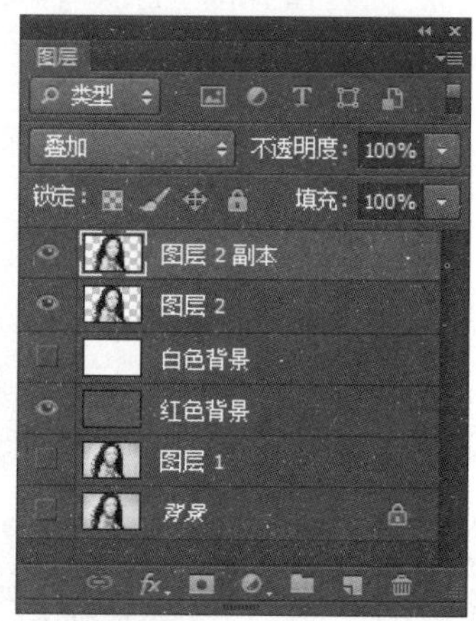

图 3.85　图层

【步骤四】保存文件。

把文件以 PSD 格式和 JPG 格式分别保存为“长发少女抠图”。

工作实训营

1. 训练内容

1）在 Photoshop CS6 中，打开本章素材 3.86，创建选区并对选区进行操作（椭圆选区，羽化并反选，填充白色）。原图如图 3.86 所示，效果图如图 3.87 所示。

图 3.86　原图

图 3.87　效果图

2）在 Photoshop CS6 中，打开本章素材 3.88。创建选区并对选区进行操作（椭圆选区，羽化并反选，通过滤镜设置浮雕效果）。原图如图 3.88 所示，效果图如图 3.89 所示。

图 3.88 原图

图 3.89 效果图

2. 训练要求

能对不同的图像，根据选取区域的要求，使用不同的选区工具。熟练掌握各种选区工具的用法。

工作实践中常见问题解析

【常见问题 1】什么是半选？

答：半选是指选择某些像素时，并没有完全选中它们，而是似选非选。选择【选择】|【修改】|【羽化】命令就是一个将完全的选择区转化为带有半选范围的选择区。

【常见问题 2】为什么有时无法移动选区？

答：如果所选图层目前为隐藏的，则无法移动选区，若此时移动选区，则会出现错误提示【不能使用移动工具，因为目标图层被隐藏】。解决方法是显示该图层或选择其他处于显示的图层。

【常见问题 3】为什么有时无法清除选区中的内容？

答：如果所选图层目前为隐藏的，则清除选区的操作是无效的。解决方法是显示该图层。

习 题

1. 打开素材文件，对其进行复制后粘贴至新建文件上，利用自由变换等工具改变图像的大小、形状、边缘。

2. 打开任意图像文件，练习使用【色彩范围】命令抠取图像并调整图像效果。

第4章

绘 制 图 形

本章要点☞

掌握颜色选择工具的使用方法。

学会使用画笔工具、铅笔工具绘制图形。

学会使用油漆桶、渐变工具填充颜色。

掌握绘制和编辑路径图形的方法和技巧。

掌握选取路径、填充和描边路径的方法。

技能目标☞

掌握绘制图形的基本方法。

掌握图像绘制、颜色填充工具的使用方法和技巧。

掌握绘制和编辑形状图形的方法和技巧。

掌握绘制路径图形的方法和技巧。

案例导入

【案例一】绘制卡通老虎。

要求：利用钢笔、填充等工具绘制卡通老虎，如图4.1所示。

图4.1 卡通老虎效果图

【案例二】绘制卡通女神。

要求：利用直线工具、钢笔工具、画笔工具、渐变填充工具等绘制卡通女神，如图4.2所示。

图4.2 卡通女神效果图

引导问题

如何自定义画笔？
颜色替换工具有什么作用？
路径的描边和填充是如何操作的？

基础知识

4.1 颜色设置

在 Photoshop CS6 中，如果需要重新设置前景色和背景色，可以通过【拾色器】对话框、【颜色】面板、【色板】面板和【吸管工具】来设置。

4.1.1 颜色工具

前景色决定使用绘画工具绘制图形，以及使用文字工具创建文字时的颜色；背景色决定使用【橡皮擦工具】擦除【背景】图层上的图像时，擦除区域呈现的颜色（非【背景】图层擦除后的区域为透明的），以及增加【背景】图层上的画布大小时，新增画布的颜色（非【背景】图层新增区域的画布为透明）。工具箱中设置前景色或者背景色按钮，如图 4.3 所示。

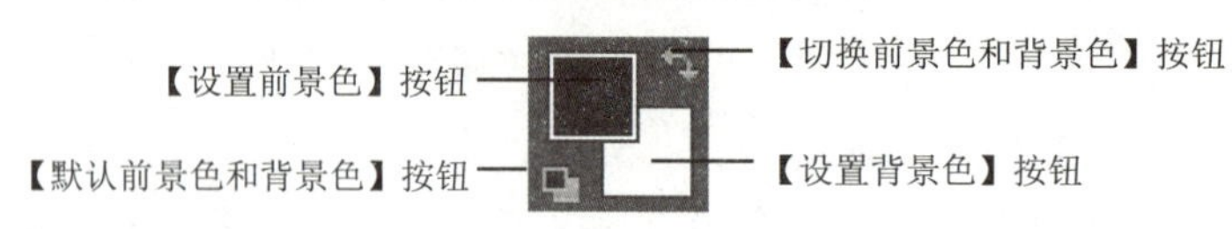

图 4.3　颜色工具

4.1.2 颜色面板组

1. 使用【颜色】面板设置颜色

【颜色】面板显示前景色和背景色的颜色值。可以使用【颜色】面板中的滑块编辑前景色和背景色，也可以从显示在面板底部的四色曲线图的色谱中选取前景色或背景色，如图 4.4 所示。

2. 使用【色板】面板设置颜色

使用【色板】面板设置颜色的具体操作步骤如下。

1）在 Photoshop CS6 窗口右侧的面板组中打开【色板】面板，如图 4.5 所示。

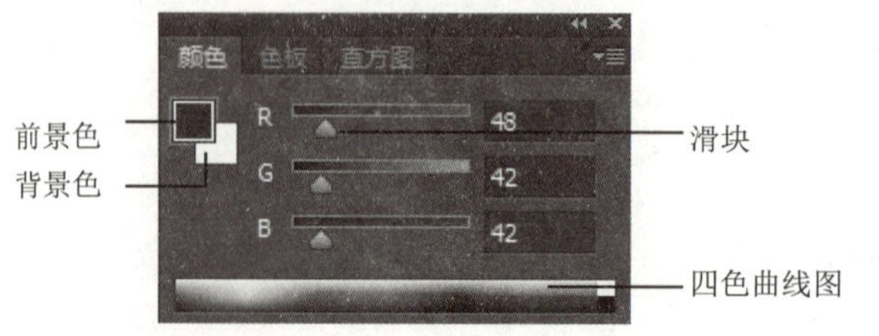

图 4.4　【颜色】面板

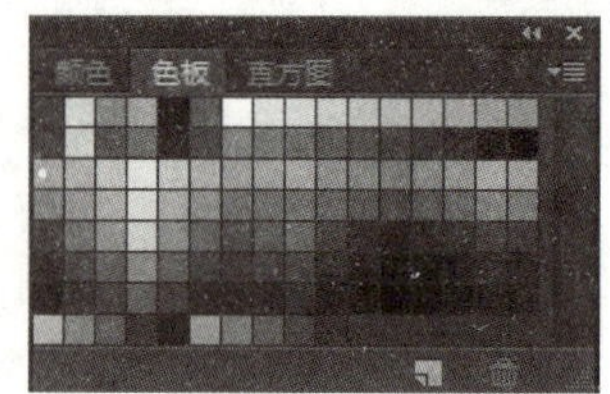

图 4.5　【色板】面板

2）将鼠标指针移至【色板】面板的颜色块（又称色板）区域时，这时鼠标指针变成形状，单击所需颜色块即可设置前景色或按 Ctrl 键，单击颜色设置背景色。

4.1.3 【拾色器】对话框

利用【拾色器】对话框设置颜色的具体操作步骤如下。

1）单击工具箱中的【设置前景色】按钮或【设置背景色】按钮。

2）弹出前景色或背景色的拾色器对话框，如图4.6所示。

3）选取颜色。首先调节颜色滑杆上的滑块至某种颜色，左侧主颜色框将会显示与该颜色相近的颜色；然后将鼠标指针移至主颜色框中，在需要的颜色位置上单击，会在右侧【新的】颜色预览框中预览到新选取的颜色，可以和下面的【当前】颜色预览框中的颜色进行对比；选取完毕后单击【确定】按钮保存设置。

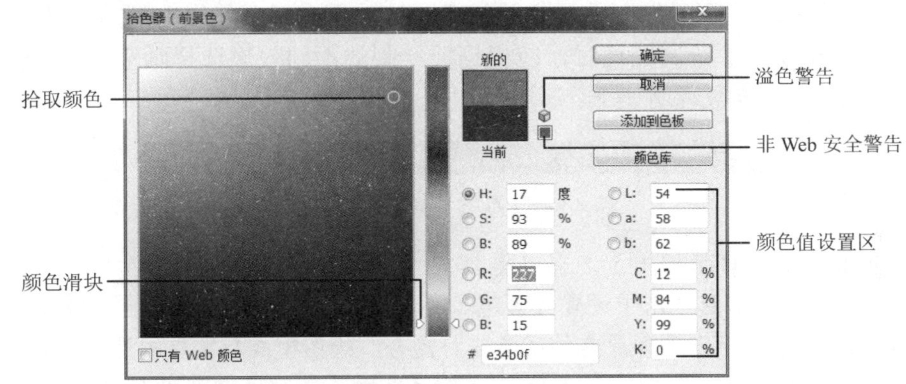

图4.6 拾色器对话框

小技巧：

在【拾色器】对话框中若要精确设置颜色，可直接在颜色值设置区右侧输入某一颜色模式的值，或在底部的颜色数值框中输入颜色数值（十六进制表示）。

4.1.4 吸管工具

使用工具箱中的【吸管工具】可吸取图像中的任意一种颜色，使其成为当前图像的前景色或者背景色。

吸取前景色时，用【吸管工具】在图像中的某个位置上单击，即可将该位置上的颜色设置为前景色。

吸取背景色时，需按住Alt键的同时，用【吸管工具】在图像中的某个位置上单击。此外，若在按住Alt键的同时，按下鼠标左键在图像上的任意位置拖动，工具箱中的背景色选区框会随着鼠标指针划过的图像颜色动态地变化；释放鼠标左键后，即可拾取新的背景色。

在【吸管工具】属性栏的【取样大小】下拉列表中可选择取样大小，吸取颜色为单击点（取样大小）选区的区域内颜色的平均色，如图4.7所示。

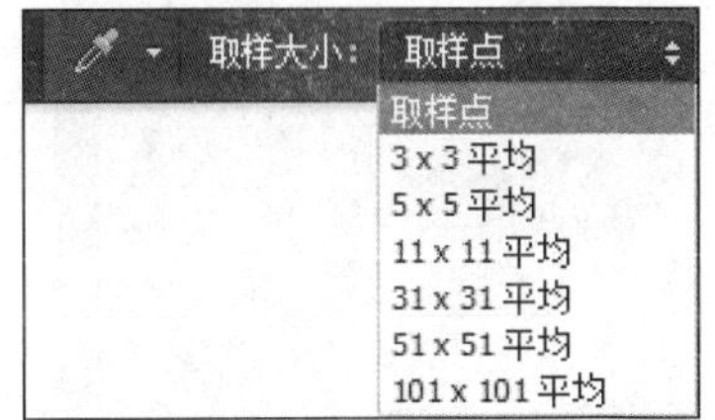

图4.7 【吸管工具】的取样大小

4.2 绘制工具

4.2.1 绘图工具

Photoshop CS6 中常用的绘图工具是画笔工具和铅笔工具，分别用于绘制边缘较柔和的笔画和硬边笔画。

1. 画笔工具

【画笔工具】通常用于绘制偏柔和的线条，其效果类似于使用毛笔的绘画效果。

在使用【画笔工具】绘制图像时，应根据要绘制的不同效果选择画笔，【画笔工具】属性栏如图 4.8 所示。各参数说明如下。

图 4.8 【画笔工具】属性栏

1）【画笔】选项。该选项用于选择画笔样式和设置画笔大小。

2）【模式】选项。该选项用于设置【画笔工具】对当前图像中像素的作用形式，即当前使用的绘图颜色如何与图像原有的底色进行混合，绘图模式与图层的混合模式选项相同。

3）【不透明度】选项。该选项用于设置画笔颜色的不透明度。可以在文本框中直接输入数值，也可以单击按钮，在弹出的滑杆中拖动滑块进行调节。不透明度数值越大，不透明度越高。

4）【流量】选项。该选项用于设置图像颜色的压力程度。流量数值越大，画笔笔触越浓。

5）【启用喷枪模式】选项。单击该选项按钮，启用喷枪进行绘图工作。

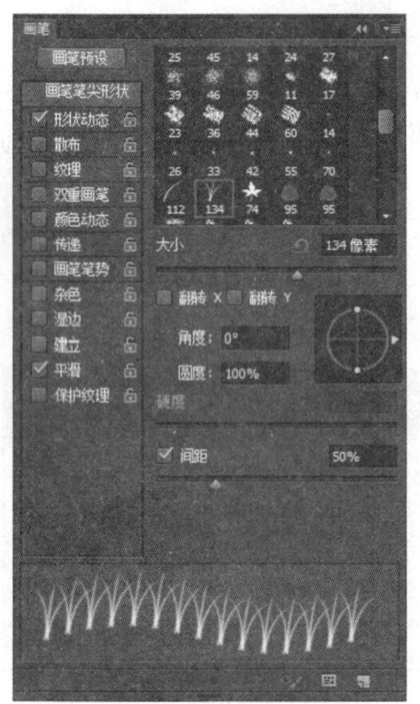

图 4.9 【画笔】面板

6）【切换画笔面板】选项。单击该选项按钮，可打开【画笔】面板，如图 4.9 所示。面板左侧有多种选项供用户选择，在其右侧的选项组中可以选择和预览画笔的样式，设置画笔的大小、笔尖的形状、硬度和间距等。Photoshop CS6 内置的笔刷比之前的版本丰富了很多。

【画笔】画板中的相关选项说明如下。

- 【大小】选项。该选项用来控制画笔的直径，在该选项文本框中输入数值或拖动滑块来改变画笔的粗细，或按 [键或] 键（输入法在英文状态下）来减少或增加画笔直径。
- 【角度】选项。该选项用来设置画笔长轴的倾斜角度，即偏离水平线的距离。
- 【圆度】选项。该选项用来设置椭圆短轴和长轴的比例关系。
- 【间距】选项。该选项用来设置连续运用画笔绘制时，前一个产生的画笔和后一个产生的画笔之间的距离，它是用相对于画笔直径的百分数来表示的。

若 Photoshop CS6 自带的画笔样式不能满足需求，可以根据需要自定义画笔。自定义画笔时可将一个几何图形定义为画笔，也可将动物、人物图形等多种形状定义为画笔。

如果将一个几何图形或动物、人物图形等图形定义为画笔，则需要选择一个要定义为画笔的选区，选择【编辑】|【定义画笔预设】命令，在打开的【画笔名称】对话框中输入画笔名称，单击【确定】按钮，即可自定义画笔。自定义的画笔是灰度图像，不保留源图像的色彩信息，被调用时，画笔颜色由当前的前景色决定。

下面以把兔子图形定义为画笔为例进行讲解，具体操作步骤如下。

1）启动 Photoshop CS6，打开素材 4.10。选择兔子选区，如图 4.10 所示。

2）选择【编辑】|【定义画笔预设】命令，在打开的【画笔名称】对话框中输入画笔名称“兔子”，单击【确定】按钮即可，如图 4.11 所示。

图 4.10 选择画笔选区

图 4.11 输入画笔名称

3）定义好画笔后，在【画笔】面板的画笔样式列表框中选择自定义的画笔样式“兔子”；修改画笔大小，如图 4.12 所示。

4）将鼠标指针移到图像窗口中，单击或按住鼠标左键拖动鼠标绘画即可，如图 4.13 所示。

图 4.12 选取自定义画笔

图 4.13 利用自定义画笔绘制图形

2. 铅笔工具

【铅笔工具】不同于【画笔工具】的最大特点是其硬度比较大且不可变。【铅笔工具】的使用方法和【画笔工具】类似，其属性栏如图 4.14 所示。

图 4.14 【铅笔工具】属性栏

【自动抹除】选项是【铅笔工具】特有的选项，勾选该选项复选框，如果在与前景色相同的图像区域内绘图，则【铅笔工具】相当于橡皮擦，拖动过的地方会自动擦除前景色填入背景色，如果在不包含前景色的区域上拖动，则填充前景色。

3. 混合器画笔工具

利用【混合器画笔工具】可以绘制出逼真的手绘效果。该工具是较为专业的绘图工具，通过属性栏可以调节笔触的颜色、潮湿度、混合颜色等，如同在绘制水彩或油画时，调节好颜料颜色、浓度、颜色混合等，可以绘制出更为细腻的效果图。其属性栏如图 4.15 所示。

图 4.15 【混合器画笔工具】属性栏

- 【画笔】：单击该下拉按钮，在打开的下拉列表中选择调整画笔直径大小及画笔样式。
- 【当前画笔载入】：显示前景色颜色，单击下拉按钮可以载入画笔、清理画笔、只载入纯色。
- ：每次描边后载入画笔。
- ：每次描边后清理画笔。

【每次描边后载入画笔】按钮和【每次描边后清理画笔】两个按钮用于控制每一笔涂抹结束后对画笔是否更新和清理。类似于画家在绘画时一笔过后是否将画笔在水中清洗的选项。

- 混合画笔组合选项：提供多种为用户提前设定的画笔组合类型，包括干燥、湿润、潮湿和非常潮湿等。在混合画笔组合选项下拉列表中可以根据需要选择预先设置好的混合画笔。当选择某一种混合画笔时，右侧 4 个选项会自动改变为预设值。
- 【潮湿】选项：用于设置从画布拾取的油彩量。如同给颜料加水，设置的值越大，画布上的色彩越淡。
- 【载入】选项：用于设置画笔上的油彩量。
- 【混合】选项：用于设置多种颜色的混合值；当【潮湿】选项为 0 时，该选项不能用。
- 【流量】选项：用于设置描边的流动速率。
- 启用喷枪模式选项：其作用是，当画笔在一个固定的位置一直描绘时，画笔会像喷枪那样一直喷出颜色。如果不启用这个模式，则画笔只描绘一下就停止流出颜色。
- 【对所有图层取样】选项：其作用是，无论本文件有多少图层，均将它们作为一个单独的合并的图层看待。
- 绘图板压力控制大小选项：当选择普通画笔时，可以勾选，该选项复选框此时可以用绘图板来控制画笔的压力。

图 4.16 和图 4.17 分别为用同一张素材图片用【干燥】和【湿润】两种混合类型进行绘画的效果。在 Photoshop CS6 中，较干燥的画笔较多地保留了自定义的颜色，较湿润的画笔则可以从画面上取出自己想要的颜色。就如沾了水的笔头，越湿的笔头，越能将画布上的颜色化开。另一个对颜色有较强影响的参数是混合值，混合值高，画笔原来的颜色越浅，从画

布上取得的颜色越深。

图 4.16 干燥画笔绘制的太阳

图 4.17 湿润画笔绘制的太阳

4. 颜色替换工具

【颜色替换工具】使用 Photoshop CS6 前景色对图像中特定的颜色进行替换，该工具常用来校正图像中较小区域颜色的图像。其属性栏如图 4.18 所示。

图 4.18 【颜色替换工具】属性栏

1）【模式】选项：包括【色相】、【饱和度】、【颜色】和【明度】4 个模式。【色相】模式更加精准细微，【颜色】模式相较之下就没那么细致。

2）【取样：连续】：在拖移时连续对颜色取样。

【取样：背景色板】：只替换包含当前背景色的区域。如果一幅图有红、黄、绿 3 种颜色，设置前景色为蓝色，设置背景色为黄色，单击【取样：背景色板】按钮，在图像上涂抹，将只替换图像中黄色（背景色）的颜色为蓝色，其他颜色不受影响。

【取样：一次】：只替换第一次单击的颜色所在区域的目标颜色。如果一幅图有红、黄、绿 3 种颜色，设置前景色为蓝色，单击【取样：一次】按钮，单击红色处开始涂抹，将只替换图像中红色的颜色为蓝色，其他颜色不受影响。

3）【限制选项】：包括 3 个选项，其中【连续】选项用于替换与画笔邻近的颜色；【不连续】选项用于替换出现在指针下任何位置的颜色；【查找边缘】选项用于替换与样本颜色的相连区域，同时更好地保留边缘的锐化程度。

4）【容差】选项：设置较低的百分比可以替换与所单击处像素非常相似的颜色，而增加百分比可以替换范围更广的颜色。

5)【消除锯齿】选项：勾选该选项复选框可以得到一个柔和的边缘，弊端是图片可能不是那么精确。可以在【限制】下拉列表中选择【查找边缘】选项以限制消除锯齿。

下面以快速更改不同季节风景图为例介绍【颜色替换工具】的使用方法。

1）在 Photoshop CS6 中按 Ctrl+O 快捷键，打开一幅绿叶红果的本章素材图像 4.19，如图 4.19 所示。

2）打开前景色拾色器，设置前景色为黄色[RGB（172，94，17）]。

3）选择【颜色替换工具】，设置合适画笔大小，在图像中绿叶上涂抹，绿叶变黄，如图 4.20 所示。

图 4.19 “绿叶红果”素材图像

图 4.20 “黄叶红果”效果图

4.2.2 擦除工具

橡皮擦工具用于擦除背景或图像。橡皮擦工具组包含：【橡皮擦工具】、【背景橡皮擦工具】和【魔术橡皮擦工具】，下面分别介绍它们的使用方法。

1. 橡皮擦工具

使用【橡皮擦工具】在图像中涂抹可以擦除图片中不需要的部分。如果在背景图层或锁定的透明图层上擦，在擦除前景图像的同时，填入背景色；如果在普通图层上擦，擦除的位置变为透明。【橡皮擦工具】属性栏如图 4.21 所示，各参数说明如下。

图 4.21 【橡皮擦工具】属性栏

1)【模式】选项。其中包括【画笔】、【铅笔】和【块】3 个选项。【画笔】模式具有边缘柔和及带有羽化效果；【铅笔】模式则是硬边效果；【块】模式的擦除的效果为块状，不能改变【不透明度】和【流量】选项值，各种模式下擦除效果如图 4.22 所示。

2)【抹到历史记录】选项。勾选该选项复选框后，【橡皮擦工具】具有【历史记录画笔工具】的功能，能够有选择地恢复图像到某一历史记录状态，如图 4.22 所示。

2. 背景橡皮擦工具

【背景橡皮擦工具】也是一款擦除工具，主要用于图像的智能擦除，具有自动识别对象边缘的功能，将光标放在图像上，光标会变成图形，图形中心有一个十字线，在擦除图像时，Photoshop 会自动采集十字线位置的颜色，并将出现在圆形区域内的类似颜色擦除。如

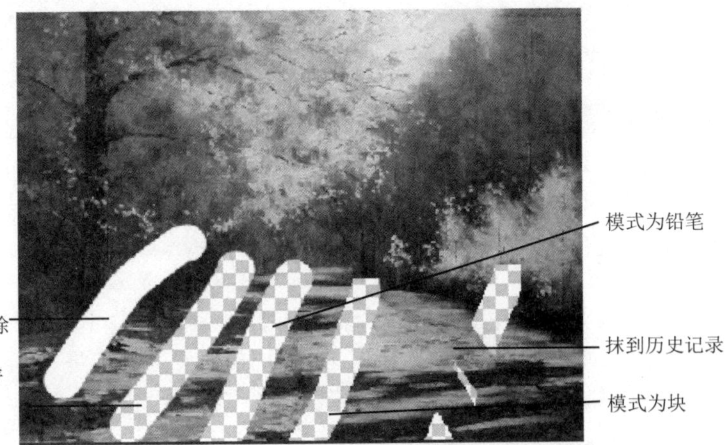

图 4.22 【橡皮擦工具】使用示例

果勾选工具属性栏中【保护前景色】复选框，即可保护前景色不被擦除。为了抠取图 4.23 所示的小鸡，可勾选【保护前景色】复选框，将鼠标指针移至小鸡身体边缘，按住 Alt 键不放，单击吸取小鸡的边缘颜色为前景色，并设置【背景橡皮擦工具】的大小和硬度，先将小鸡边缘的背景擦除（注意：不要让光标的十字线碰到小鸡边缘，否则也会将其擦除），再将剩余背景擦除，擦除效果如图 4.24 所示。

图 4.23 原图

图 4.24 擦除背景效果

3. 魔术橡皮擦工具

【魔术橡皮擦工具】类似【魔棒工具】，不同的是【魔棒工具】用来选取图片中颜色近似的色块。【魔术橡皮擦工具】可以自动分析图像的边缘，然后快速去掉图像的背景，对于图像的抠图来说，【魔术橡皮擦工具】具有很好的效果。这款工具使用起来非常简单，只需要在属性栏设置相关的容差值，然后在相应的色块上面单击即可擦除，擦除效果如图 4.25 和图 4.26 所示。

图 4.25 不同参数擦除效果（一）

图 4.26 不同参数擦除效果（二）

小提示：

在【背景】图层中使用【背景橡皮擦工具】或者【魔术橡皮擦工具】时，像素可以被擦除为透明，同时【背景】图层将自动被转换为普通图层。

4.2.3 填充工具

1. 油漆桶工具

【油漆桶工具】与【填充】命令相似，用于在图像、选区中填充颜色或者图案。配合吸管等工具，使用【油漆桶工具】可以方便地给图像（尤其是手绘图）着色。

【油漆桶工具】属性栏如图 4.27 所示。各参数说明如下。

图 4.27 【油漆桶工具】属性栏

- 【填充】选项：包含两个选项，其中【前景】表示在图中填充的是工具箱中的前景色，【图案】表示在图中填充的是连续的图案。当选择【图案】选项时，单击下拉按钮，在图案的弹出式面板中可选择不同的填充图案，选区内填充图案效果如图 4.28 所示。
- 【模式】选项：用来设置填充颜色或图案和图像的混合模式。
- 【不透明度】选项：用来定义填充的不透明度。
- 【容差】选项：用来控制【油漆桶工具】每次填充的范围，定义填充像素颜色的相似程度。数值越大，允许填充的范围越大。
- 【消除锯齿】选项：勾选该选项复选框，可使填充的边缘保持平滑。
- 【连续的】选项：勾选该选项复选框，填充的区域是和单击点相似并连续的部分，如图 4.29 所示；如果取消勾选该选项复选框，填充的区域是所有和单击点相似的像素，不管它是否和单击点连续，如图 4.30 所示。
- 【所有图层】选项：此选项和 Photoshop CS6 中特有的【图层】有关，当勾选该选项复选框后，不管当前在哪个图层上操作，用户所使用的工具对所有的图层都起作用，而不是只针对当前操作图层。

如果创建了选区，填充的区域为所选区域；如果没有创建选区，则填充与单击点颜色相近的整个区域。

图 4.28 图案填充选区

图 4.29 勾选【连续的】复选框图案填充

图 4.30 取消勾选【连续的】复选框图案填充

2. 渐变工具

【油漆桶工具】和【渐变工具】都用于给图像填充，但两者的填充方式和内容不同，

【油漆桶工具】只能填充一种颜色或图案，而【渐变工具】可以填充两种以上的颜色，且过渡细腻，融合效果好。选择该工具后，在图像中单击并拖动出一条直线，以标示渐变的起始点和终点，释放鼠标后即填充了渐变效果。

Photoshop CS6 可以创建 5 种渐变：线性渐变、径向渐变、角度渐变、对称渐变和菱形渐变，其效果如图 4.31 所示。

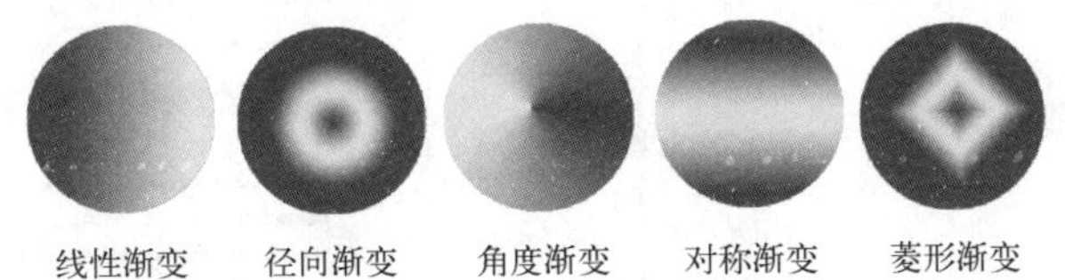

图 4.31　5 种渐变效果

在如图 4.32 所示的属性栏中选择渐变类型，还可以设置渐变颜色的混合模式、不透明度等参数，从而创建出更丰富的渐变效果。各参数说明如下。

图 4.32　【渐变工具】属性栏

- 渐变颜色条选项。该选项用于显示当前的渐变颜色，单击其右侧下拉按钮，打开渐变颜色面板，在面板中可选择预设的渐变颜色。
- 渐变类型选项组。该选项组中有上文所说的 5 种渐变类型。
- 【模式】选项。该选项用于设置应用渐变时的混合模式。
- 【不透明度】选项。该选项用于设置渐变效果的不透明度。
- 【反向】选项。该选项用于转换渐变中的颜色顺序，得到与原设置的颜色顺序相反的渐变效果。
- 【仿色】选项。用较小的带宽创建较平滑的混合，可防止打印时出现条带化现象。
- 【透明区域】选项。勾选该选项复选框可以创建透明渐变；取消勾选该选项复选框可以创建实色渐变。

单击【渐变工具】属性栏中的渐变颜色条，打开【渐变编辑器】窗口。对话框中各选项功能如下。

- 【预设】选项。该选项列表框中提供软件自带的渐变样式缩览图。单击可选取渐变样式，并且在对话框下部显示出不同渐变样式的参数和选项的设置。
- 【名称】选项。该文本框中显示当前所选渐变样式的名称，也可以用来设置新样式的名称。
- 【新建】选项。单击该选项按钮，根据当前的渐变设置创建一个新的渐变样式，并添加到【预设】列表框的末端位置。
- 【渐变类型】选项。该选项下拉列表中包括【实底】选项和【杂色】选项。当选择【实底】选项时，可以对均匀渐变的过渡色进行设置，如图 4.33 所示；当选择【杂色】选项时，可以对粗糙的渐变过渡色进行设置，如图 4.34 所示。
- 【平滑度】选项。该选项用于调节渐变的光滑程度。

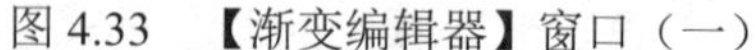

图 4.33 【渐变编辑器】窗口（一）

图 4.34 【渐变编辑器】窗口（二）

- 色标滑块。该滑块用于控制颜色在渐变中的位置。如果在色标滑块上单击并拖动鼠标，可调整该颜色在渐变中的位置。要在渐变中添加新颜色，在渐变颜色编辑条下方单击，可以创建一个新色标滑块，然后双击该色标滑块，在打开的【拾色器（色标颜色）】对话框中设置所需的色标颜色。
- 颜色中点滑块。单击色标滑块时，会显示其与相邻色标滑块之间的颜色过渡中点。拖动该中点，可以调节渐变颜色之间的颜色过渡范围。
- 不透明度色标滑块。该滑块位于颜色条上方，用于设置渐变颜色的不透明度。单击该滑块后，通过【不透明度】文本框设置其颜色的不透明度。再单击不透明度色标滑块时，会显示与其相邻不透明度色标之间的不透明度过渡中点。拖动中点，可调整渐变颜色之间的不透明度的过渡范围。
- 【位置】选项。该选项用于设置色标滑块或不透明度色标滑块的精确位置。
- 【删除】选项。单击该选项按钮可以删除所选的色标或不透明度色标。

在【渐变编辑器】窗口的【预设】列表框中选择【透明彩虹渐变】选项，拖动渐变条上方的不透明度色标滑块并设置【不透明度】选项，拖动渐变条下方的色标滑块，如图 4.35 所示，绘制如图 4.36 所示的彩虹效果。

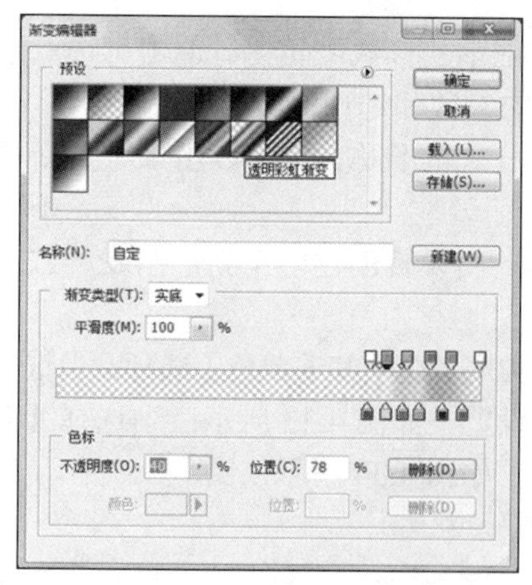

图 4.35 【渐变编辑器】窗口（三）

图 4.36 彩虹效果

小拓展：

在【渐变编辑器】窗口中设置好渐变后，在【名称】文本框中输入渐变的名称，单击【新建】按钮，可以将其保存到【预设】列表框中。在【渐变编辑器】对话框的【预设】列表框中，选择一种渐变样式，右击，在弹出的快捷菜单中有【新建渐变】、【重命名渐变】、【删除渐变】3种命令，分别用于新建渐变、对选择的渐变进行重命名、删除该渐变。单击【预设】列表框右上角的▶按钮，在弹出的下拉列表中选择所需的样本名称，可将样本载入【预选】列表框中；在弹出的菜单中选择【复位渐变】选项，则恢复默认的渐变。

3. 3D材质拖放工具

【3D材质拖放工具】的使用方法具体如下。

1）在Photoshop CS6中按Ctrl+O快捷键打开本章素材图像4.37，如图4.37所示。

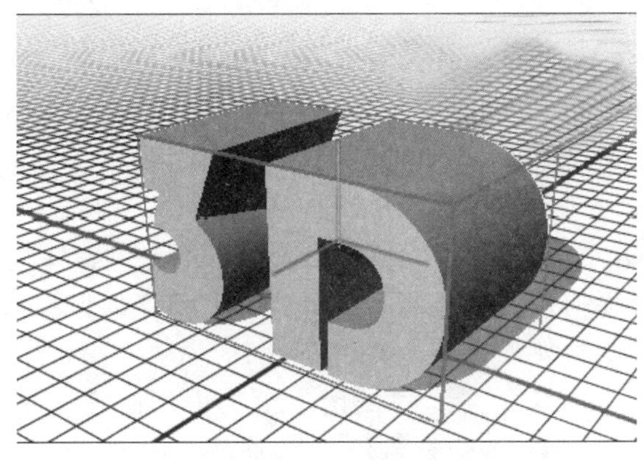

图4.37 素材图片

2）选择【3D 材质拖放工具】；在其属性栏中选择材质，如选择石砖材质，在后边显示所载入的材质名称，如图4.38所示。

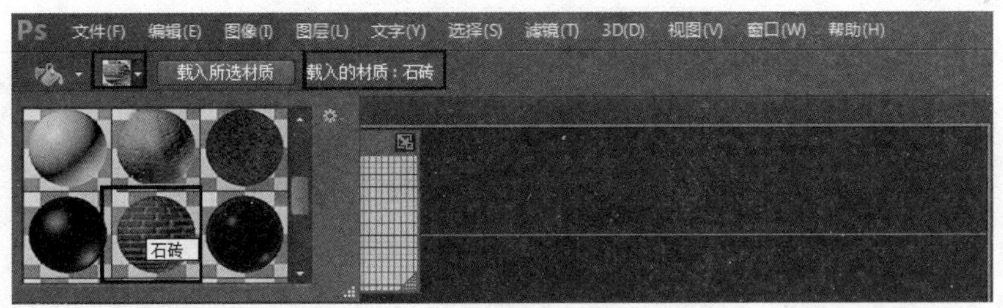

图4.38 【3D材质拖放工具】属性栏

3）在图像中单击需要修改材质的地方，将选择的材质应用到当前选择区域中，如图4.39所示。

4）用上面方法选择棋盘材质，然后将材质应用到图像相应位置，效果如图4.40所示。

5）按住Alt键，【3D材质拖放工具】将转换成【吸管工具】，在图像材质上单击，可以直接在属性栏中跳转到该材质和查看到该材质纹理信息。

6）按住Ctrl键，【3D材质拖放工具】将转换成【移动工具】，可以移动图像中3D模型。

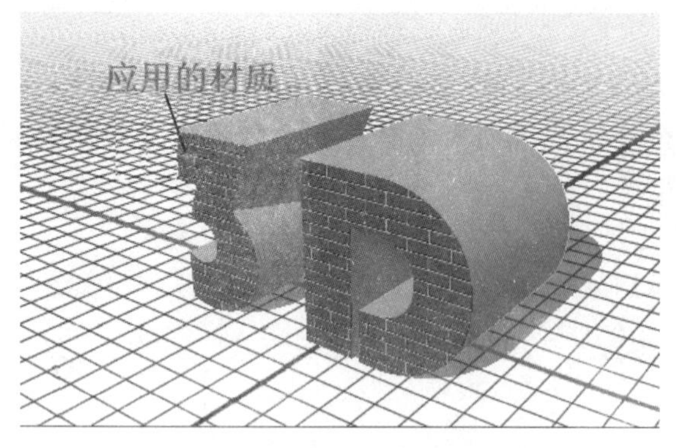

图 4.39　应用石砖材质

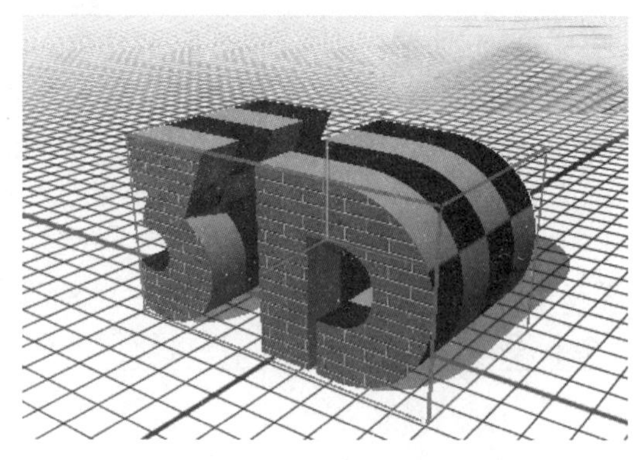

图 4.40　应用棋盘材质

4.2.4　历史记录画笔工具

【历史记录画笔工具】的主要作用是将部分图像恢复到某一历史状态，可以形成特殊的图像效果。【历史记录画笔工具】必须与【历史记录】面板配合使用，用于恢复操作，但不是将整个图像都恢复到以前的状态，而是对图像的部分区域进行恢复，因而可以对图像进行更加细微的控制。其具体使用方法如下。

1）在 Photoshop CS6 中，按 Ctrl+O 快捷键，打开素材图像 4.41，如图 4.41 所示。

2）选择【滤镜】|【模糊】|【高斯模糊】命令，打开【高斯模糊】对话框，设置相关参数，单击【确定】按钮，如图 4.42 所示。

3）打开【历史记录】面板，在其左侧图标上单击，使【设置历史记录画笔的源】图标显示出来，将该状态设置为历史记录画笔的源。（如果在面板区没有【历史记录】面板，可以选择【窗口】|【历史记录】命令，打开【历史记录】面板），如图 4.43 所示。

图 4.41　素材图片

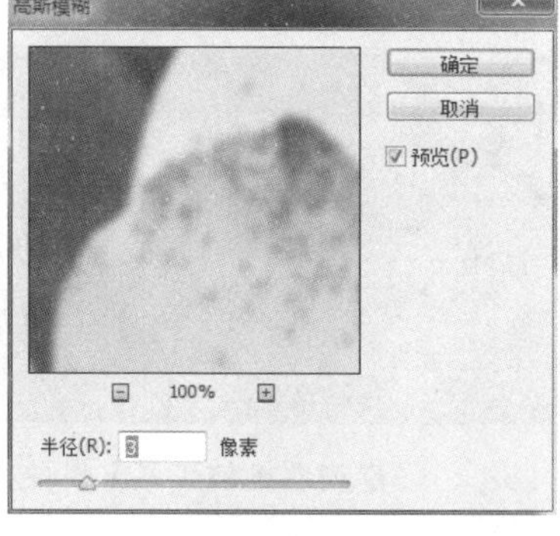

图 4.42　【高斯模糊】对话框

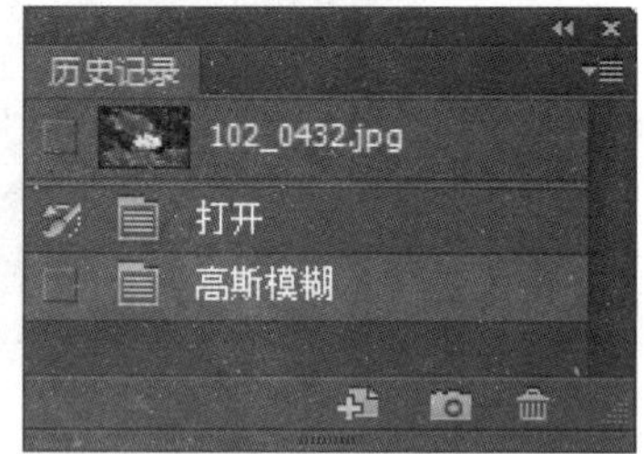

图 4.43　【历史记录】面板

小提示：

历史记录画笔的源就是把图像的某部分恢复到所选择的源图像的状态。

4）选择【滤镜】|【风格化】|【拼贴】命令打开【拼贴】对话框，如图 4.44 所示，保持默认设置，单击【确定】按钮。拼贴效果如图 4.45 所示。

5）在【历史记录】面板设置历史记录画笔的源如图 4.46 所示。

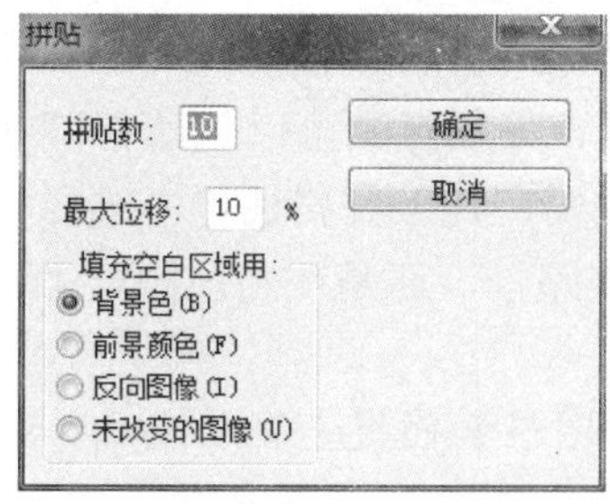

图 4.44 【拼贴】对话框

图 4.45 拼贴效果

6）选择【历史记录画笔工具】，设置合适画笔大小，在需要恢复的部分（如荷花，按住鼠标左键拖动涂抹，这时被涂抹的部分将恢复到所选历史记录画笔的源的图像时的状态，如图 4.47 所示。

图 4.46 【历史记录】面板

图 4.47 最终效果

4.3 形状与路径

4.3.1 形状工具

在 Photoshop CS6 中，可以通过形状工具创建路径图形。形状工具一般可分为两类：一类是基本几何体图形的形状工具，如图 4.48 所示；另一类是形状较多样的自定形状工具。

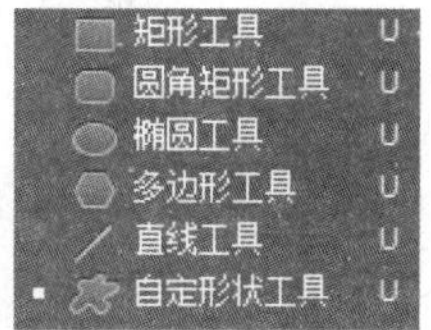

图 4.48 形状工具

- 【矩形工具】选项。选择该选项可以绘制矩形（正方形）形状。
- 【圆角矩形工具】选项。选择该选项可以绘制具有圆角的矩形，圆角的大小可以自行设置。
- 【椭圆工具】选项。选择该选项可以绘制椭圆或圆形（圆角半径可以设置）。
- 【多边形工具】选项。选择该选项可以绘制多边形（设置边数、半径等）。
- 【直线工具】选项。选择该选项可以绘制直线。
- 【自定形状工具】选项。选择该选项可以绘制自由的形状（可以用预设形状库中的形状替换当前形状）。

【形状工具】属性栏如图 4.49 所示。在其工具属性栏中可以设置所要绘制形状的一些参数。

图 4.49 【形状工具】属性栏

下面介绍一下【形状工具】属性栏的部分选项。

绘图模式：利用 Photoshop CS6 中的的钢笔和形状等矢量工具可以创建不同的对象，包括路径、形状、像素。使用矢量工具开始绘图之前，需要在其工具属性栏中选择一种绘图模式，如图 4.50 所示。选取的绘图模式将决定是创建工作路径，还是在当前图层上方创建形状图层，或是在当前图层绘制填充图形。

图 4.50　绘图模式

1）形状。在画面上绘制形状时，【图层】面板上自动生成一个名为“形状”的新图层，并在【路径】面板上保存矢量形状。

2）路径。在画面上绘制形状时，此形状自动转变为路径，并在【路径】面板中保存为工作路径。

3）像素。绘制形状时，在原图层上自动用前景色填充或描边（有些自定形状是用前景色描边）此形状。在【图层】面板和【路径】面板中不会保存形状。

形状工具的特点：

1）形状是可编辑的。与像素不同，通过移动控制点和控制柄可以改变形状，也可以放缩、旋转、扭曲和倾斜形状。

2）形状有助于弥补低分辨率图像的缺陷。通过基于矢量的精确轮廓，图像显示更加清晰。

3）图层样式可以应用于【形状】图层。同标准图层一样，【形状】图层也可以添加图层样式。

4）形状与图像的分辨率无关。形状是基于矢量的，所以随着图像的放大，图像的清晰度不会受到影响。

4.3.2　创建和编辑形状

绘制形状时，首先要在工具属性栏中选择合适的绘制模式。

绘制形状的方法很简单，只需拖动鼠标，便可以在画面上绘制出所需要的形状。

在绘制形状的过程中，必须注意以下问题。

1）按住 Shift 键，可以绘制规则的图形。选择【直线工具】，按住 Shift 键，拖动鼠标，可以绘制出水平、竖直或 45°的直线；选择【矩形工具】，按住 Shift 键，拖动鼠标，可以绘制出正方形；选择【椭圆工具】，按住 Shift 键，拖动鼠标，可以绘制出正圆。

2）按住 Alt 键拖动鼠标，可以从中心开始绘制形状，即鼠标指针的起始点是形状的中心。例如，按住 Shift+Alt 快捷键，鼠标指针的起始点为圆心或正方形的中心绘制圆或正方形。

利用【自定形状工具】可以绘制自定形状图形，其具体使用方法如下。

1）选择【自定义工具】，在【自定形状工具】属性栏中选择【像素】绘图模式。

2）单击【形状】下拉按钮，打开图 4.51 所示的形状列表，分别选择心形和箭头形状。

3）在不同的图层上改变前景色绘制出红色的心和黑色的箭头，用【橡皮擦工具】擦除箭头多余的部分，最终效果如图 4.52 所示。

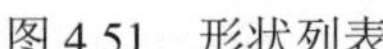
图 4.51 形状列表

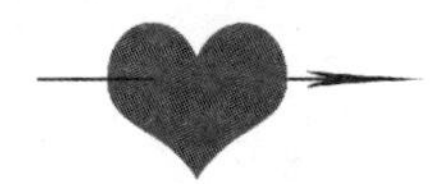
图 4.52 效果图

单击形状列表右侧的按钮，在弹出的下拉列表中可以设置复位形状、存储形状和载入形状。

4.3.3 路径和【路径】面板

路径是 Photoshop CS6 中的重要工具，主要用于光滑图像选择区域及辅助抠图，绘制光滑线条，定义画笔等工具的绘制轨迹，输出/输入路径及在选择区域之间转换。路径是可以转换为选区或者使用颜色填充和描边的轮廓。形状的轮廓是路径。通过编辑路径的锚点，可以很方便地改变路径的形状。

【路径】面板列出了每条存储的路径、当前工作路径和当前矢量蒙版的名称和缩览图。关闭缩览图可提高性能。

1）要显示【路径】面板，可选择【窗口】|【路径】命令，如图 4.53 所示。

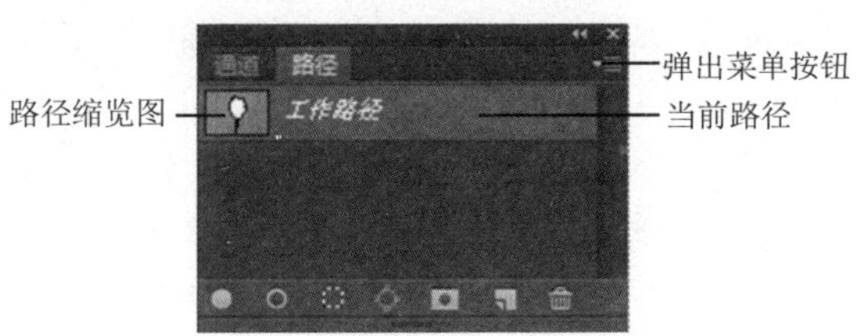

图 4.53 【路径】面板

2）要查看路径，单击【路径】面板中相应的【路径缩览图】图标。一次只能选择一条路径。

3）要取消路径选择，单击【路径】面板中的空白区域。

4）要更改路径缩览图的大小，从【路径】面板菜单中选择【面板选项】选项，然后在打开的【路径面板选项】对话框中设置缩览图大小或选中【无】单选按钮，关闭缩览图。

5）要更改路径的堆叠顺序，在【路径】面板中选择该路径，然后上下拖动该路径。当所需位置上出现黑色的实线时，释放鼠标即可。

【路径】面板中的矢量蒙版和工作路径的顺序不能更改，其下方的按钮含义如下。

1）【用前景色填充路径】：用前景色来填充路径区域。

2）【用画笔描边路径】：可以按设置的绘画工具和前景色描边路径（如选择铅笔工具或钢笔工具，注意事先调整笔头大小和颜色）。

3）【将路径作为选区载入】：将路径转换为图像窗口中的选区。

4）【从选区生成工作路径】：将图像窗口中的选区转换为路径。

5）【添加图层蒙版】：将当前路径添加图层蒙版。

6）【创建新路径】：可以创建新路径。

7）【删除当前路径】：可以删除当前选中的路径。

4.4 路径的创建和编辑

在 Photoshop CS6 中，除了使用形状工具绘制路径外，可以使用【钢笔工具】或【自由钢笔工具】绘制更为复杂的路径。路径工具组有 5 个工具，分别用于绘制路径，添加、删除锚点及转换锚点类型，如图 4.54 所示。

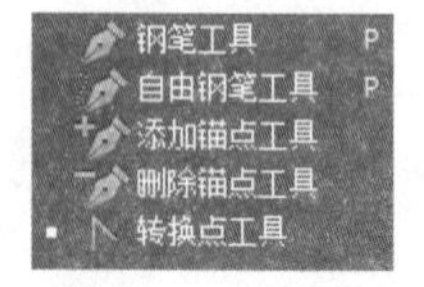

图 4.54 路径工具组

4.4.1 钢笔工具

通过如图 4.55 所示的【钢笔工具】属性栏，可以设置【钢笔工具】的相关属性。

图 4.55 【钢笔工具】属性栏

- 类型选项：包括形状、路径和像素 3 个选项。每个选项所对应的工具选项也不同（选择形状工具时，【像素】选项才可使用）。
- 【建立】选项组：【建立】选项组是 Photoshop CS6 新加的选项，可以使路径与选区、蒙版和形状间的转换更加方便、快捷。绘制完路径后，单击【选区】按钮，打开【建立选区】对话框，在对话框中设置完参数后，单击【确定】按钮即可将路径转换为选区；绘制完路径后，单击【蒙版】按钮，可以在图层中生成矢量蒙版；绘制完路径后，单击【形状】按钮，可以将绘制的路径转换为形状图层。
- 【路径操作】：其用法与选区相同，可以实现路径的相加、相减和相交等运算。
- 【路径对齐方式】：可以设置路径的对齐方式（文档中有两条以上的路径被选择的情况下可用），与文字的对齐方式类似。
- 【路径排列顺序】：设置路径的排列方式。
- 【橡皮带】：可以设置路径在绘制的时候是否连续。
- 【自动添加/删除】选项：如果勾选该选项复选框，当【钢笔工具】移动到锚点上时，【钢笔工具】会自动转换为【删除锚点工具】；当移动到路径线上时，【钢笔工具】会自动转换为添加【锚点工具】。
- 【对齐边缘】选项：将矢量形状边缘与像素网格对齐（选择【形状】选项时，【对齐边缘】选项可用）。

4.4.2 利用【钢笔工具】创建路径

下面通过绘制花瓣，介绍如何使用【钢笔工具】绘制路径，操作步骤如下。

1）新建立一个文档，设置背景色为黑色（前景色为白色），然后新建一个图层，使用【钢笔工具】在画面上单击作为第一点，移动鼠标指针到左下方，单击其作为第二点，不要松开鼠标左键，拖动出方向线，绘制弧线，如图 4.56 所示。移动鼠标指针到第一点，单击，则封闭曲线，如图 4.57 所示。选择【转换点工具】，指向锚点拖出方向线，指向一边方向线拖动改变弧线，如图 4.58 所示，继续拖动其他方向线，得到如图 4.59 所示的形状。

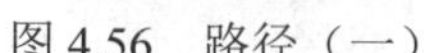
图 4.56 路径（一）

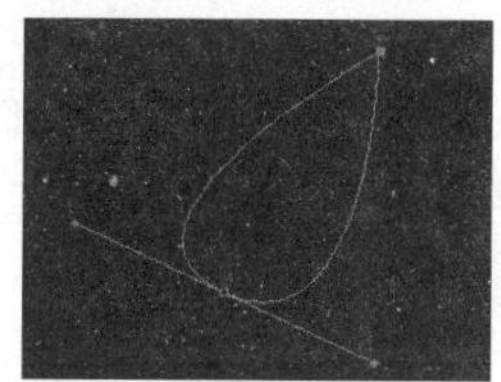
图 4.57 路径（二）

图 4.58 路径（三）

图 4.59 路径（四）

2）按 Ctrl+Enter 快捷键，把路径转为选区，按 Alt+Delete 快捷键将选区填充为白色，如图 4.60 所示。

3）用同样方法创建新图层，使用【钢笔工具】绘制其余的线条，如图 4.61 所示，然后按 Ctrl+Enter 快捷键制作选区，并填充为白色，树叶的形状就绘制好了，路径面板如图 4.62 所示。

图 4.60 填充效果

图 4.61 绘制图形

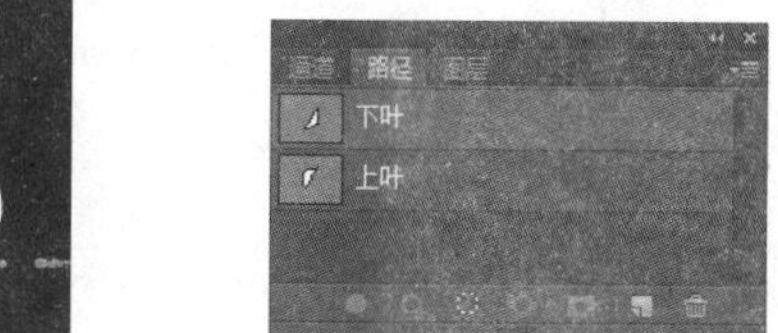

图 4.62 图层

4.4.3 自由钢笔工具

用【自由钢笔工具】绘制路径的方法比较简单，只要拖动鼠标，便可以在画图上创建一条路径。用这种方式绘制的路径通常不太准确，可以在绘制完以后拖动控制点对其进行修改。选择【自由钢笔工具】后，可在其工具属性栏中勾选【磁性的】复选框，将【自由钢笔工具】转为【磁性钢笔工具】，从而使钢笔具有类似【磁性套索】的功能。使用时，按 Delete 键删除锚点，双击即可闭合路径。使用【自由钢笔工具】绘制的图形如图 4.63 所示。其路径可在【路径】面板中查看，如图 4.64 所示。

图 4.63 【自由钢笔工具】（磁性的）绘制路径示例

图 4.64 绘制的路径

4.4.4 编辑路径

1. 移动路径

【路径选择工具】是用来选择或移动整条路径的工具。使用时，只需要用该工具在路径上单击即可选中路径，拖动可以移动整条路径，同时还可以框选或按 Shift 键，进行多条路径的选择。用这款工具在路径上右击，在弹出的快捷菜单中有一些路径的常用操作命令，如删除锚点、添加锚点、建立选区、描边路径等。按住 Alt 键并拖动可以复制路径。

利用【直接选择工具】不仅可以调整整个路径的位置，而且可以调整路径中的锚点位置。选择该工具后在路径上单击，则路径的各锚点就会出现，单击任一个锚点并拖动鼠标可移动描点位置，框选路径上的所有锚点可进行路径的整体移动操作；按住 Alt 键并拖动也可以复制路径，路径及锚点如图 4.65 所示。

2. 断开或连接路径

要断开路径，可以选择【直接选择工具】，单击路径上需要断开的控制点，然后按 Delete 键，即可将原路径断开，如图 4.66 所示。

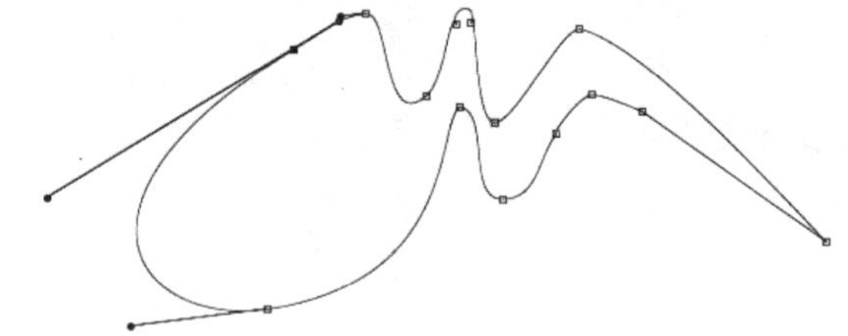

图 4.65　调整路径

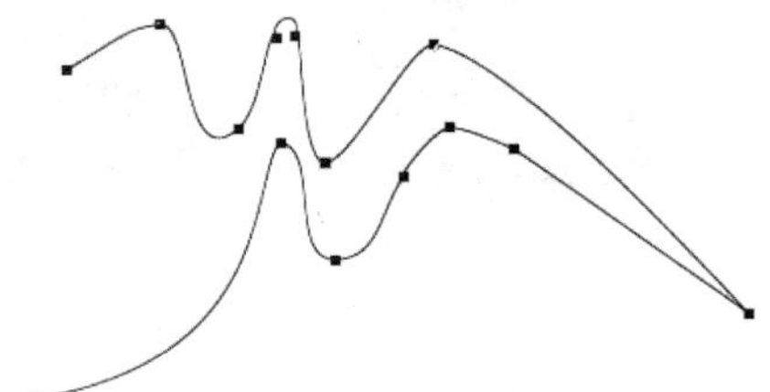

图 4.66　断开路径

要连接两条断开的路径，可以选择【钢笔工具】，单击一条路径上的一个端点，然后单击或拖动另一条路径的端点，即可将两条路径连接起来。

3. 删除路径

在绘制路径的过程中，按 Delete 键可以删除当前的锚点（或用【删除锚点工具】），按 2 次 Delete 键可以删除整条路径，按 3 次 Delete 键可以删除所有显示的路径。

4. 平滑点和角点的互相转化

路径由一条或多条直线段或曲线段组成。锚点标记路径段的端点。在曲线段上，每个选中的锚点显示一条或两条方向线，方向线以方向点结束。

锚点分为两种，一种为角点，另一种为平滑点，如图 4.67 和图 4.68 所示。两种锚点是可以互换的，其中平滑点由控制点控制其连接曲线的平滑度。

1）如果要将角点转换成平滑点，则选择【转换点工具】，或使用【钢笔工具】并按住 Alt 键，单击角点并拖动，使方向线出现即可，如图 4.69 所示。

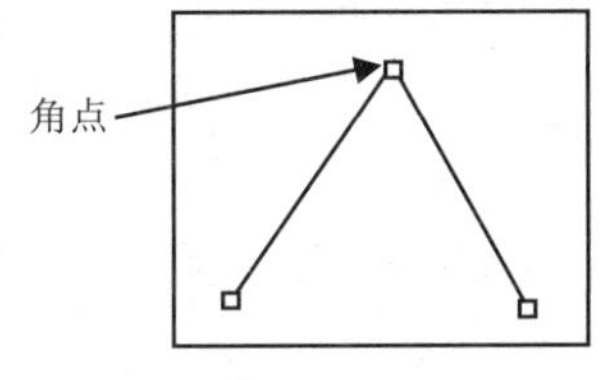

图 4.67　角点

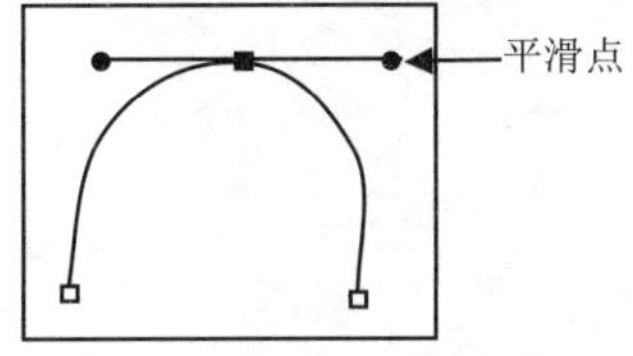

图 4.68　平滑点

2）如果要将平滑点转换成没有方向线的角点，则选择【转换点工具】，或使用【钢笔工具】并按住 Alt 键，单击平滑点即可，如图 4.70 所示。按 Shift 键可以让绘制点与上一点呈 45° 整数倍的夹角。

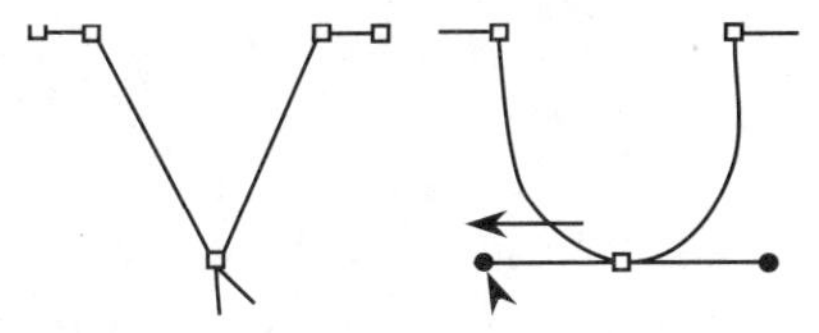
图 4.69　角点转换为平滑点

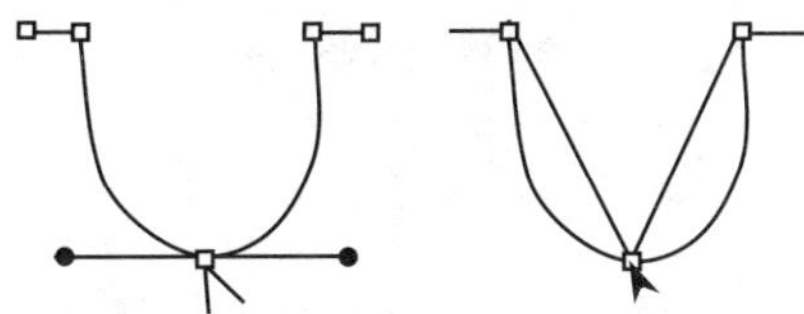
图 4.70　平滑点转换为角点

3）如果要修改锚点一侧的路径，则选中要修改的路径，选择【转换点工具】，或使用【钢笔工具】并按住 Alt 键，将【转换点工具】放置在要转换的锚点上，然后执行以下操作：要将没有方向线的角点转换为具有独立方向线的角点，首先将方向点拖动出角点（成为具有方向线的平滑点），仅松开鼠标（不要松开激活转换锚点工具时按下的任何键），然后拖动任一方向点，如图 4.71 所示。

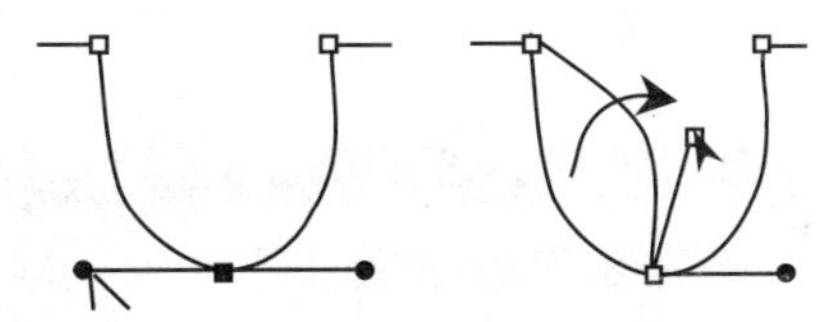
图 4.71　平滑点转换为独立方向线的角点

4）如果要将平滑点转换成具有独立方向线的角点，则选择【转换点工具】，或使用【钢笔工具】并按住 Alt 键，单击任一方向点。

拓展：

用【钢笔工具】绘制弧线（不闭合的线）时，按 Ctrl 键单击结束绘制。

4.4.5　填充和描边路径

建立路径以后，可以将绘制的路径转化为像素的形式，从而应用于图像制作中。下面介绍路径的描边及填充。

1. 填充路径

对于闭合路径所围住的区域，用指定的颜色进行填充，便可对路径进行填充。选择【编辑】|【填充】命令，或右击【路径】面板，在弹出的快捷菜单中选择【填充路径】命令，打开【填充路径】对话框，如图 4.72 所示。图 4.73 所示为填充自定图案的“冻雨”效果。

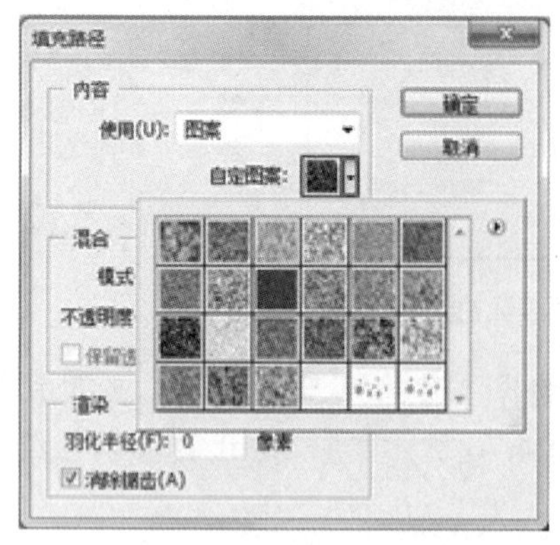

图 4.72 【填充路径】对话框

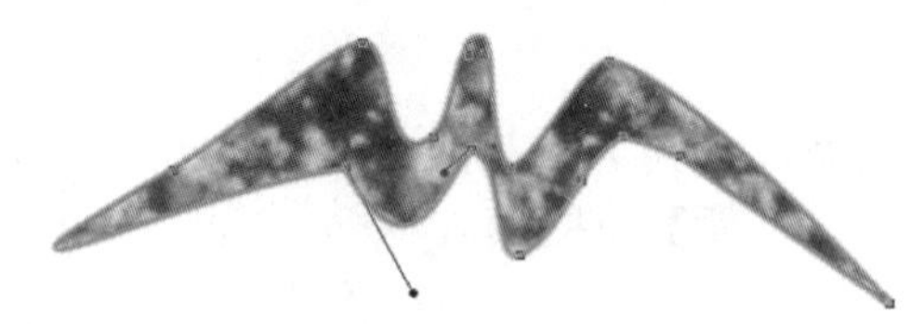

图 4.73 填充“冻雨”效果

2. 描边路径

对路径进行描边，在【路径】面板中右击【路径缩览图】图标，在弹出的快捷菜单选择【描边路径】命令，打开【描边路径】对话框（见图 4.74），选择描边工具（如【铅笔工具】或【钢笔工具】，注意事先调整笔头大小和颜色），描边后的效果如图 4.75 所示。

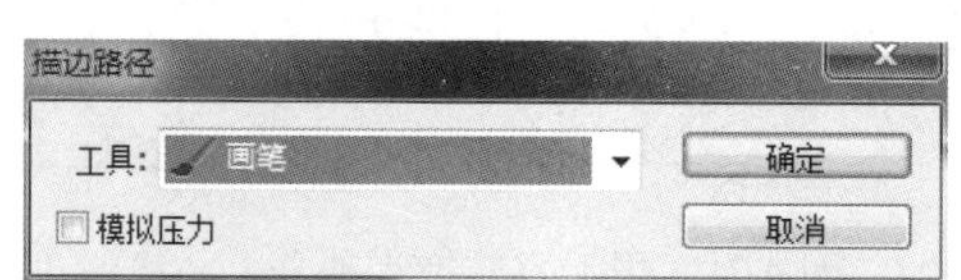

图 4.74 【描边路径】对话框

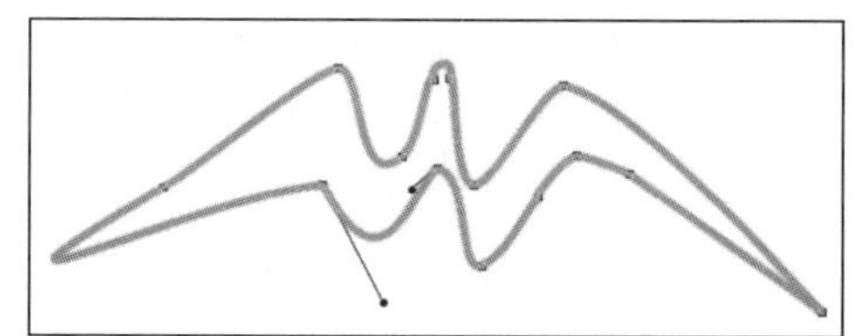

图 4.75 描边路径

4.4.6 路径与选区的转换

在 Photoshop CS6 中，除了使用【钢笔工具】或形状工具创建路径外，还可以通过图像窗口中的选区来创建路径。要想通过选区来创建路径，用户只需在创建选区后单击【路径】面板底部的【从选区生成工作路径】按钮，即可将选区转换为路径。

在 Photoshop CS6 中，不但能够将选区转换为路径，而且能够将所选路径转换为选区。要想将绘制的路径转换为选区，可以单击【路径】面板中的【将路径作为选区载入】按钮。

4.4.7 路径的运算

在设计过程中，经常需要创建复杂的路径，利用路径的运算功能，可将多个路径进行相加、相减、相交等组合运算，如图 4.76 所示。

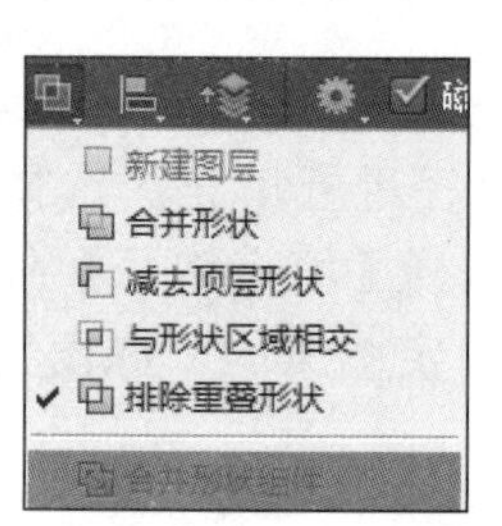

图 4.76 路径的运算菜单

路径的运算方式如下。

- 【合并形状】：所绘制路径区域将添加到原有的路径中。
- 【减去顶层形状】：从原有的路径中减去所绘制路径区域。如果两者没有重叠，则没有减去效果。
- 【与形状区域交叉】：保留所绘制的路径区域与原有路径区域重叠的部分。

- 【排除重叠形状】：反交叉路径区域，保留多个路径区域的重叠部分以外的区域。

在标志设计等方面常用到路径的运算。制作出来的路径成品可以作为自定形状存储起来，方便以后调用。如果将路径列表存储为外部文件，则还可以提供给他人使用。

案 例 实 施

案例一 实施步骤

介绍了画笔工具、渐变工具等图像绘制工具的基础知识和基本操作后，下面利用所学知识完成案例一中的任务。

【步骤一】绘制老虎头部。

在 Photoshop CS6 中，新建一个文件，填充灰色[RGB（107，107，107）]，使用【钢笔工具】，勾画出卡通老虎头部的外形，如图 4.77 所示。单击【路径】面板上的【将路径作为选区载入】按钮▒，载入选区。新建图层，设置前景色为 RGB（249，188，46），并填充选区，如图 4.78 所示。

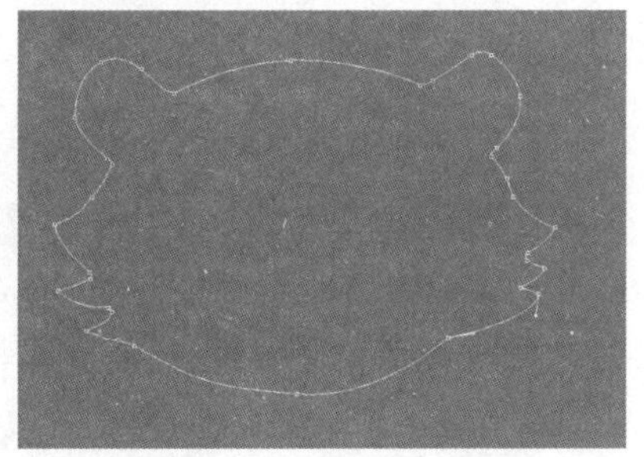

图 4.77 效果（一）

图 4.78 效果（二）

【步骤二】绘制胡子。

1）选择【钢笔工具】，新建图层，绘制胡子，并填充颜色，效果如图 4.79 所示。

2）单击【路径】面板上的【将路径作为选区载入】▒，将头部形状载入选区，选择胡子所在图层，按 Ctrl+Shift+I 快捷键进行反向选取，然后按 Delete 键将多余部分删除。

3）选择【椭圆工具】，绘制一个椭圆，并用【转换点工具】进行编辑，效果如图 4.80 所示。

图 4.79 效果（三）

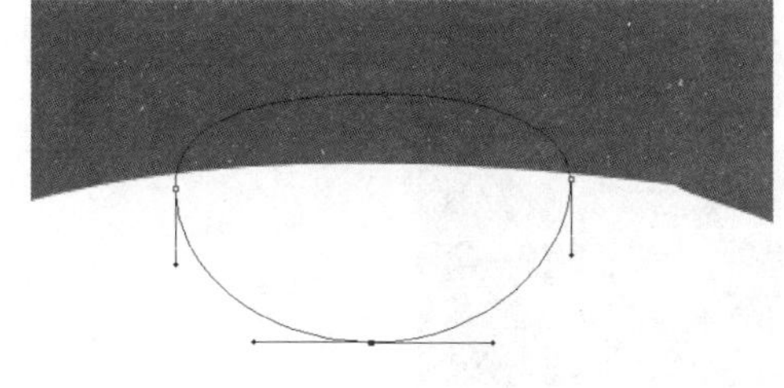

图 4.80 效果（四）

4）单击【路径】面板上的【将路径作为选区载入】▒，将其载入选区，并新建图层，将前景色设置为黑色，并进行填充。

5）在【图层】面板上分别选择各个颜色图层缩览图，右击，在弹出的快捷菜单中选择【混合选项】命令，打开【图层样式】对话框，勾选【描边】复选框，并设置描边的RGB（37，17，10），如图 4.81 所示。效果如图 4.82 所示。

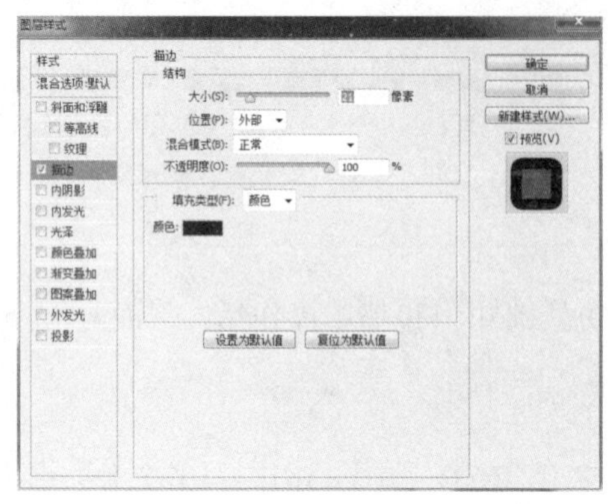

图 4.81 【图层样式】对话框

图 4.82 效果（五）

6）选择【钢笔工具】和【椭圆工具】，继续创建其他部分，效果如图 4.83 所示。

【步骤三】绘制其他部位。

1）分图层创建出身体、手臂及尾巴部分，分别为其描边，效果如图 4.84 所示。

图 4.83 效果（六）

图 4.84 效果（七）

2）选择【钢笔工具】为身体添加花纹，效果如图 4.85 所示。

3）选择【钢笔工具】，根据老虎的形体（如耳朵、右腋、左侧等部位），为其添加阴影，完成效果如图 4.86 所示。

图 4.85 效果（八）

图 4.86 效果（九）

4）按住 Shift 键，单击加选所有图层（除了【背景】图层），对选中的图层进行复制，将复制出来的图层合并（按 Ctrl+E 快捷键），并拖到【背景】图层上面。单击【路径】

面板上的【将路径作为选区载入】按钮，将其载入选区并填充黑色，按 Ctrl+T 快捷键调整其大小，配合 Ctrl 键对其形状进行变形，为其加影子，效果如图 4.87 所示。

5）使用【横排文字工具】输入文字“食”，选择“叶根友圆趣卡通字体”（网上下载字体），并为其描边 RGB（80，46，21），并添加颜色叠加图层样式（RGB(186，116，30)），最终效果如图 4.1 所示。

图 4.87　效果（十）

【步骤四】保存文件。

把文件以 PSD 和 JPG 格式分别保存为“卡通老虎”。

案例二　实施步骤

前面学习钢笔工具、填充工具等图像绘制工具的使用方法，下面利用所学知识完成案例二中的任务。

【步骤一】勾画草图。

在 Photoshop CS6 中，新建空白文件，使用【直线工具】，快速地绘制出人物的轮廓，如图 4.88 所示，合并所有图层，并且调整图层透明度为 0%。使用【钢笔工具】，在其属性栏中选择其类型为【路径】，以刚才用【直线工具】绘制的图案作为参考进行描点，如图 4.89 所示。

图 4.88　效果（一）

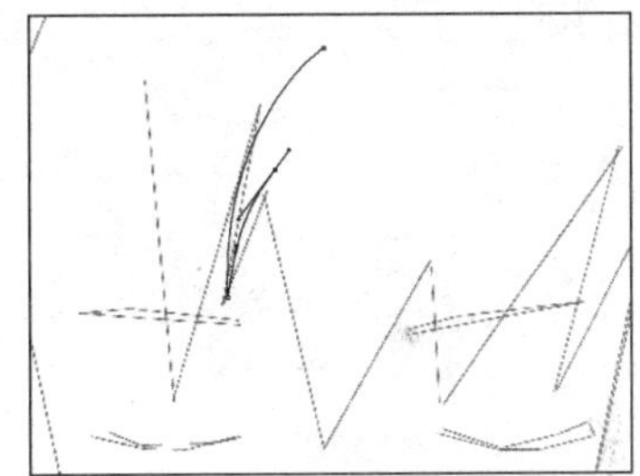

图 4.89　效果（二）

【步骤二】完成线稿。

1）新建一个图层，选择【画笔工具】，调整画笔的参数，并选择其颜色为深色，如图 4.90 所示。

2）选择【钢笔工具】，并在所绘的【路径】面板缩览图上右击，在弹出的快捷菜单中选择【描边路径】命令，打开【描边路径】对话框，在【工具】下拉列表中选择【画笔】选项，如图 4.91 所示。效果如图 4.92 所示。

图 4.90 【画笔工具】面板

图 4.91 【描边路径】对话框

3）用相同方法完成线稿（注意分层实现），最终线稿如图 4.93 所示。

图 4.92 效果（三）

图 4.93 效果（四）

【步骤三】美化。

1）用【魔棒工具】分别选取各个不同区域，并且分别新建图层，为其填充颜色，效果如图 4.94 所示。

2）在头发的颜色[RGB（255，188，136）]图层下方新建图层，用【钢笔工具】创建选区，设置前景色为 RGB（214，112，79），并填充，为头发增加阴影效果，如图 4.95 所示。

图 4.94 效果（五）

图 4.95 效果（六）

3）单击【路径】面板上的【将路径作为选区载入】按钮，载入选区。单击【图层】面板下方的【添加图层蒙版】按钮，为其创建蒙版。选择【画笔工具】，设置其参数，在蒙版上涂抹得到柔和的阴影，效果如图 4.96 所示。

4）选择【椭圆选框工具】，绘制一个椭圆选区，新建一空白图层，设置前景色为粉红色并填充腮红，效果如图 4.97 所示。

图 4.96 效果（七）

图 4.97 效果（八）

5）选择【滤镜】|【模糊】|【高斯模糊】命令，并依据效果调整其参数，调整图形的大

小和位置，再新建一图层，用画笔绘制出白色的高光效果，整体效果如图 4.98 所示。

6）选中眼睛所在图层，选择【画笔工具】，设置前景色为红色，硬度为 0，降低不透明度，绘制眼角，效果如图 4.99 所示。

图 4.98 效果（九）

图 4.99 效果（十）

7）选择【钢笔工具】绘制路径，如图 4.100 所示。

8）新建图层，设置前景色为白色，在描边路径对话框中，勾选【模拟压力】复选框，为睫毛添加高光效果，如图 4.101 所示。

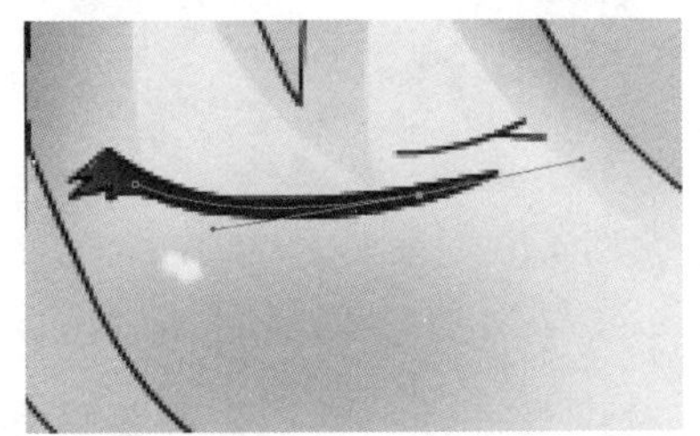

图 4.100 效果（十一）

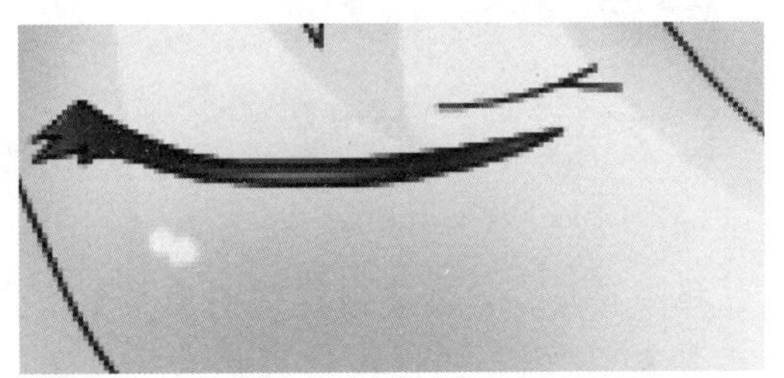

图 4.101 效果（十二）

9）参照前面步骤，继续选择【钢笔工具】绘制鼻子选区，新建图层，设置前景色为 RGB（255，128，128），并填充，用画笔对其建立的蒙版进行绘制，其效果如图 4.102 所示。

【步骤四】丰富人物形象。

1）选择【钢笔工具】，在头发所在图层上绘制路径，效果如图 4.103 所示。

图 4.102 效果（十三）

图 4.103 效果（十四）

2）单击【路径】面板下方的【将路径作为选区载入】按钮，新建一空白图层，填充颜色为 RGB（196，101，81），效果如图 4.104 所示。

3）为新的图层建立蒙版，选择【画笔工具】，参照前面步骤进行绘制，得到柔和的效果，如图 4.105 所示。

图 4.104　效果（十五）

图 4.105　效果（十六）

4）使用【钢笔工具】在头发所在图层上绘制出高光的形状，新建一空白图层并填充白色，调整其透明度，效果如图 4.106 所示。

5）用相同的方法为后面的头发及服装做出立体的效果，效果如图 4.107 所示。

图 4.106　效果（十七）

图 4.107　效果（十八）

6）选择线稿层，单击【锁定透明像素】按钮，将线稿的不透明度锁定。选择【画笔工具】，依据不同区域的颜色选择合适的颜色对线稿进行上色，最终效果如图 4.2 所示。

【步骤五】保存文件。

把文件以 PSD 和 JPG 格式分别保存为“卡通人物”。

工作实训营

1. 训练内容

1）使用形状工具和选区工具等绘制方正 LOGO，效果如图 4.108 所示。

2）使用形状工具、画笔工具，以及填充、描边、羽化选区等命令制作信封，效果如图 4.109 所示。

图 4.108　效果图

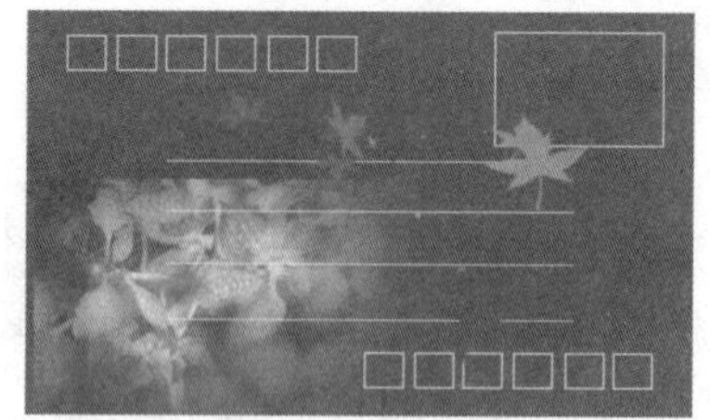

图 4.109　效果图

2. 训练要求

能综合应用各种绘制工具、填充工具、编辑工具设计适用图形。

工作实践中常见问题解析

【常见问题 1】用【钢笔工具】勾画的图形，怎样抠取到新建的文件中？

答：用【钢笔工具】勾画出图形以后，把路径转换成选区，新建文件，使用复制、粘贴命令或者直接拖动选区到新建文件即可。

【常见问题 2】如何画出一个精确的等腰梯形？

答：先用【矩形工具】画出矩形，按 Ctrl+T 快捷键（由变换的透视功能精确地控制形状），再在按住 Ctrl+Shift+Alt 快捷键的同时，用鼠标拖动顶点，得到等腰梯形。

【常见问题 3】怎样把画好的矩形框变为其他形状？

答：按住 Ctrl 键的同时，单击画好的矩形框所在图层的形状蒙版，让形状变成选区，选择【添加锚点工具】，单击添加锚点，拖动锚点的方向线，改变其形状即可。

【常见问题 4】怎么安装下载的笔刷？

答：

1）下载笔刷并解压缩后，打开 Photoshop CS6 软件，选择【编辑】|【预设】|【预管理器】，命令，打开【预设管理器】对话框。

2）在【预设类型】下拉列表中选择【画笔】选项，单击【载入】按钮，打开【载入】对话框。

3）在【载入】对话框中找到下载的笔刷文件后，单击【载入】按钮。

4）完全载入后，选择【画笔工具】，在其属性栏中可以找到新笔刷。

习　　题

1．利用所学的知识绘制卡通芒果妹妹，如图 4.110 所示。

2．利用形状工具和渐变工具绘制球，如图 4.111 所示。

图 4.110　芒果妹妹

图 4.111　球效果图

第5章

修饰与编辑图像

本章要点

掌握模糊、锐化和涂抹工具的使用方法。

掌握图像修饰工具的使用方法。

掌握图像复制工具的使用方法。

掌握图像的编辑操作方法。

技能目标

掌握 Photoshop CS6 中图像修饰与编辑的方法。

熟练应用修饰与编辑图像的方法和技巧。

案例导入

【案例一】制作一寸照片。

要求：掌握【定义图案】命令的使用方法。了解一寸照片的设计要求，学会一寸照片连排的制作。素材如图 5.1 所示，一寸照片连排效果如图 5.2 所示。

图 5.1 素材原图

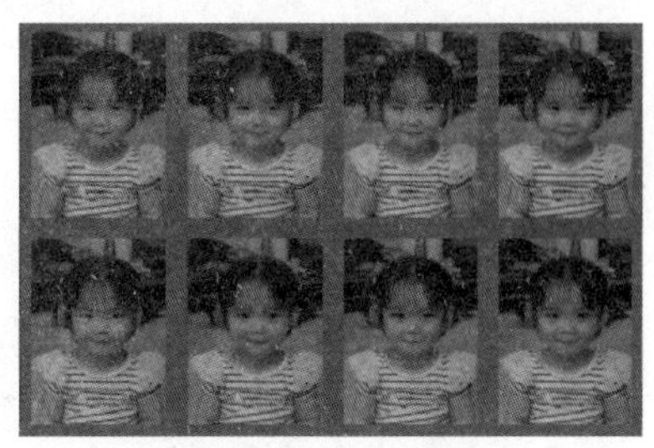

图 5.2 最终效果图

【案例二】修复旧照片。

要求：掌握修补、调色等工具的使用方法，旧照片如图 5.3 所示，修复后的照片效果如图 5.4 所示。

图 5.3 素材照片

图 5.4 修复效果图

引导问题

对图像进行模糊和锐化是一个可逆过程吗？
内容感知移动工具有什么作用？
图像修复工具分别比较适合用在哪些方面？
能否用多种方法对一幅图像进行修饰以达到同一效果？

基础知识

5.1 图像修饰工具

5.1.1 模糊工具

【模糊工具】的作用是降低图像画面中相邻像素之间的反差，可以使图片产生模糊的效果。使用方法：选择【模糊工具】，在其属性栏设置相关属性，主要是设置笔触大小及强度，然后在需要模糊的部位涂抹即可，涂抹越久，涂抹后的效果越模糊。

【模糊工具】属性栏如图 5.5 所示。各选项的含义如下。

图 5.5 【模糊工具】属性栏

- 【画笔】选项：用于设置模糊的大小。
- 【模式】选项：用于设置像素的混合模式，包括正常、变暗、变亮、色相、饱和度、颜色和亮度 7 个选项。
- 【强度】选项：用于设置图像处理的模糊程度，强度值越大，模糊效果越明显。
- 【对所有图层取样】选项：勾选该选项复选框，则将模糊应用于所有可见图层，否则只应用于当前图层。

下面以具体示例介绍【模糊工具】的使用方法。

1）在 Photoshop CS6 中，按 Ctrl+O 快捷键打开本章素材 5.6 图像文件，如图 5.6 所示。

2）选择【椭圆选框工具】在猫头上绘制选区，如图 5.7 所示，按 Ctrl+Shift+I 快捷键反向选区，效果如图 5.8 所示。

3）选择【模糊工具】，在其属性栏中设置合适笔触大小，设置强度为 100%。

4）在选区内按住鼠标左键进行多次涂抹。涂抹完毕后按 Ctrl+D 快捷键取消选区，可得到背景模糊而猫脸凸显的图像，如图 5.9 所示。

图 5.6 素材图像

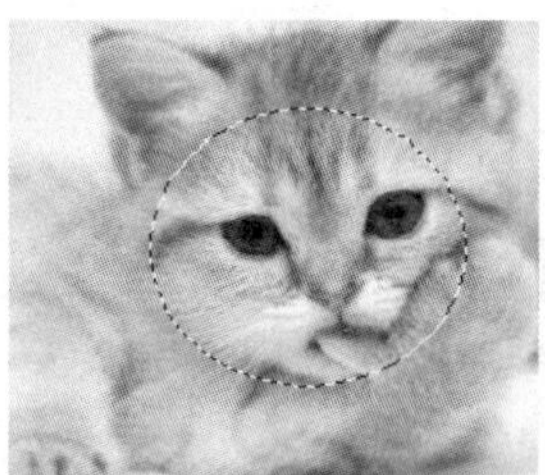

图 5.7 绘制选区

图 5.8 反向选区

图 5.9 模糊效果

小提示：

【模糊工具】具有类似喷枪可持续作用的特性，即在一个地方涂抹的时间越久，这个地方被模糊的程度越强。

5.1.2　锐化工具

【锐化工具】▲的作用与【模糊工具】💧相反，它是通过锐化图像边缘来增加清晰度，使模糊的图像边缘变得清晰。简单地说，使用【锐化工具】能够使图像看起来更加清晰，清晰的程度同样与在其工具属性栏中设置的强度值有关。在拍照的过程中，往往由于外界原因，图片的色彩饱和度偏低，这时可以使用【锐化工具】进行简单的修复。【锐化工具】和【模糊工具】的使用方法基本相同。

下面以具体示例介绍【锐化工具】的使用方法。

1）在 Photoshop CS6 中，打开本章素材图像 5.6，选择【锐化工具】，设置其属性栏中的相关参数，并勾选【对所有图层取样】复选框，如图 5.10 所示。

图 5.10　设置【锐化工具】属性栏中的参数

2）新建一个空白图层，如图 5.11 所示。

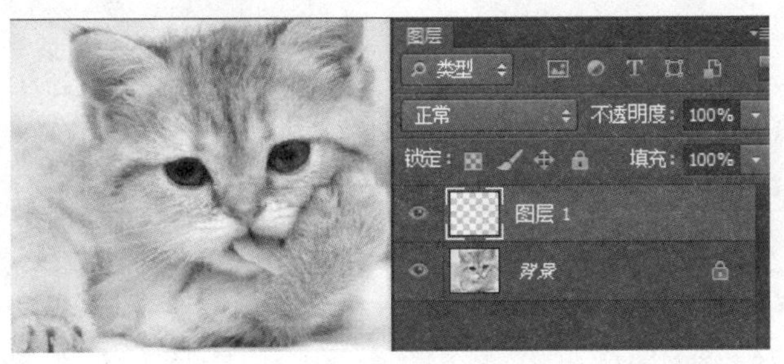

图 5.11　新建空白图层

3）在小猫的头部按住鼠标左键来回涂抹，在新建图层中查看涂抹过的图像区域，以方便后期进一步调整（【模糊工具】也可以如此操作），如图 5.12 所示。

4）选择【移动工具】，在图像中按住鼠标左键拖动，可制作出特殊的效果，如图 5.13 所示。

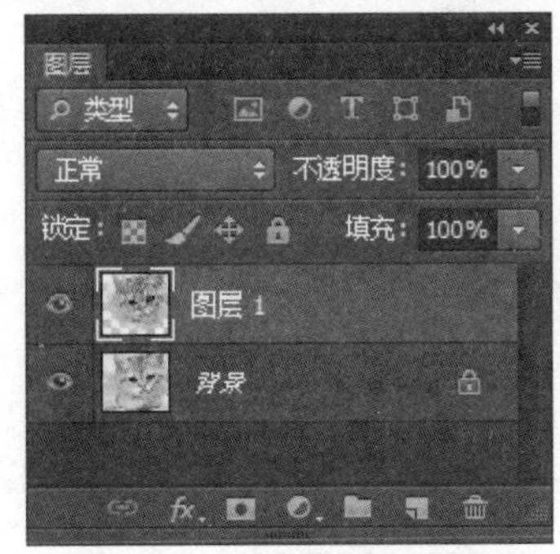

图 5.12　【图层】面板

图 5.13　锐化效果

5.1.3　涂抹工具

利用【涂抹工具】可以模拟手指绘图，在图像中产生流动的效果，被涂抹的颜色会沿着拖动鼠标的方向展开。【涂沫工具】的效果类似于用刷子在颜料没有干的油画上涂抹，产生刷子划过的痕迹。在涂抹的起始点，颜色会随着【涂抹工具】的滑动延伸。【涂抹工具】可以用来修正物体的轮廓，制作火焰字时可以用来制作火苗，美容的时候可以用来磨皮，可配合路径工具制作彩带等涂抹效果。

例如，要去掉图 5.14 所示图像中的白色污点（示例中是绘制的白色椭圆），可选择【涂沫工具】，在白色污点上单击即可去掉，如图 5.15 所示。

图 5.14　绘制的两个椭圆

图 5.15　涂抹效果

【涂抹工具】也可以用来改变一个图形的形状，产生类似于液化的效果。例如，利用【涂抹工具】涂抹图 5.16 所示的水草，可以得到如图 5.17 所示的水中倒影效果。

图 5.16　素材图片

图 5.17　倒影效果

下面以修饰美女嘴唇为例介绍【涂抹工具】的另一种用途。

1）在 Photoshop CS6 中，打开本章素材图像 5.18，如图 5.18 所示。

2）选择【涂抹工具】，在其属性栏中设置合适的笔触大小，设置强度为 20。

3）在图像窗口中，沿嘴角由下向上涂抹，使嘴角达到向上翘的效果；在嘴唇上涂抹使嘴唇变得光滑，效果如图 5.19 所示。

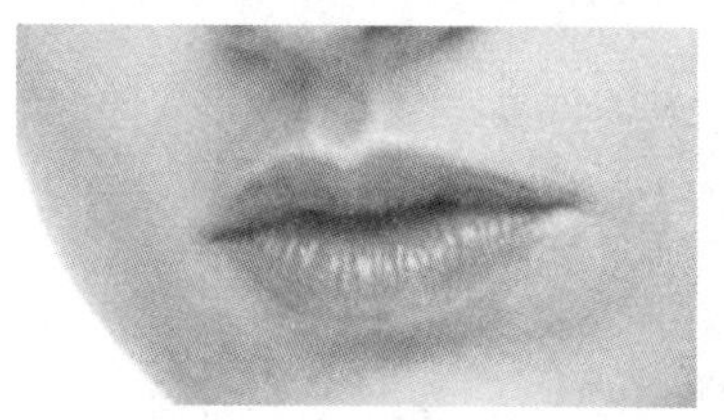
图 5.18　素材图像

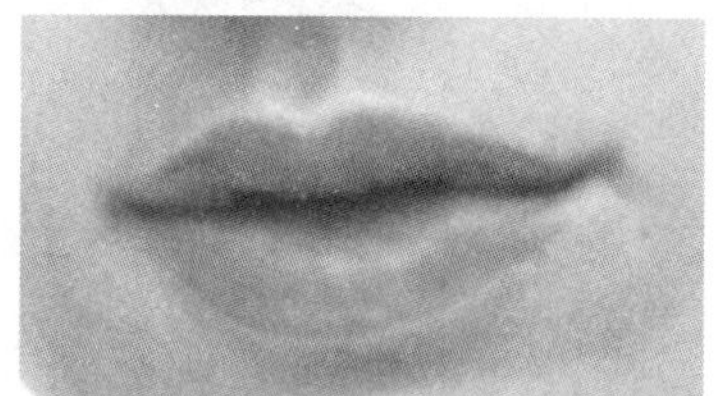
图 5.19　嘴唇光滑及嘴角上翘效果

小提示：

虽然锐化和模糊看起来是一对相反的操作，但是不能用它们互补。模糊过度或者锐化过度时，如果使用【锐化工具】或【模糊工具】进行弥补，效果反而会更加不好，如果出现操作过度的情况，最好的方法是恢复到原图重新操作。

5.1.4　减淡工具和加深工具

图 5.20　素材图像

【减淡工具】是一款提亮工具，可以把图片中需要变亮或增强质感的部分颜色加亮。通常情况下，选择中间调范围、曝光度较低数值进行操作，这样涂亮部分的过渡会较为自然。使用【减淡工具】可以快速增加图像中特定区域的亮度，表现出发亮的效果。

下面以具体示例介绍【减淡工具】的使用方法。

1）在 Photoshop CS6 中，按 Ctrl+O 快捷键打开本章素材图像 5.20，发现少女脸部和左肩颜色较深，如图 5.20 所示。

2）选择【减淡工具】，在其属性栏设置笔触大小和其他选项，如图 5.21 所示。

65　范围：中间调　曝光度：50%　保护色调

图 5.21　【减淡工具】属性栏

- 【范围】选项：在其下拉列表中，有三个选项，【阴影】选项表示仅对图像中的较暗区域起作用；【中间调】选项表示仅对图像的中间色调区域起作用；【高光】选项表示仅对图像中的较亮区域起作用。
- 【曝光度】选项：在该文本框中输入数值，或单击文本框右侧的下拉按钮，拖动面板中的三角滑块，可以设定减淡工具操作时对图像的曝光强度。

图 5.22　脸部和左肩颜色

3）在图像中需要减淡的区域（如少女脸部和左肩）进行反复涂抹，得到最终效果，如图 5.22 所示。

【加深工具】跟【减淡工具】的效果正好相反，主要用来增加图片的暗部，加深图片的颜色。可以用来修复一些曝光过度的图片、制作图片的暗角、加深局部颜色等。

【加深工具】属性栏如图 5.23 所示。在其属性栏中可以设置画笔的直径大小、硬度、范围及曝光度。

65　范围：中间调　曝光度：50%　保护色调

图 5.23　【加深工具】属性栏

图 5.24　素材图像

【范围】下拉列表中包含【中间调】、【高光】和【阴影】3 个选项，分别用于对中间区域、亮区和暗区进行亮度调整。

下面以具体示例介绍【加深工具】的使用方法。

1）在 Photoshop CS6 中，按 Ctrl+O 快捷键打开本章素材图像 5.24，发现该图片的光线比较亮，如图 5.24 所示。

2）选择【加深工具】，在其属性栏设置笔触大小和其他选项，如图 5.25 所示。

100　范围：中间调　曝光度：20%　保护色调

图 5.25　【加深工具】属性栏

3）在图像中需要加深的区域进行反复涂抹，（如塔，远处的建筑），使得远处的景观清晰了，效果如图 5.26 所示。

图 5.26　加深效果

5.1.5　海绵工具

【海绵工具】主要用于增加或减少图片的饱和度，在校色的时候经常用到。如果图片局部的色彩浓度过大，可以用降低饱和度模式来减少颜色。如果图片局部颜色过淡，可以用增加饱和度模式来加强颜色。【海绵工具】只会改变图像颜色，不会对图像造成其他损害。

【海绵工具】的效果类似于海绵吸水的效果，从而为图像增加或减少光泽感。当图像为灰度模式时，该工具通过使灰阶远离或靠近中间灰色来增加或降低对比度。

【海绵工具】属性栏如图 5.27 所示。

图 5.27　【海绵工具】属性栏

在【海绵工具】属性栏中，【模式】下拉列表中包含【降低饱和度】和【饱和】两种选项，分别用来降低和提高色彩饱和度，但是要注意，【降低饱和度】模和【饱和】模式是可以互补使用的，过度去除色彩饱和度后，可以切换到【饱和】模式增加色彩饱和度，但无法为已经完全为灰度的像素加色。

下面以具体示例介绍【海绵工具】的使用方法。

1）在 Photoshop CS6 中，按 Ctrl+O 快捷键打开本章素材图像 5.28，如图 5.28 所示。

2）选择【海绵工具】，在其属性栏设置笔触大小为 60，在【模式】下拉列表中选择【饱和】选项，设置【流量】为 30%。

3）在图像中需要增加饱和度的荷花区域进行反复涂抹，使得荷花鲜亮，如图 5.29 所示。

4）在【海绵工具】属性栏的【模式】下拉列表中选择【降低饱和度】选项。

5）在图像中的荷叶上反复涂抹，降低其饱和度，得到荷叶深暗效果，如图 5.30 所示。

图 5.28　素材图像

图 5.29　荷花变艳效果

图 5.30　荷叶变暗效果

5.2　图像复制工具

5.2.1　仿制图章工具

利用【仿制图章工具】可以将一幅图像的选定点作为取样点，将该取样点周围的图像复制到同一幅图像或另一幅图像中。【仿制图章工具】是专门的修图工具，可以用来消除人物脸部斑点、背景部分不相干的杂物、填补图片空缺等。使用方法：选择【仿制图章工具】，在需要取样的地方按住 Alt 键取样，然后在需要修复的地方涂抹就可以快速消除污点。在其属性栏调节笔触的混合模式、大小、流量等，可以更为精确地修复污点。

【仿制图章工具】属性栏如图 5.31 所示，除了可以在其中设置笔刷、不透明度和流量外，还可以设置以下两个参数。

- 【对齐】选项。勾选该选项复选框，可以对图像连续取样，不会丢失当前设置的参考点位置，取消勾选该选项复选框，则会在每次停止并重新开始仿制时，使用最初设置的参考点位置。默认时复选框为勾选状态。
- 【样本】选项。该选项用于选择从指定图层中进行数据取样。如果仅从当前图层中取样，应选择【当前图层】选项；如果从当前图层及其下方可见图层中取样，则应选择【当前和下方图层】选项；如果从所有可见图层中取样，则应选择【所有图层】选项。

图 5.31 【仿制图章工具】属性栏

打开本章素材 5.32，选择【仿制图章工具】，将鼠标指针移到图像中要取样的位置，按住 Alt 键并单击进行取样，取样后，将鼠标指针移到要复制的位置按下鼠标左键不放进行涂抹，直至图像完全复制出来后释放左键即可，效果如图 5.32 所示。

（a）素材图片

（b）取样沙滩去除水鸟

（c）取样水鸟倒影，复制倒影

图 5.32 【仿制图章工具】使用示例

小提示：

1）使用【仿制图章工具】复制图像过程中，复制的图像将一直保留在仿制图章上，除非重新取样将原来复制图像覆盖；如果在图像中定义了选区内的图像，复制将仅限于在选区内有效。

2）【仿制图章工具】是通过笔刷应用的，因此使用不同直径的笔刷将影响绘制范围。而不同硬度的笔刷将影响绘制区域的边缘。一般建议使用较软的笔刷，那样复制出来的区域周围与原图像可以较好地融合。当然，如果选择异型笔刷（枫叶、茅草等），复制出来的区域也将是相应的形状。因此在使用【仿制图章工具】前要注意笔刷的设置是否合适。

5.2.2　图案图章工具

【图案图章工具】类似图案填充，使用之前需要定义想要的图案（系统自带的图案或者用户自定义的图案），设置好属性栏的相关参数，如笔触大小、不透明度、流量等。然后在画布上涂抹即可以出现想要的图案效果。

【图案图章工具】属性栏如图 5.33 所示。相关参数说明如下。

- 【画笔】选项。该选项用于准确控制仿制区的大小。
- 【模式】选项。该选项用于指定混合模式。
- 【不透明度】选项和【流量】选项。这两个选项用于控制仿制区应用绘制图案的透明程度和流量的多少。
- 【图案】选项。该选项下拉列表中提供了系统默认和用户定义的图案。选择一种图案后，可以使用【图案图章工具】将图案复制到图像窗口中。
- 【对齐】选项。勾选该选项复选框能保持图案与原始起点的连续性，即使释放鼠标并继续绘画也不例外；取消勾选该选项复选框则可以在每次停止并开始绘制时重新启动图案。
- 【印象派效果】选项。勾选该选项复选框，绘制的图像效果类似于印象派艺术画效果。

图 5.33　【图案图章工具】属性栏

下面以具体示例介绍【图案图章工具】的使用方法。

1）启动 Photoshop CS6，按 Ctrl+O 快捷键打开本章素材图像 5.34，如图 5.34 所示。

2）选择【磁性套索工具】创建水鸟选区，如图 5.35 所示。

图 5.34　素材图像

图 5.35　水鸟选区

3）选择【编辑】|【定义图案】命令，在打开的【图像名称】对话框中设置名称为【图案 1】，单击【确定】按钮，图案将自动生成到图案列表中，如图 5.36 所示。

4）按 Ctrl+D 快捷键取消选区，选择【图案图章工具】，在其属性栏【图案】下拉列表中找到自定义的图案，在图像窗口合适的位置按下鼠标左键并拖动，复制图案，效果如图 5.37 所示。

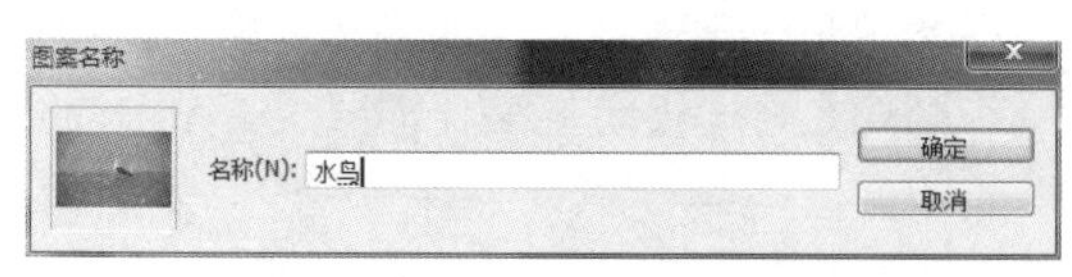

图 5.36　定义图案

图 5.37　复制图案

5.3　图像修复工具

5.3.1　污点修复画笔工具

利用【污点修复画笔工具】可以自动将需要修复区域的纹理、光照、透明度和阴影等元素与图像自身进行匹配，快速修复污点。使用【污点修复画笔工具】时，只需要适当调节笔触的大小及属性栏中的相关属性，然后在污点上面单击即可修复污点。如果污点较大，则可以从边缘开始逐步修复。

【污点修复画笔工具】属性栏如图 5.38 所示，可以在其中设置画笔的直径、硬度、模式、类型等，各参数说明如下。

- 可以调整画笔大小、硬度等。
- 【模式】选项：选择所需的修复模式，包括正常、替换、正片叠底、滤色等。
- 【类型】选项组：若选中【近似匹配】单选按钮，则自动选取适合修复的像素进行修复；若选中【创建纹理】单选按钮，则利用所选像素形成纹理进行修复。
- 【对所有图层取样】选项：用于选择取样范围，勾选该选项复选框，可以从所有可见图层中提取信息；取消勾选该选项复选框，只能从现有图层中取样。

图 5.38　【污点修复画笔工具】工具属性栏

例如，要去掉照片中人物脸上的斑点，可使用【污点修复画笔工具】实现。打开本章素材 5.39，如图 5.39 所示，选择【污点修复画笔工具】，在其属性栏的【类型】选项组中选中【近似匹配】单选按钮，然后在人脸上有斑点处涂抹即可（注意调低笔头的硬度，不然涂抹后会留下明显的修复痕迹），如图 5.40 所示。

图 5.39　修复前

图 5.40　修复后

5.3.2　修复画笔工具

【修复画笔工具】与【污点修复画笔工具】类似，不同的是【修复画笔工具】必须从图像中取样，并在修复的同时将样本像素的纹理、光照、透明度和阴影与源像素进行匹配，从而使修复后的像素不留痕迹地融入图像的其余部分。选择【修复画笔工具】，按住 Alt 键，在修复点的附近或其他地方选择好的仿制源，松开 Alt 键后在需要修复的点上单击即可修复图像。【修复画笔工具】属性栏如图 5.41 所示。

图 5.41　【修复画笔工具】属性栏

【修复画笔工具】属性栏中的【源】选项组有两个选项：若选中【取样】单选按钮，则可用取样对目标区域进行修复；若选中【图案】单选按钮，则可通过图案对目标区域进行修复。使用【修复画笔工具】对图 5.42 所示人物眉头上的黑痣的修复效果如图 5.43 所示。

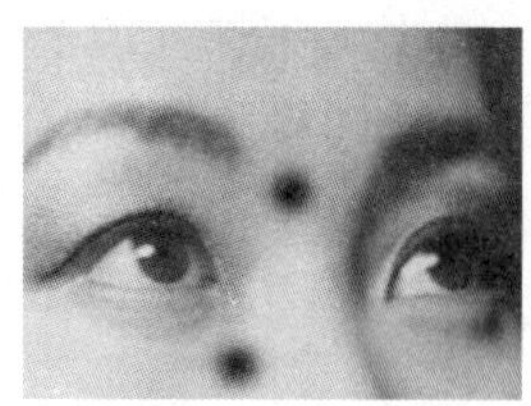

图 5.42　修复前

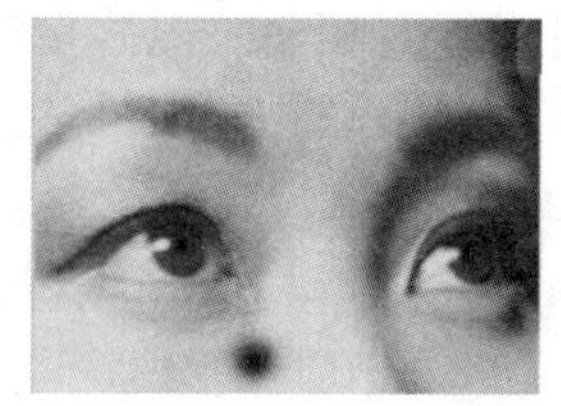

图 5.43　修复后

5.3.3　修补工具

【修补工具】是较为精确的修复工具。在 Photoshop CS6 中，【修补工具】新增了能够自动修补优化的“内容识别”功能。在【修补工具】属性栏中，【适应】调整方式分成 5 个等级（非常严格、严格、中、松散、非常松散），用来设定复制时是 100%复制，还是允许“内容认别”感测环境后做些调整，一般预设为【中】方式即可达到较好的效果。【修复工具】常用来修补单纯环境下的小暇疵，通常为要修补的区域创建选区，再移动选区到邻近要复制的地方即可。

【修补工具】的具体使用方法如下。

1）启动 Photoshop CS6，按 Ctrl+O 快捷键打开本章素材图片 5.44，如图 5.44 所示。先利用【修补工具】（或按 M 键）选取要修补的范围，如图 5.45 所示（把素材图片中盛开的荷花去掉）。

2）在【修补工具】属性栏的【修补】下拉列表中选择【内容认别】选项；在【适应】下拉列表中选择【中】选项，如图 5.46 所示。

图 5.44　素材

图 5.45　修补选区

图 5.46　【修补工具】属性栏

3）将鼠标指针移入选区，按下鼠标左键，拖动选区至邻近区域，释放鼠标左键，出现内容认别计算过程，如图 5.47 所示。原修补区域图案（荷花）即被邻近区域图案替代，如图 5.48 所示。

图 5.47　内容认别计算过程

图 5.48　修补效果

5.3.4　内容感知移动工具

利用【内容感知移动工具】，可以实现在简单的背景下快速地把图像中的某些元素移动或复制到另外一个位置。在 Photoshop CS6 以前的版本中要做到同样的效果需要经过多个步骤，而在 Photoshop CS6 中，只需创建合适选区，使用【内容感知移动工具】移动选区即可，非常方便。

【内容感知移动工具】是 Photoshop CS6 新增的一个功能强大的智能修复工具。它主要有两大功能。

1）感知移动: 该功能主要用来移动图片中的主体，并随意放置到合适的位置。Photoshop 会智能修复移动后的空隙位置（在背景相似时最有效）。

2）快速复制: 选取想要复制的部分，移到其他需要的位置，即可实现复制。复制后的边缘会自动优化处理，跟周围环境融合，适用于对头发、树或建筑等对象进行扩张或收缩。

【内容感知移动工具】属性栏如图 5.49 所示。

其中【模式】选项有两种选择：【移动】模式与【扩展】模式。如果选择【移动】模式，原来的图案就不存在（实现图案的移动），如图 5.50～图 5.52 所示；如果选择【扩展】模式，则原来的图案依然存在（实现图案的复制），如图 5.53 所示。

图 5.49 【内容感知移动工具】属性栏

图 5.50　原素材

图 5.51　生成选区

图 5.52　修补（移动）效果

图 5.53　修补（扩展）效果

【适应】调整方式分成 5 个等级（非常严格、严格、中、松散、非常松散）。其中【非常严格】方式能最大限度保持选区内的形状，但边缘较生硬；【非常松散】方式能使选区与边缘的衔接更为生动，但有可能会使选区的内容变得不完整。通常预设为【中】方式即可达到较好的效果。

【内容感知移动工具】的使用方法和【套索工具】一样，按住鼠标左键并沿需要移动部分的轮廓拖动创建选区，把需要移动的部分选取出来。在选区中再按住鼠标左键，将选区拖到想要放置的位置后释放鼠标，系统就会智能修复，移动部分自动跟周围环境自然融合。

移去内容的位置会产生瑕疵，可辅以【图章工具】对此进行简单修饰，掩盖【内容感知移动工具】产生的瑕疵。

5.3.5　红眼工具

由于光线或拍摄角度的原因，照片中经常会出现红眼现象。虽然不少数码照相机提供了防红眼功能，但无法从根本上解决问题，特别是在夜晚或灯光下拍照并打开闪光灯时，这种问题更加严重。

【红眼工具】专门用来消除眼睛因灯光或闪光灯照射后瞳孔产生的红点、白点等反射光点。【红眼工具】属性栏如图 5.54 所示。各参数说明如下。

- 【瞳孔大小】选项：用于设置修复瞳孔范围的大小。
- 【变暗量】选项：用于设置修复范围的颜色的亮度。调整变暗量，清除红眼后，瞳孔颜色有很大的不同，值越大瞳孔越黑，值越小瞳孔颜色越灰。

操作方法是：选择【红眼工具】，在其属性栏设置好瞳孔大小及变暗量。用该工具框选红眼中心，红点即可快速消除。需要注意的是，如果单击瞳孔，影响范围比较大，可能扩大到眼睛以外，破坏美观。去除红眼效果如图 5.55 和图 5.56 所示。

图 5.54 【红眼工具】属性栏

图 5.55 素材图片

图 5.56 去除红眼效果

5.4 编辑图像

5.4.1 移动与复制图像

1. 移动图像

【移动工具】用于选择、拖动图层中的图像或文字，或图层中的整个图像。如果配合 Alt 快捷键，可以复制所需的图像。

【移动工具】属性栏如图 5.57 所示。各参数说明如下。

- 【自动选择】选项：单击窗口中的图像，图像便会被自动选中，且在【图层】面板中，图像所在图层被选中；否则，需要先选中【图层】面板中的图层，才可以选中该图层中的图像。
- 【显示变换控件】选项：勾选该选项复选框，选中的对象四周出现调整框，可以实现【自由变换工具】的功能。
- 【顶对齐】按钮、【垂直居中对齐】按钮、【底对齐】按钮、【左对齐】按钮、【水平居中对齐】按钮、【右对齐】按钮：用于设置当前图层中的图像与其相链接图层中图像的分布方式（3 个链接图层以上才有效），分别表示按顶端、垂直居中、底端、左端、水平居中和右端对齐。
- 【自动对齐图层】按钮：用于自动排列图层分布。

要移动图像，首先必须选取要移动的图像或某一区域，然后用鼠标指针将选区拖动到其他位置即可。

图 5.57 【移动工具】工具属性栏

2. 复制图像

使用【复制】命令与【粘贴】命令来复制选区内的图像，再将图像移动到其他图像窗口中是复制图像的一种方法。另外，利用【图层】面板也可以复制图像，在后面的章节中具体介绍。

下面以排版一寸照片为例介绍复制图像的方法。

1）启动 Photoshop CS6，按 Ctrl+O 快捷键打开本章素材照片 5.38，如图 5.58 所示。选择【裁剪工具】，在【裁剪工具】选项栏中输入宽度 2.5cm、高度 3.5cm，裁剪出标准的一寸照片，保存。

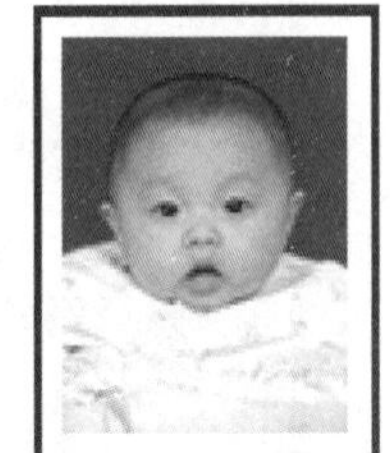

图 5.58 素材照片

2）照相馆为了降低成本，通常都是一版多张照片。在新生成的单张标准照激活的情况下，依次选择【选择】|【全部】、【编辑】|【拷贝】命令或按 Ctrl+C 快捷键，把刚才的标准照复制在剪贴板上以备后用。

3）新建图像文件，指定要用的纸张大小（8.9cm×12.7cm）、分辨率（300 像素/英寸）、颜色模式（RGB 颜色）。

4）选择【编辑】|【粘贴】命令或按 Ctrl+V 快捷键，将上一步放在剪贴板上的图像多次粘贴到新建的图像窗口中，每粘贴一次，即产生一个新的图层，这里生成 10 个图层，如图 5.59 所示。

5）拖动【图层 1】中的照片至画布的左端，拖动【图层 5】中的照片至画布的右端，如图 5.60 所示。

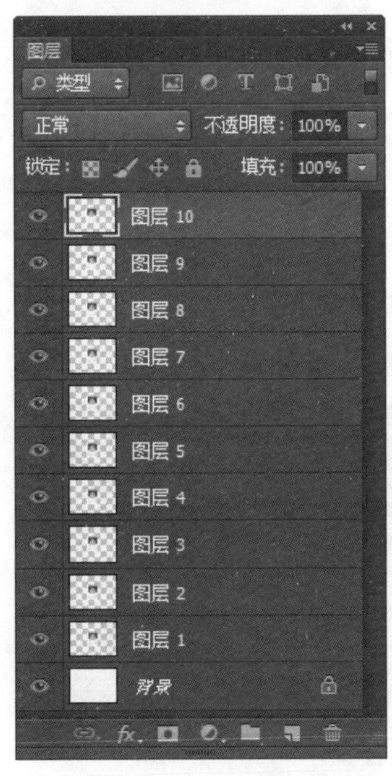

图 5.59 【图层】面板

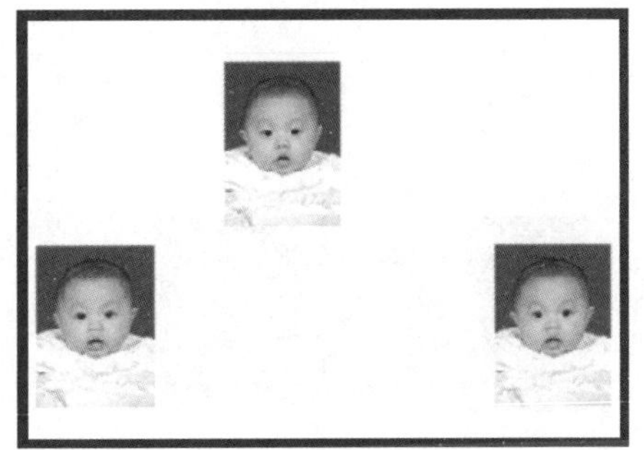

图 5.60 效果（一）

6）按住 Shift 键，单击【图层 1】到【图层 5】，选中 5 个图层，单击【移动工具】属性栏中的【底对齐】按钮和【水平居中分布】按钮，让 5 个图层中的照片沿底部水平均匀排列，如图 5.61 所示。

7）拖动【图层 6】中的照片至画布的左端，拖动【图层 10】中的照片至画布的右端，按住 Shift 键，单击【图层 6】到【图层 10】，选中 5 个图层，单击【移动工具】属性栏中的【顶对齐】按钮和【水平居中分布】按钮，让 5 个图层中的照片沿顶部水平均匀排列，如图 5.62 所示。

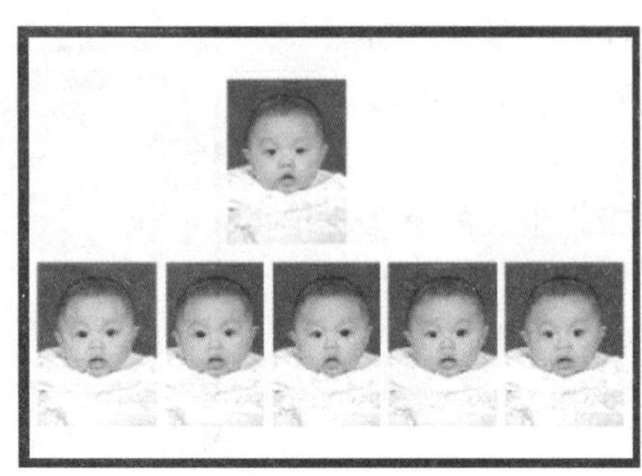

图 5.61 效果（二）

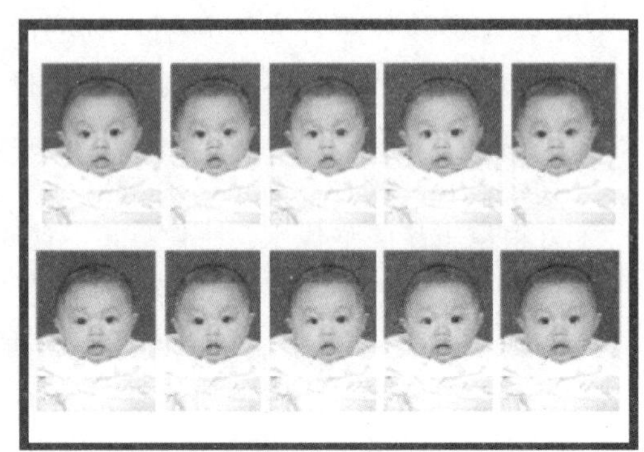

图 5.62 最终效果

8）选择【图层】|【合并可见图层】命令，这样即可在一张相纸上排好多张 1 寸标准照。

5.4.2 裁剪图像

1. 裁剪工具

Photoshop CS6 将裁切工具进行了全面改进，将原本裁切工具裁掉的部分也忠实地保留，可以随时还原，而无需返回上一步骤操作便可还原图像，既保证了照片编辑过程的完整，又节省了因重新编辑照片而浪费的时间，提高了工作效率。

选择【裁剪工具】（或按 C 键），如图 5.63 所示，移动鼠标指针到图像窗口，沿需要保留的图像位置拖动，松开鼠标后得到一个裁剪控制框，如图 5.64 所示。移动鼠标指针于裁剪控制框，拖动鼠标可以调整裁剪范围大小；移动鼠标指针于控制框内，拖动鼠标可以移动图像；移动鼠标指针于控制框外，拖动鼠标旋转，可以使图像倾斜。

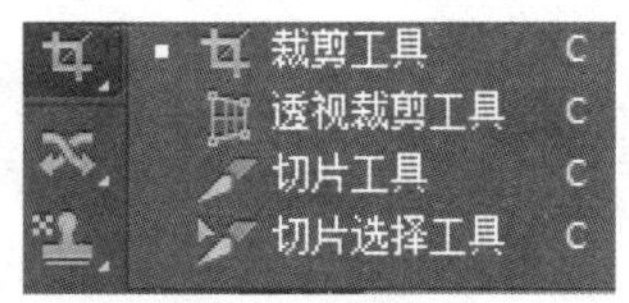

图 5.63 裁切工具

图 5.64 裁剪控制框

【裁剪工具】属性栏如图 5.65 所示，各参数说明如下。

图 5.65 【裁切工具】属性栏

- 【下拉按钮】选项：单击工具选项栏左侧的▭下拉按钮，可以打开工具预设选取器，在预设选区器里可以选择预设的参数对图像进行裁剪。
- 【裁剪比例】选项：该按钮可以显示当前的裁剪比例或设置新的裁剪比例，如果Photoshop CS6图像中有选区，则按钮显示为选区。在Photoshop CS6之前的版本中，等比例裁剪照片一直是一件比较麻烦的工作，因为Photoshop CS6之前的版本中的裁切工具并没有等比例裁剪的选项。Photoshop CS6内置了等比例裁剪，如1×1（方形）、2×3、3×4、4×5、5×7等常用照片尺寸，如图5.66所示。等比例裁剪如图5.67所示，裁剪后的效果如图5.68所示。

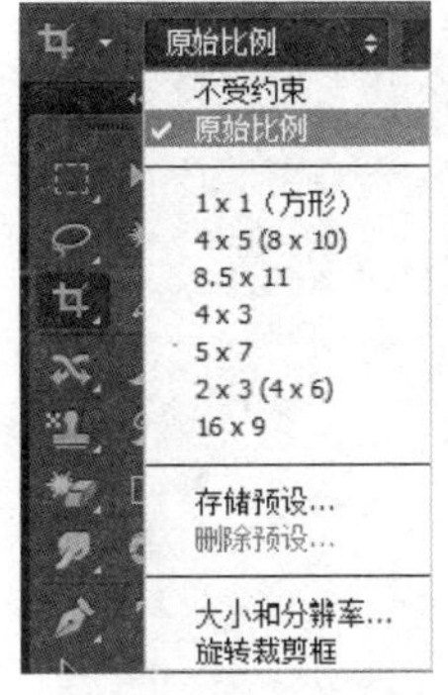

图5.66 等比例裁剪选项

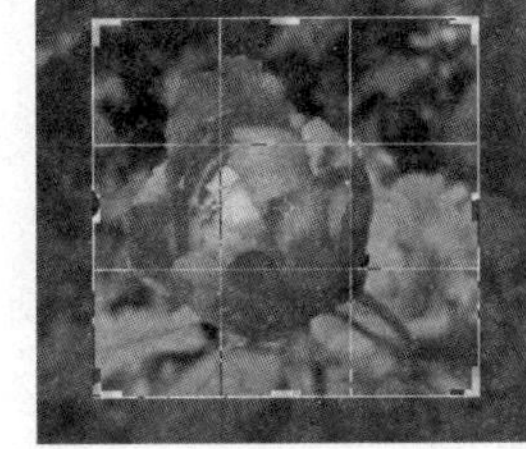

图5.67 等比例裁剪

图5.68 效果图

- 【裁剪输入框】选项：可以自由设置裁剪的长宽比。
- 【纵向与横向旋转裁剪框】选项：设置裁剪框为纵向裁剪或横向裁剪。
- 【拉直】选项：可以矫正倾斜的照片。使用拉直工具在倾斜图像中拉出一条直线，图像自动按照直线旋转为正常角度。
- 【视图】选项：可以设置裁剪框的视图形式，如黄金比例和金色螺线等。
- 【其他裁剪选项】选项。可以设置裁剪的显示区域，以及裁剪屏蔽的颜色、不透明度等。
- 【删除裁剪像素】选项：勾选该选项后，裁剪完毕后的图像将不可更改；不勾选该选项，即使裁剪完毕后，如果想重新显示被裁剪区域，只需再次选择【裁切工具】，单击画面便可以看到之前裁剪时被隐藏的画面，可以进行重新裁剪或者恢复原图，完成无损剪裁照片。

2. 透视裁剪工具

在Photoshop CS6中，【透视裁剪工具】功能被独立出来放在了裁切工具中，顾名思义，这是一个对透视进行校正的裁剪工具，可以还原因拍摄角度而产生变形的物体的本来面貌。【透视裁剪工具】的使用方法也很简单，只需拖动鼠标画出一个平面，然后拖动平面的4个角即可改变平面的透视，或者直接通过单击来确定透视平面的4个点（【透视裁剪工具】只能定义4个点，即一个四边形）。

下面以具体示例介绍【透视裁剪工具】的使用方法。

图5.69 选择裁剪位置

1）选择【透视裁剪工具】，然后沿着照片中需要裁剪的位置拖出被裁剪的区域，如图5.69所示。

2）调整裁剪控制框的区域，如图 5.70 所示。

3）完成裁剪后，【透视裁剪工具】会自动纠正照片的透视效果，使其变成正常的透视效果，如图 5.71 所示。

Photoshop CS6 改进的裁剪工具为摄影师及广大摄影爱好者在解决裁剪照片方面带来非常大的帮助，特别是非破坏性地保留裁剪掉的画面，让裁剪更人性化，也省去了反复操作所带来的不便，提高了裁剪照片的效率。

图 5.70 调整裁剪控制框

图 5.71 透视裁剪完成后的效果

5.4.3 清除图像

通过删除操作可以快速删除图像中不需要的部分，从而减小文件大小，提高工作效率。图像的删除包括以下两种情况。

方法一：选取需要删除的图像，然后选择【编辑】|【剪切】命令，可以将图像删除并且存入剪贴板中。

方法二：选取需要删除的图像，然后选择【编辑】|【清除】命令或者按 Delete 键，可清除选区中的图像，清除后按 Ctrl+D 快捷键取消选区。

5.4.4 撤销与重做操作

在对图像进行编辑处理的过程中，难免会执行一些错误操作，如果某一步操作不当，可以通过菜单命令、快捷键或者【历史记录】面板进行还原和重做操作。

1. 通过菜单命令或快捷键操作

若想撤销单步或多步操作从而使图像回到之前的编辑状态，可利用【编辑】菜单或菜单后标明的快捷键来完成。

方法一：选择【编辑】|【后退一步】命令（或按 Alt+Ctrl+Z 快捷键），如图 5.72 所示，可取消前一步的操作，执行该菜单命令多次，可以向前取消多次操作。

方法二：还原后还可以通过选择【编辑】|【前进一步】命令（或按 Shift+Ctrl+Z 快捷键），

如图 5.72 所示，恢复操作，执行该菜单命令多次，可以向后恢复多次操作。注意，按 Ctrl+Z 快捷键只能取消或恢复一次操作。

2. 通过【历史记录】面板操作

在图像处理的过程中，通过菜单命令或按 Ctrl+Z 快捷键撤销对图像的操作仅限于一步操作或固定的某个状态。如果要精确地恢复到指定的某一步操作，则使用【历史记录】面板来实现更为方便。

选择【窗口】|【历史记录】命令，打开【历史记录】面板。当用户打开一个文件并对该文件进行编辑后，【历史记录】面板会自动记录用户的每步操作，如图 5.73 所示。

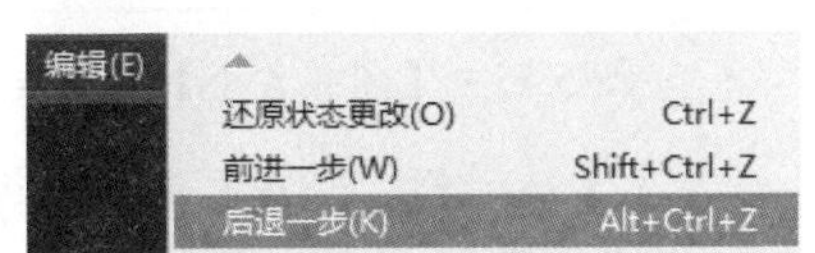

图 5.72　菜单命令

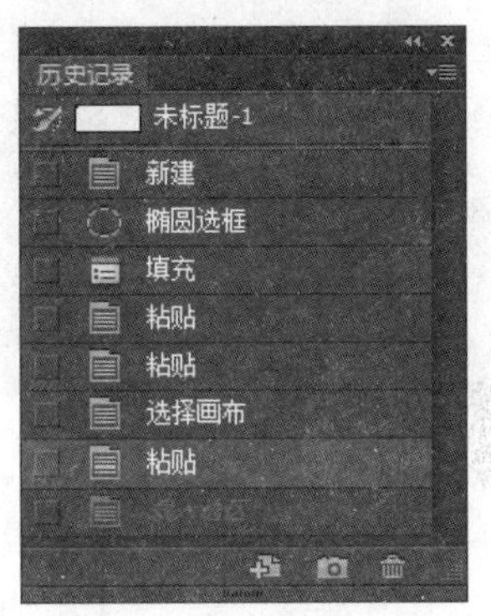

图 5.73　【历史记录】面板

【历史记录】面板下方各按钮的含义如下。

- 【从当前状态创建新文档】按钮。单击该按钮，可以就当前操作的图像状态创建一幅新的图像文件（原图像的副本）。
- 【创建新快照】按钮。单击该按钮，可以创建一个新快照。
- 【删除当前状态】按钮。选取任意一步的历史记录，再单击该按钮，在打开的对话框中单击【是】按钮，可以删除该历史记录。

拓展：

【快照】是 Photoshop 的一种功能，利用【快照】命令，可以创建图像的任何状态的临时副本（快照），新快照添加到【历史记录】面板顶部的快照列表中，选择一个快照，下面的操作就可以从图像的这个副本开始。

案例实施

案例一　实施步骤

前面介绍了图像修饰工具、图像修复工具、编辑图像等图像修饰的基础知识和基本操作，下面利用所学知识完成案例一中的任务。

【步骤一】基础操作。

在 Photoshop CS6 中，打开本章素材照片 5.1，如图 5.1 所示。

【步骤二】制作一寸照片。

1）选择【裁剪工具】，在其属性栏设置调宽度为 2.5cm、高度为 3.5cm，在照片上选取合适的位置拖出裁剪柜，双击确定裁剪，如图 5.74 所示。

2）选择【图像】|【大小】命令，打开【图像大小】对话框设置文档的宽度为 2.5cm、高度为 3.5cm，分辨率为 300 像素/英寸，单击【确定】按钮，如图 5.75 所示。

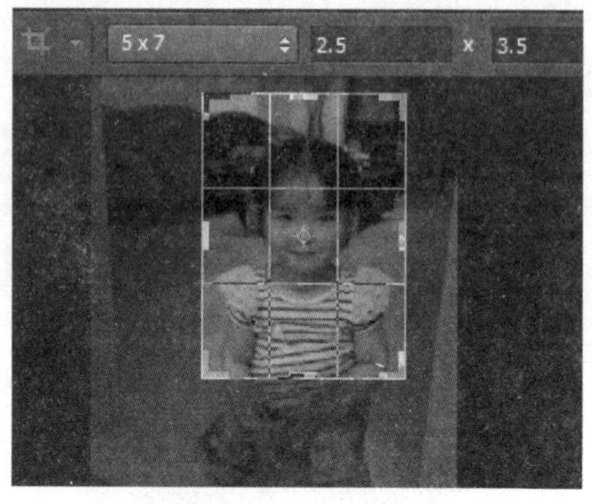

图 5.74 裁剪

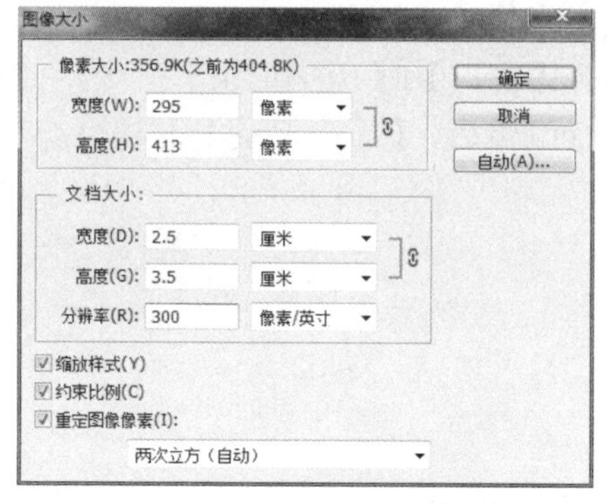

图 5.75 【图像大小】对话框

3）选择【图像】|【画布大小】命令，打开【画布大小】对话框，设置画布的宽度为 0.4cm、高度为 0.4cm，勾选【相对】复选框，单击【确定】按钮，如图 5.76 所示，为一寸照片添加单色背景，效果如图 5.77 所示。

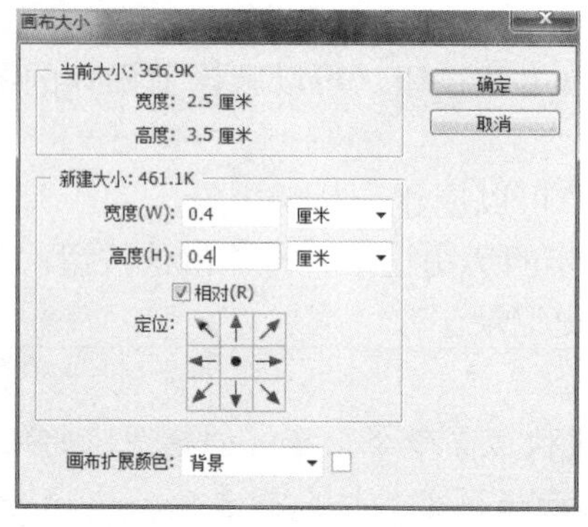

图 5.76 【画布大小】对话框

图 5.77 一寸照片效果图

4）选择【编辑】|【定义图案】命令，将设置好的照片定义为图案。

【步骤三】一寸照片连排。

1）选择【文件】|【新建】命令，打开【新建】对话框，设置文件宽度为 11.6cm，高度为 7.8cm，分辨率为 300 像素/英寸，单击【确定】按钮。

2）选择【编辑】|【填充】命令，打开【填充】对话框，在【使用】下拉列表中选择【图案】选项，在【自定义图案】下拉列表中选择刚保存的一寸照片图案，如图 5.78 所示。

最终效果如图 5.2 所示。

【步骤四】保存文件。

把文件以 PSD 和 JPG 格式分别保存为“一寸照片连排”。

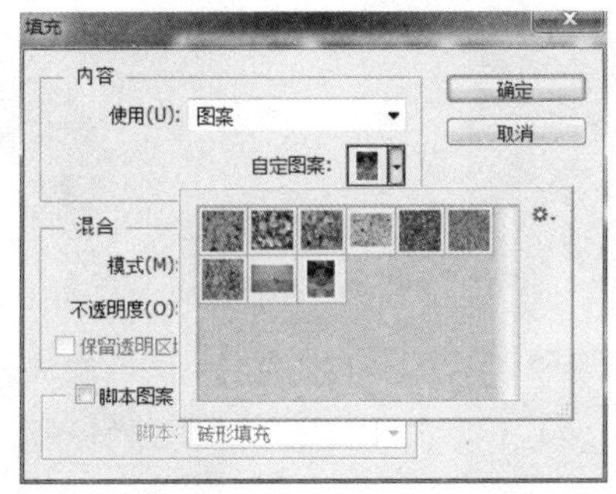

图 5.78 【填充】对话框

案例二 实施步骤

掌握了移动工具和图像修复工具的基础知识和基本操作后，下面利用所学知识完成案例二中的任务。

【步骤一】基础操作。

在 Photoshop CS6 中，打开本案例的素材图片 5.3，如图 5.3 所示。

【步骤二】修补。

1）按 Ctrl+J 快捷键复制素材图片到新图层，选择【修补工具】圈选有破碎或者污迹的地方，如图 5.79 所示。

2）在选中的地方按住鼠标左键不放，拖动选区到相邻的没有太多缺陷的地方，然后松开鼠标，如图 5.80 所示。

这里需要注意的是，有明显轮廓的地方要注意匹配好（破损图和修复图所在位置、透视等方面要一致）。

3）用同样的方法继续修复有破碎或污迹的地方，直至满意为止，如图 5.81 所示。

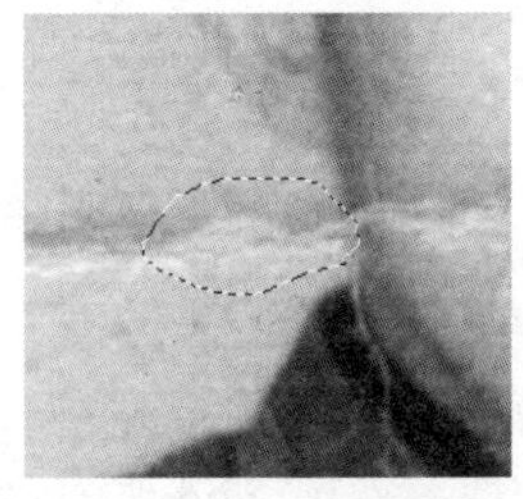

图 5.79 选取污迹区域

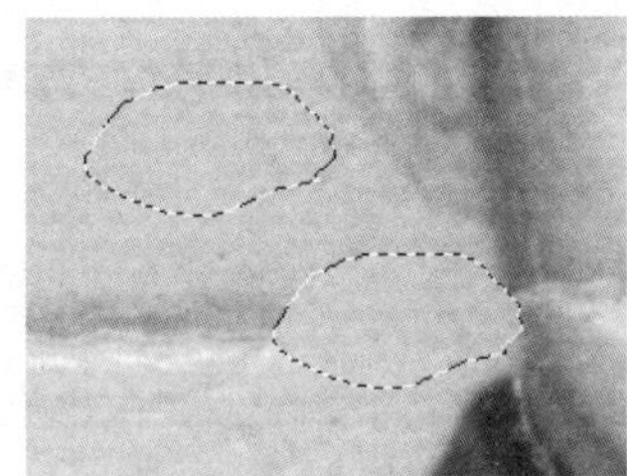

图 5.80 修补效果（一）

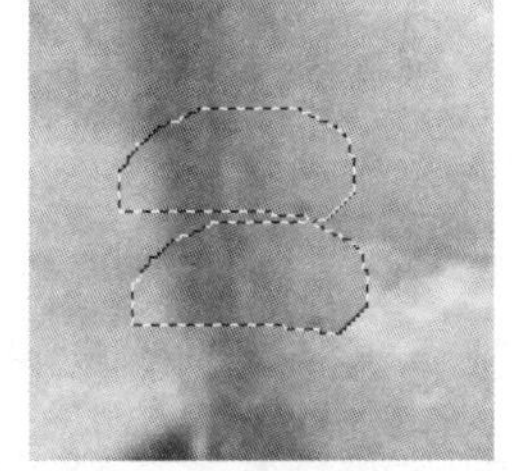

图 5.81 修补效果（二）

【步骤三】调色。

1）单击【图层】面板下方的【创建新的填充或调整图层】按钮，在弹出的列表中选择【色阶】选项，打开色阶面板，如图 5.82 所示，调整整体色阶，效果如图 5.83 所示。

2）选中色阶图层的蒙版，选择【画笔工具】，设置画笔参数，在蒙版上涂抹，如图 5.84 所示，图层如图 5.85 所示。

3）选中【色阶 1】图层和【背景副本】图层，按 Ctrl+E 快捷键合并图层，单击【图层】面板下方的【创建新的填充或调整图层】按钮，在弹出的列表中选择【色相/饱和度】选项，创建色相/饱和度图层，同时打开色相/饱和度面板，对其参数进行调整，如图 5.86 所示。

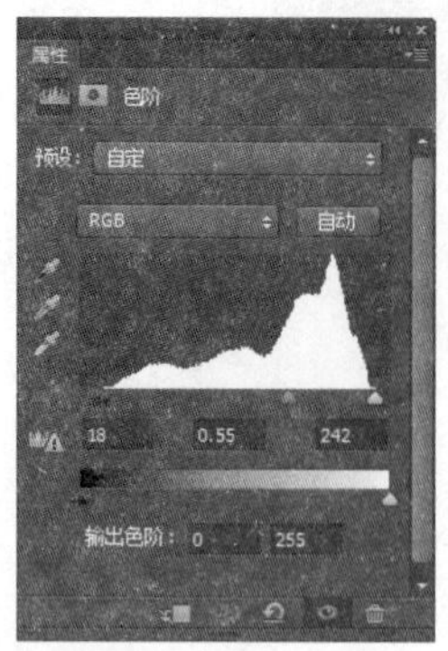

图 5.82　色阶面板

图 5.83　调整色阶效果（一）

图 5.84　调整色阶效果（二）

图 5.85　【图层】面板

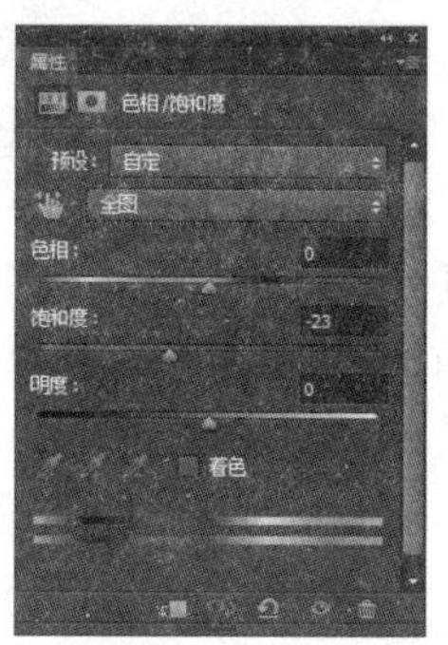

图 5.86　【色相/饱和度】对话框

修复好的照片最终效果如图 5.4 所示。

【步骤四】保存文件。

把文件以 PSD 和 JPG 格式分别保存为“照片修复”。

工作实训营

1. 训练内容

1）打开本章素材 5.87，使用修复工具去除照片中脸上的斑点，如图 5.87 所示。

2）打开本章素材 5.88，使用【减淡工具】对图像进行处理，如图 5.88 所示，并分别选择不同范围，比较它们的视觉效果。

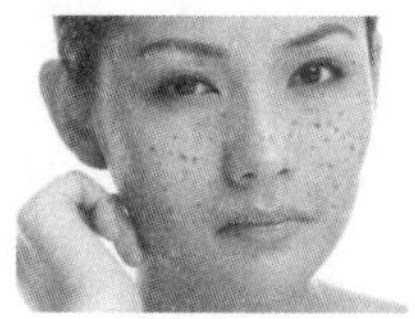

图 5.87　素材图片

图 5.88　素材图片

2. 训练要求

掌握 Photoshop CS6 中图像修饰与编辑的方法。熟练应用修饰与编辑的方法和技巧对图像进行处理。

工作实践中常见问题解析

【常见问题1】【背景橡皮擦工具】属性栏中的【容差】选项有何意义？

答：对于【背景橡皮擦工具】，【容差】值越大，【背景橡皮擦工具】对颜色相似程度的要求就越低，擦除的颜色范围越宽，抠像的精度越低；而【容差】值越小，【背景橡皮擦工具】对颜色相似程度的要求就越高，擦除的范围越窄，抠像的精度越高。要根据实际情况设置【容差】值的大小。

【常见问题2】如何防止使用【裁剪工具】时控制框吸附在图片边框上？

答：在拖动【裁剪工具】控制框上的控制点时按住Ctrl键即可。

【常见问题3】【修复画笔工具】与【仿制图章工具】的不同点是什么？

答：使用【修复画笔工具】与【仿制图章工具】均可以对图像进行修复，原理就是将取样点的图像复制到目标位置。但【仿制图章工具】是无损仿制，取样的图像是什么样的仿制到目标位置时就是什么样。而【修复画笔工具】有运算的过程，在涂抹过程中会将取样处的图像与目标位置的背景相融合，自动适应周围环境。

习　　题

1．打开本章素材5.89，使用内容感知（扩展）工具，复制荷花生成效果图合成图，素材如图5.89所示，效果图如图5.90所示。

图5.89　原图（一）

图5.90　效果图（一）

2．用【画笔工具】、【污点修复工具】、【仿制图章工具】、【直接选择工具】或【套索工具】，对树叶上污点进行修复，去掉背景，素材如图5.91所示，效果图如图5.92所示。

图5.91　原图（二）

图5.92　效果图（二）

第6章

图　　层

本章要点

认识图层及【图层】面板。
掌握图层的各种操作方法（新建、复制、删除、调整位置、链接、合并、栅格化、锁定、对齐与分布、设置不透明度）。
掌握图层组的创建与编辑方法。
掌握图层的调整技巧。
学会使用投影样式与内阴影样式。
学会使用斜面和浮雕样式。
学会使用光泽样式。
学会使用颜色叠加样式。
掌握图层模式的调整和应用方法。
学会创建与编辑图层蒙版。
学会将图层蒙版转换为选区。

技能目标

熟悉【图层】面板，了解图层的类型、特点及它们的创建方法。
熟练掌握图层的基本操作，并可以应用图层的设置。
掌握应用图层样式设置图层效果的方法。
掌握图层样式的设置和清除方法。
掌握图层蒙版的概念，以及图层蒙版的创建、编辑、删除、转换为选区等基础操作。

案例导入

【案例一】风景照合成。

将本章素材 6.1 和本章素材 6.2 两张风景照（见图 6.1 和图 6.2）合成为一张，最终效果如图 6.3 所示。

图 6.1 素材图片（一）

图 6.2 素材图片（二）

【案例二】“中国梦”3D 艺术字设计。

应用调整图层、图层混合模式、3D、文字工具，制作出“中国梦”3D 艺术字。最终效果如图 6.4 所示。

图 6.3 合成风景照效果

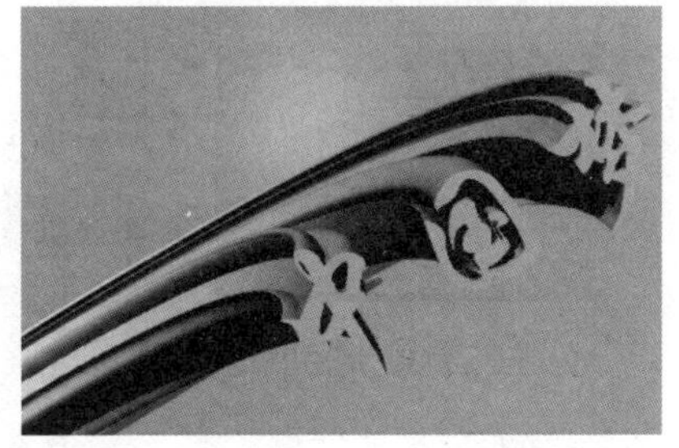

图 6.4 “中国梦”3D 艺术字设计

引导问题

什么是图层？图层的类型和特点是什么？如何创建图层？

如何复制、删除、隐藏与显示图层，如何链接、合并图层？

如何利用图层样式设置图层效果？

如何利用调整图层和填充图层设置效果？

什么是图层模式，如何设置？

如何创建和使用图层蒙版？

基础知识

6.1 图层的基础知识

6.1.1 图层的概念

图层即在同一图像中设置的多个绘制层面，这些层面的图像叠放在一起，可以看见所有内容的综合效果，但各相关的效果或图像在不同层面绘制、修改，不会影响其他层面的内容。

在 Photoshop CS6 中，通过图层，可以非常方便、快捷地处理图像，从而制作各种各样的图像特效。

6.1.2 【图层】面板

【图层】面板是进行图层操作必不可少的工具，用于显示当前图像的图层信息，并集成了所有图层、图层组、图层效果的信息。通过【图层】面板，可以对图层、图层组进行新建、添加图层效果、隐藏、调节图层叠放顺序、图层透明度、图层混合模式等操作。

选择【窗口】|【图层】命令，调出【图层】面板，如图 6.5 所示。各个图层从上往下在【图层】面板中依次排列，默认情况下，先创建的图层在下方，后创建的图层在上方，下层图像会被上层图像所遮盖。【图层】面板应用效果如图 6.6 所示。

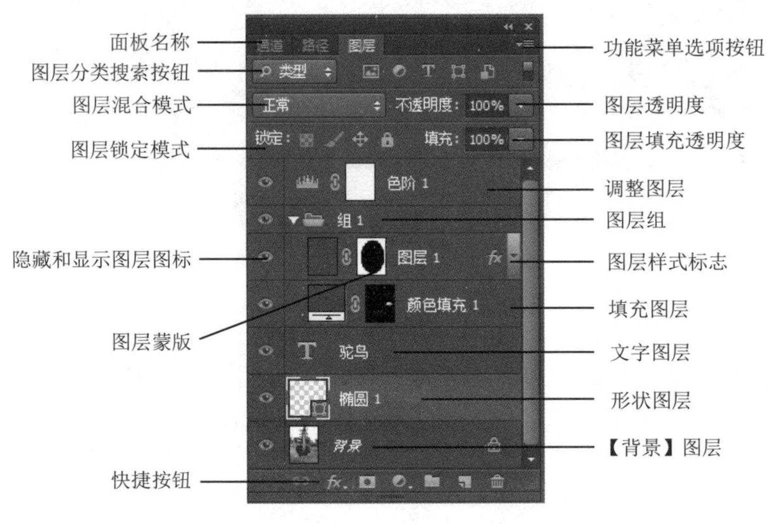

图 6.5 【图层】面板

1. 图层分类搜索按钮

图层分类搜索是 Photoshop CS6【图层】面板新增的功能，用于快速选择图层，其中有【类型】、【名称】、【效果】、【模式】、【属性】、【颜色】6 个选项可供选择，如图 6.7 所示。

- 【类型】选项：分为像素图层、调整图层、文字图层、形状图层、智能对象 5 类，可以选择其中一个或多个进行筛选。

- 【名称】选项：设计时经常会遇到找图层的情况，Photoshop CS6 增加了图层搜索功能，本质上就是根据图层的名称来过滤图层。直接在文本框输入名称查询即可。
- 【效果】选项：按照图层所添加的图层样式分类。
- 【模式】选项：按照图层混合模式分类。
- 【属性】选项：按照可见、锁定、空、链接的、已剪切、图层蒙版、矢量蒙版、图层效果、高级混合分类。
- 【颜色】选项：按照图层标示颜色分类。

单击【图层】面板右上方的功能菜单选项按钮，在打开的下拉列表中选择【面板选项】选项，打开【图层面板选项】对话框，从中可以对【图层】面板进行设置，如图 6.8 所示，在对话框中可以设置缩览图的大小、缩览图内容等。并不是缩览图越大越好，缩览图太大，占据的空间也大，因此一般设置为最小模式。

图 6.6 效果

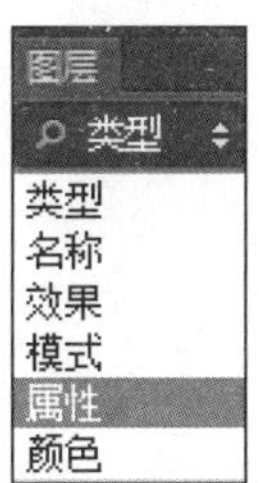

图 6.7 图层分类

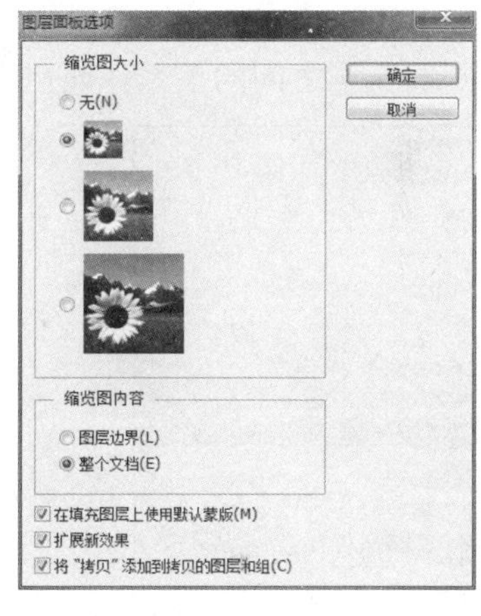

图 6.8 【图层面板选项】对话框

在【图层】面板中，每个图层项均由图层缩览图标、图层标签（图层名称）和状态标示符号组成，可以表示各图层的内容、排列次序及当前状态。调整图层的顺序时可直接拖动该图层到指定位置。

2. 图层锁定方式

单击【锁定】选项组相应图标可实现相应锁定功能。【图层】面板的【锁定】选项组图标依次为【锁定透明像素】图标、【锁定图像像素】图标、【锁定位置】图标、【锁定全部】图标。单击【锁定全部】图标时，在图层标签后显示全部锁定图标。若单击其他锁定图标，将显示部分锁定图标。

3. 图层显示或隐藏

图层缩览图标前出现眼睛图标，表示该图层可见，否则表示图层隐藏，可通过单击切换。

4. 图层编辑状态

选择图层，标签呈浅蓝色，表示该图层为活动图层，可对该图层进行编辑和修改。

在非当前图层的图层状态标示框中出现【指示链接到其他图层】图标，表示该图层中的图像可以和当前操作图层一起移动和编辑，可通过单击图层面板底面的【链接图层】图标取消链接。

5. 图层样式

在【图层】面板的下方单击【添加图层样式】按钮，或选择【图层】|【图层样式】命令，从打开的图层样式列表中选择图层样式。应用了图层样式的图层，在其图层标签后将显示图层效果名称。

6.1.3 图层菜单

选择【图层】菜单，打开【图层】子菜单，如图 6.9 所示。该子菜单中包含有关图层的所有操作。也可以单击【图层】面板右上方的功能菜单选项按钮，在打开的功能菜单（见图 6.10）中选择相应的功能选项实现相关的图层操作。这两个菜单侧重点略有不同，前者侧重于控制层与层之间的关系，而后者侧重于设置特定层的属性。

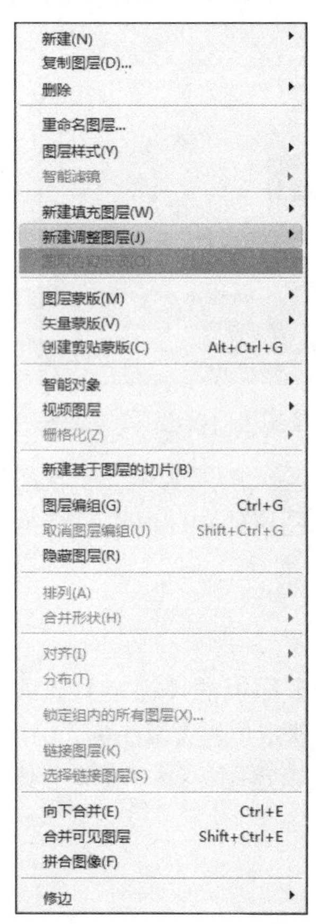

图 6.9 【图层】子菜单

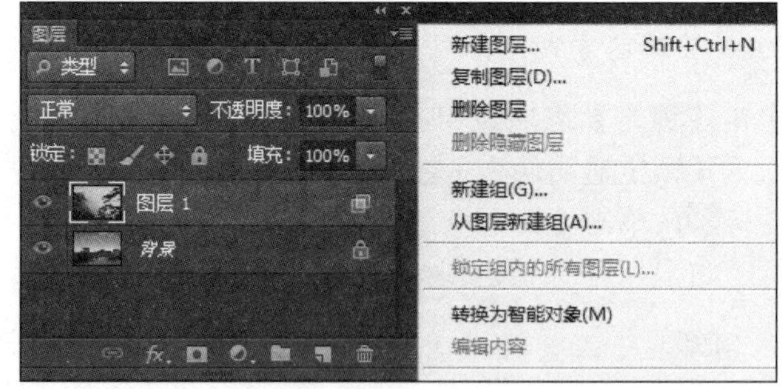

图 6.10 功能菜单

6.1.4 图层类型及其转换

在 Photoshop CS6 中，图层有多种类型，不同类型的图层，其特点、功能及操作和使用方法也不尽相同。Photoshop CS6 较之前的版本，各种类型的图层缩览图有了较大改变，形状图层的缩览图变化最大，而且矩形、圆角矩形、椭圆、多边形的名称也直接使用具体绘制形状的名称，只有直线工具及自定义形状工具仍然使用传统的“形状 1”等命名。图层组的图标标志在展开和折叠时形状不同。选择某个图层或图层蒙版的指示标志采用了更为突出的角线，而不再是以往不易识别形状的细框线。剪贴蒙版的图标也更加形象直观。

1. 图层类型

（1）图像图层

图像图层是使用最为普遍的图层，是用于绘制、编辑图像的一般图层。在图像图层中可以添加和编辑图像，可以将不同的图像放在不同的图像图层上进行独立操作而对其他图层没有影响。默认情况下，新建的图层中以灰白相间的方格表示该区域没有像素，即该区域是透明的。这种类型的图层的缺点是，图像看起来模糊或者说呈像素化。

（2）调整图层

调整图层用来调整图像的色彩、亮度、饱和度、曝光度等。它可以调整位于其下方的所有可见图层中的像素色彩及色调，而不必对每一个图层都进行色彩调整，同时又不破坏图像的色彩。特别是存储后的图像不能恢复为以前的色彩，利用调整图层可以解决这一问题。

（3）文字图层

文字图层是使用文字工具输入文字时自动生成的一种图层。文字图层具有矢量图形的特点，可以任意放大或缩小而不影响清晰度。与图像图层不同，文字图层受到很多编辑限制，例如，不能在文字图层中使用图像修复、擦除等工具；编辑图形填充效果时，需要将文字图层转换为普通图层（栅格化）。

（4）填充图层

填充图层可采用可填充的图层制作出特殊效果。填充图层有 3 种形式：单色填充图层、渐变填充图层和图案填充图层。由形状工具创建的形状图层也是一种填充图层。可以通过单击【图层】面板底部的【创建新的填充或调整图层】按钮，或者从选择【图层】|【新建填充图层】命令创建填充图层。

（5）智能对象图层

智能对象将保留图像的源内容及其所有原始特性，从而让用户能够对图层执行非破坏性编辑。

可以用以下几种方法创建智能对象：选择【文件】|【打开为智能对象】命令；置入文件；从 Illustrator 粘贴数据；将一个或多个 Photoshop 图层转换为智能对象。

可以利用智能对象执行以下操作：

1）执行非破坏性变换。可以对图层进行缩放、旋转、斜切、扭曲、透视变换或使图层变形，而不会丢失原始图像数据或降低品质，因为变换不会影响原始数据。

2）处理矢量数据（如 Illustrator 中的矢量图片），若不使用智能对象，这些数据在 Photoshop 中将进行栅格化。

3）非破坏性应用滤镜。可以随时编辑应用于智能对象的滤镜。

4）编辑一个智能对象并自动更新其所有的链接实例。

5）应用与智能对象图层链接或未链接的图层蒙版。

无法对智能对象图层直接执行会改变像素数据的操作（如绘画、减淡、加深或仿制），除非先将该图层转换成常规图层（将智能对象进行栅格化）。如果要执行会改变像素数据的操作，编辑智能对象的内容，复制智能对象为一个新图层，编辑智能对象的副本即可。

（6）【背景】图层

【背景】图层是一种特殊的图层。创建新图像时，【图层】面板中最下方的图层为背景。打开原有图像时，原有图像的信息包含在【背景】图层中。【背景】图层不能直接编辑，无法更改背景的堆叠顺序、混合模式或不透明度。但【背景】图层可以作为相对稳定的图层，不会因误操作而破坏图层的图像效果，需要时可以将【背景】图层转换为常规图层进行编辑。【背景】图层位于图像的最底层，一个图像文件中只能有一个【背景】图层。

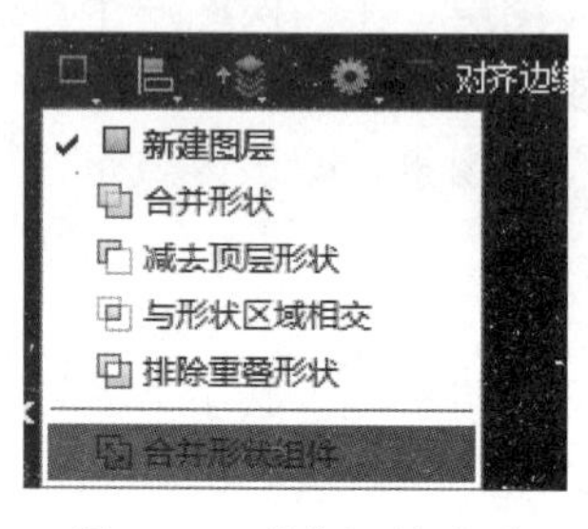

图 6.11　形状运算选项

（7）形状图层

Photoshop 图层中包含位图、矢量图两种元素，在 Photoshop 中用绘制图形工具（矩形工具等）、钢笔工具、文字工具等绘画或输入文字的时候，内容以某种矢量形式保存，形成形状图层。

形状图层中的形状可以像类似选区运算一样进行“合并形状”、“减去顶层形状”等运算。例如，选择【矩形工具】，在其属性栏中单击【路径操作】按钮，在打开的列表中选择相应的形状运算选项即可，如图 6.11 所示。

注意：当变换已应用智能滤镜的智能对象时，Photoshop 会在执行变换时关闭滤镜效果，变换完成后，将重新应用滤镜效果。

2. 图层之间的相互转换

（1）【背景】图层转换成普通图层

在【图层】面板中双击【背景】图层，或选择【图层】|【新建】|【背景图层】命令，在打开的【新建图层】对话框中设置图层参数，单击【确定】按钮实现转换。

（2）普通图层转换成【背景】图层

选择普通图层，选择【图层】|【新建】|【背景图层】命令，可以将当前图层转换为背景图层。该图层被置于最下层，且透明处由背景色填充。

（3）文本图层、填充图层转换为普通图层

因为文本图层和填充图层所含内容是矢量图形信息，Photoshop CS6 中的很多命令都不能在此使用，所以有时需要将文字图层或填充图层转换为普通图层。

在【图层】面板中选择需要转换的图层，选择【图层】|【栅格化】|【图层】命令，即可将原图层转化为普通图层。图层的内容一经栅格化，图层中的矢量图形就变成了像素图形，能用图像处理工具对图像进行处理了。

6.2　图层的基本操作

1. 新建图层

可以通过多种方法新建图层。

1）单击【图层】面板下方的【创建新图层】按钮，创建新图层，或单击【创建新的填空或调整图层】按钮，创建新的填充图层或调整图层。

2）选择图层面板的功能菜单中的【新建图层】命令。
3）选择【图层】|【新建】命令，可以创建普通图层及特殊图层。
4）使用文字工具、形状工具时自动生成相应图层。
5）当使用【粘贴】命令时，会在当前图层的上方自动生成一个图层来放置粘贴的图像。
6）按 Ctrl+Shift+N 快捷键创建图层。

2. 复制图层

复制图层可以产生一个与原图层完全一致的图层副本。
选择要复制的图层后，可以通过多种方法实现图层的复制。
1）按 Ctrl+J 快捷键，可以快速复制当前图层。
2）拖动图层至【创建新图层】按钮，可创建当前选择图层的复制图层。
3）选择【图层】|【复制图层】命令，在打开的【复制图层】对话框中设置图层名称、目标文档等，可将图层复制到任何设定的文件中。在【图层】面板的功能菜单中选择【复制图层】命令，同样会打开【复制图层】对话框。
4）如果在不同的图像文件间复制，首先需要同时显示两个图像文件窗口，拖动原图像的图层至目标图像文件中，即可实现不同图像文件间图层的复制。

3. 删除图层

选择要删除的图层后，执行以下操作之一即可删除图层。
1）单击【图层】面板底部的【删除图层】按钮。
2）拖动要删除的图层至按钮上。
3）选择【图层】|【删除】|【图层】命令。
4）在【图层】面板功能菜单中选择【删除图层】命令。

4. 调整图层排列顺序

可以通过鼠标拖动图层到插入点，显示一条粗线时释放鼠标即完成移动；或通过选择【图层】|【排列】子菜单项中的命令来调整图层排列顺序。

5. 链接图层

当需要同时对几个不同图层的图像进行编辑(如移动图像等)时，可在相关图层之间建立链接关系，把两个或多个图层链接起来。选择多个要链接的图层，单击【图层】面板下方的【链接图层】按钮，建立链接，或选择【图层】|【链接图层】命令，在图层的状态框中即可出现链接标志图标，表示该层与当前层之间建立链接关系。被链接的图层可以同时进行移动、变形和对齐等操作。若要取消链接，则选择多个已链接的图层，单击【图层】面板下方【链接图层】按钮，取消链接。

6. 合并图层

合并图层可以减少文件所占用的磁盘空间，同时可以提高操作速度。合并图层可以选择【图层】|【向下合并】或【图层】|【合并可见图层】或【图层】|【拼合图像】命令，也可以

单击用【图层】面板的功能菜单选项按钮，从打开的列表中选择【向下合并】命令（快捷键为 Ctrl+E）或【合并可见图层】命令（快捷键为 Shift+Ctrl+E）或【拼合图像】命令，如图 6.12 所示。

其作用分别如下。

- 【向下合并】选项：先选择图层顺序在上方的图层，使其与位于下方的图层合并，进行合并的图层必须处于显示状态，合并以后的图层名称和颜色标记沿用下方的图层的名称和颜色标记。
- 【合并可见图层】选项：作用是将目前所有处于显示状态的图层合并，处于隐藏状态的图层则保持不变。
- 【拼合图像】选项：将所有的图层合并为【背景】图层，如果有隐藏的图层，拼合时会出现提示对话框，如果单击【确定】按钮，处于隐藏状态的图层将被丢弃，如图 6.13 所示。

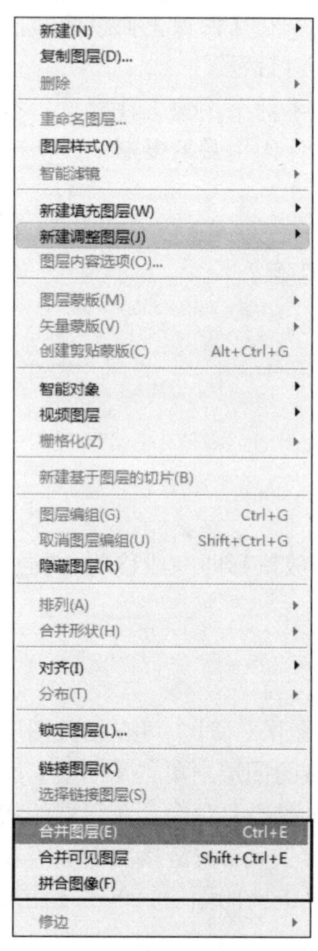

图 6.12　合并图层命令

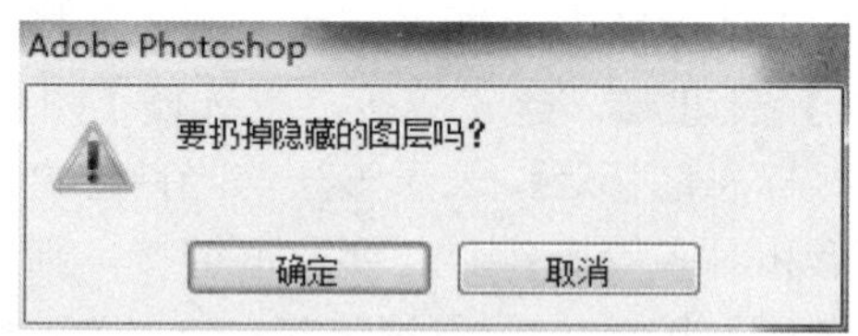

图 6.13　拼合提示对话框

7. 栅格化图层

对于文字图层、形状图层、矢量蒙版和填充图层等图层，不能在其上使用绘画工具或滤

镜进行处理。如果需要在这些图层上继续操作，就需要栅格化图层，将这些图层的内容转换为像素图像。在【图层】面板中，选择需要栅格化的图层，右击，在弹出的快捷菜单中选择【栅格化图层】命令，或选择【图层】|【栅格化】子菜单中的命令，将当前图层栅格化。

8. 锁定图层

锁定图层是为了防止误操作。Photoshop CS6 提供了 4 种锁定方式：锁定透明像素、锁定图像像素、锁定位置、锁定全部。

- 锁定透明像素：如果单击【图层】面板上的【锁定透明像素】按钮，则在选定的图层的透明区域内无法使用绘图工具绘图，即使经过透明区域也不会留下笔迹。
- 锁定图像像素：如果单击【图层】面板上的【锁定图像像素】按钮，则可防止对选定图层中图像的错误绘制或者修改。
- 锁定位置：如果单击【图层】面板上的【锁定位置】按钮，则被选定的图层无法移动。
- 锁定全部：如果单击【图层】面板上的【锁定全部】，则被选定的图层既无法绘制也无法移动，会被完全锁定。

【背景】图层自带一个锁定图标，自动具有锁定功能。如果锁定所有设有链接的图层，则先选择链接图层，再选择【图层】|【锁定图层】命令，打开如图 6.14 所示的【锁定图层】对话框，在对话框中可以集中设定锁定方式。取消锁定设置可以采用相反的方式操作。

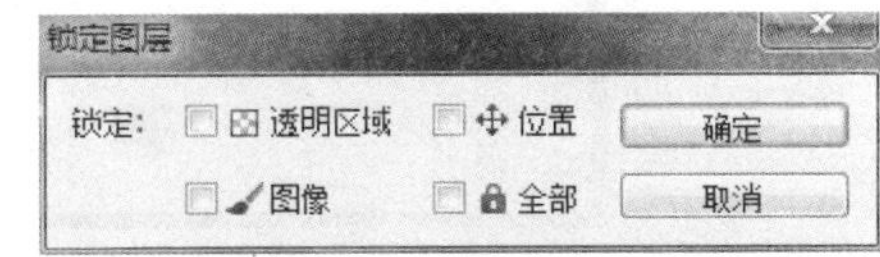

图 6.14 【锁定图层】对话框

9. 对齐与分布图层

绘制图像时，有时需要对多个图像进行排列，除了借助参考线手动对齐之外，也可选择【图层】|【对齐】或【图层】|【分布】子菜单中的命令来设定图层排列方式，实现自动对齐。

对齐就是将多个图层（两个以上图层）选中，从图层的上边、下边、左边、右边、居中对齐各个图层的图像。

分布就是将多个图层选中或链接图层之间的图像之间的距离，以这些图层中最上边、下边、左边、右边、居中的图层为基准均匀分布。

具体操作过程如下。

1）将【图层】面板中的相关图层链接或选中，选择【图层】|【对齐】命令，或【图层】|【分布】命令，在子菜单中选择不同的对齐或分布命令。

2）利用【移动工具】属性栏中的对齐或分布按钮实现。将【图层】面板中的相关图层链接或选中，单击【移动工具】属性栏中的对齐或分布按钮即可。

如图 6.15 所示有 3 个图层，每个图层上有一个小圆。如图 6.16 所示，在【图层】面板中选择【图层 3】，按住 Shift 键的同时单击【图层 1】，将这 3 个图层全部选中（分布对齐操作只能针对 3 个或 3 个以上图层）。选择【移动工具】，单击其属性栏中的【按顶分布】按钮，以选中图层的最顶一个图像位置和最底一个图像位置为基准，间隔均匀地分布选中图层，如图 6.17 所示。单击其属性栏中的【顶对齐】按钮，以 3 个图层的最上方一个图层中的图像位置为基准，对齐排列其他图层的图像，如图 6.18 所示。

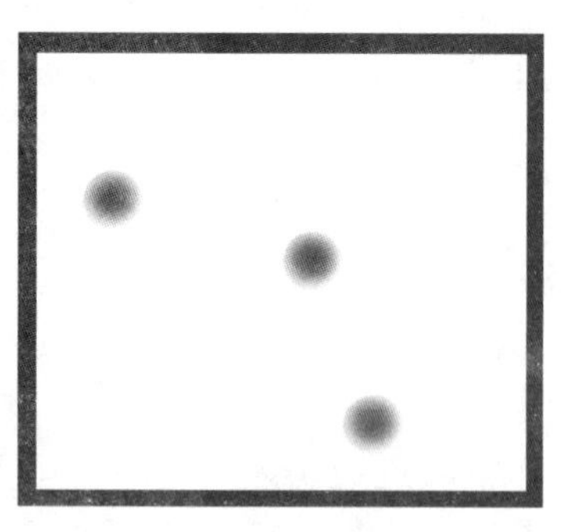

图 6.15　3 个图层的小圆

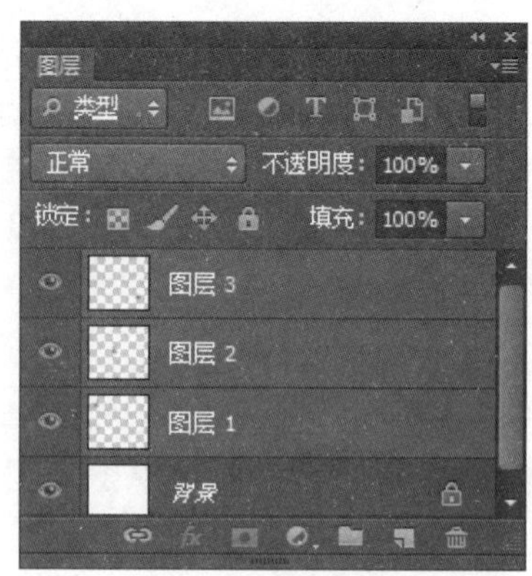

图 6.16　选中 3 个图层

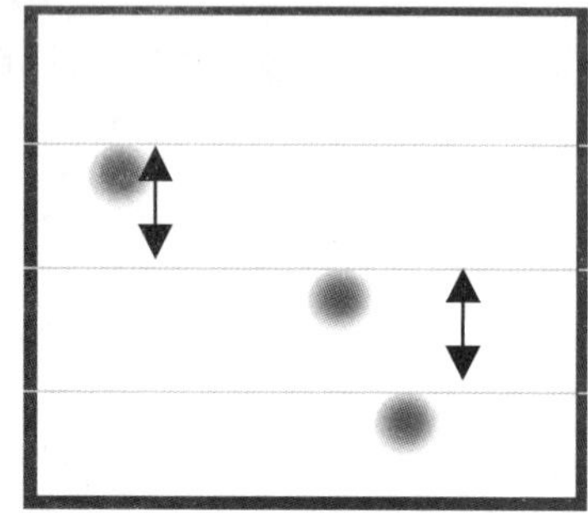

图 6.17　按顶分布效果

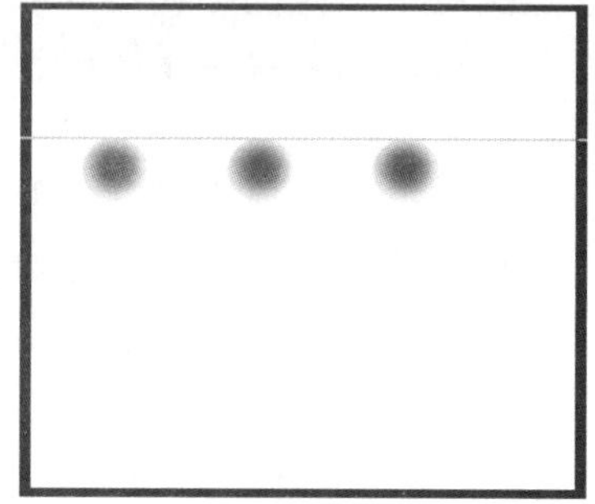

图 6.18　顶对齐效果

10. 设置图层不透明度

图层的不透明度用于确定图层遮蔽或显示其下方图层的程度。不透明度为 1%的图层几乎是透明的，而不透明度为 100%的图层则完全不透明。

1）各个图层不透明度互相独立，各自调整。

2）图层不透明度为 100%并不能保证图像是完全不透明的。图像半透明效果可能由多种不透明度的综合作用造成。

3）【背景】图层作为一种特殊图层，一定是 100%不透明，且不能调整。

6.3　管理图层组

设计过程中有时会用到很多图层，尤其在设计网页时，超过 100 层也不少见，这会导致即使关闭图层缩览图，【图层】面板也会很长，使得查找图层等操作很不方便。使用恰当的文字来命名图层，但实际使用时为每个图层输入名字很麻烦；可使用色彩来标示图层，但在图层众多的情况下，其作用也十分有限，为此，Photoshop CS6 提供了图层组功能。将图层归组可提高【图层】面板的使用效率。

在 Photoshop CS6 中，图层组在概念上不再只是一个容器，具有了普通图层的意义。

Photoshop CS6 之前版本中的图层组只能设置混合模式和不透明度，Photoshop CS6 中的图层组可以像普通图层一样设置样式、填充不透明度、混合颜色带及其他高级混合选项。

对图层组也可以像图层一样运行查看、选择、复制、移动和改变图层组排列次序等操作，其内部的图层将随同图层组操作，可以设置组的名称、颜色、模式及不透明度等属性。

小提示：

默认情况下，图层组的混合模式是“穿透”，表示该组没有自己的混合属性。为图层组选择其他混合模式时，可以有效地更改图像各个组成部分的合成效果。

6.3.1 创建图层组

创建新的图层组可以使用下列方法之一。

1）选择【图层】|【新建】|【组】命令。

2）在【图层】面板的功能菜单中，选择【新建组】命令。

3）单击【图层】面板下方的【创建新组】按钮。

4）在【图层】中，按住【Shift】键，选择多个图层。选择【图层】|【图层编组】命令，或按 Ctrl+G 快捷键，将所选择的图层编成一组。

注意：新建组的位置在所选当前图层之上。

展开或折叠组可以单击“组 1”图标左边的三角箭头，箭头向下为展开，向右为折叠。新组默认处于展开状态。

新组创建后，可在【图层】面板中将现有的图层拖曳到组中。注意，如果是空组，则拖动的目的地应该是组名称处；如果组中已经存在图层，则需要拖动图层到组中的任意图层间，这样同时也可以决定拖动的图层在组中的顺序；如果都拖动到组名称上，则先拖动的图层层次较高，后拖动的图层层次在前者之下。当然，也可以任意改变组中图层的顺序，方法和改变非图层组中的图层顺序相同。

6.3.2 编辑图层组

1. 图层组重命名

和普通图层相同，双击图层组的名称即可修改组名。

2. 图层组修改属性

双击图层组图标，打开【组属性】对话框，如图 6.19 所示。可以修改图层组名称和图层组颜色。如果更改了图层组颜色，那么组中所有图层的颜色标志都将统一更改。

【通道】选项组相当于显示图层组中图层的 RGB 彩色通道，全选代表正常显示。如果图像是 CMYK 颜色模式的，则此处显示 CMYK 的 4 个选项。

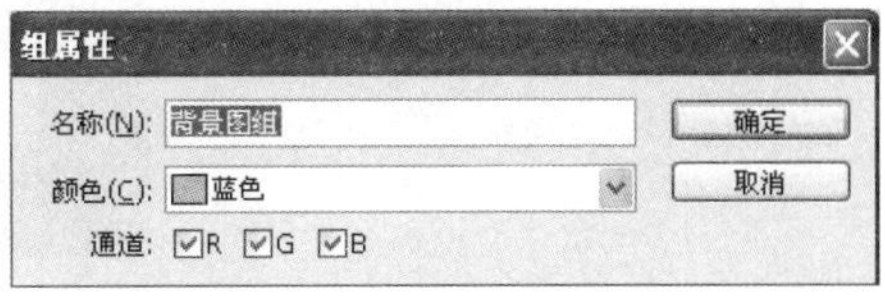

图 6.19 【组属性】对话框

3. 图层组的操作

对图层组进行移动、变换、删除、复制，组中的各图层即使没有链接关系，也可以被一起移动、变换、删除、复制，前提是必须选择图层组，单独选择图层组中的某一图层是无效的。

除了使用【图层】|【复制组】命令或【图层】面板的功能菜单选择【复制组】外，也可以将图层组拖动到【图层】面板下方的【创建新图层】按钮上来实现复制。单击图层组前面的眼睛标志将隐藏或显示图层组，并且图层组的隐藏和显示不会影响组中图层本身的隐藏或显示状态。

取消图层组的方法是，选择要取消的图层组，然后选择【图层】|【取消图层编组】命令，即可取消该图层编组。

删除图层组的方法是拖动图层组到【删除图层】按钮上。如果先选择一个图层组，选择【图层】|【删除】|【组】命令，将打开如图 6.20 所示的提示对话框。

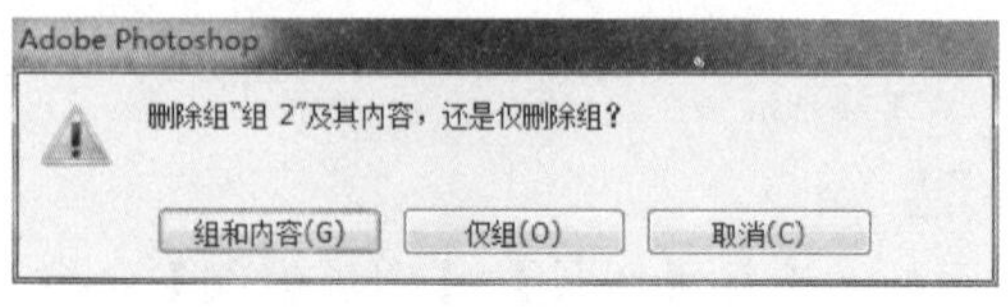

图 6.20　删除图层时提示对话框

- 单击【组和内容】按钮，将删除组和组中的所有图层。
- 单击【仅组】按钮，将只删除组，而不删除组中的图层。
- 单击【取消】按钮，不会进行任何操作。

4. 图层组多级嵌套

图层组可以多级嵌套，在一个图层组中还可以建立新的图层组，通俗地说就是组中组。方法是将现有的图层组拖动到【图层】面板下方的【创建新组】按钮上，这样原图层组将成为新图层组的下级组，如图 6.21 所示。

如果在展开的图层组中选择任意图层，然后单击【创建新组】按钮，则会建立一个新的下级组；如果选择图层组，单击【创建新组】按钮，则会建立一个平级的新图层组，如图 6.21 所示。因此在单击【创建新组】按钮前，要考虑清楚是建立下级组还是平级组。

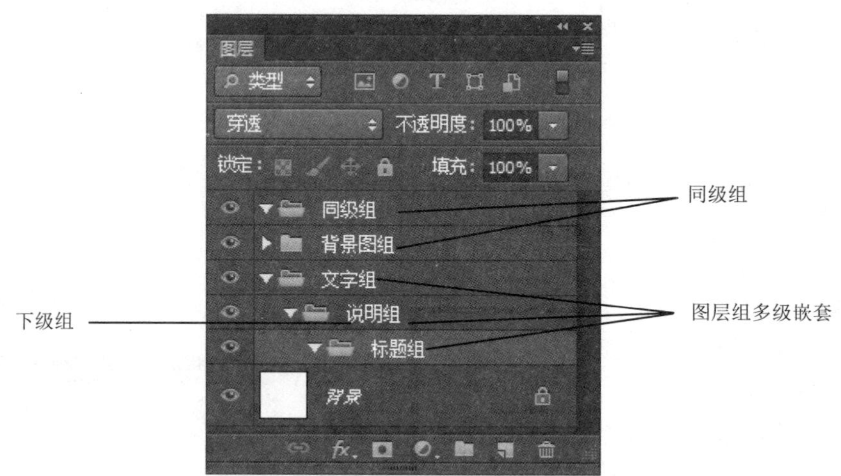

图 6.21　图层组的嵌套关系

可以将图层组中的所有图层合并为一个普通层，方法是选择图层组后，单击【图层】面板上的功能菜单选项按钮，在打开的列表中选择【合并组】选项，或按 Ctrl+E 快捷键。

图层组内部的各图层之间仍保留通常的层次关系。图层组与图层组之间另外有着整体的层次关系。对齐功能也对图层组有效。

6.4 调整图层和填充图层

在 Photoshop CS6 中，图像色彩与色调的调整方式有两种：

1）选择【图像】|【调整】菜单中的命令。

2）使用调整图层来执行操作。

利用【图像】|【调整】菜单中的调整命令可以直接修改所选图层中的像素数据（图像）。而利用调整图层可以达到同样的调整效果，但不会修改像素，而且我们只要隐藏或删除调整图层，便可以将图像恢复为原来的状态。

创建调整图层以后，颜色和色调调整就存储在调整图层中，并影响它下面的所有图层。如果想要对多个图层进行相同的调整，可以在这些图层上面创建一个调整图层，通过调整图层来影响这些图层，而不必分别调整每个图层。

将其他图层放在调整图层下面，就会对其产生影响；从调整图层下面移动到上面，则可取消对它的影响。

小提示：

利用调整图层可以随时修改参数，而【图像】|【调整】菜单中的命令一旦应用以后，将文档关闭，图像就不能恢复了。

6.4.1 调整图层

调整图层是一种特殊的图层，也是一个独立存在的图层，它可以将颜色和色调调整等应用于图像，但不会改变原图像的像素。如果要取消这些修改，只要删除调整图层即可。使用色彩调整图层既可产生色彩调整的效果，又不会破坏原始图像，并且多个色彩调整图层可以产生综合的调整效果，彼此之间可以独立修改。

1. 创建调整图层

1）在 Photoshop CS6 中，打开本章素材图像文件 6.22，如图 6.22 所示。

2）使用下面的任意一种操作方法来创建调整图层。

方法一：单击【图层】面板底部的【创建新的填充或调整图层】按钮，弹出一个创建调整图层的菜单，如图 6.23 所示。

在菜单中选择【亮度/对比度】、【色阶】、【曲线】、【曝光度】、【自然饱和度】、【色相/饱和度】、【色彩平衡】、【黑白】、【照片滤镜】、【通道混合器】、【颜色查找】、【反相】、【色调分离】、【阈值】、【渐变映射】或【可选颜色】等选项都可以在【图层】面板中创建一个相关的调整图层。

图 6.22 素材

方法二：选择【图层】|【新建调整图层】菜单中的相关命令，也可以在【图层】面板中创建一个相关的调整图层。

方法三：选择【窗口】|【调整】命令，可以打开【调整】面板，如图 6.24 所示。

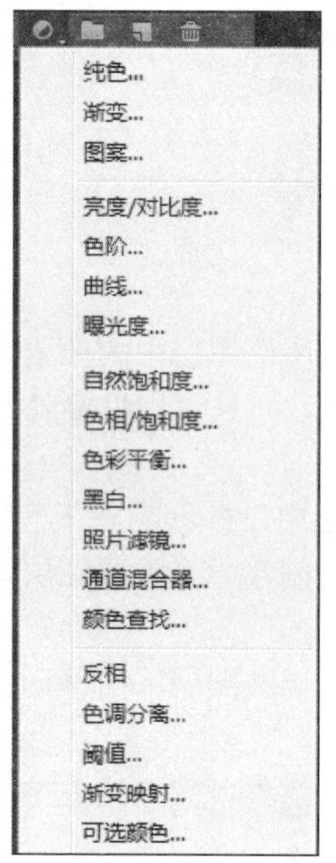

图 6.23 新建调整图层菜单

图 6.24 【调整】面板

单击【调整】面板中的相关按钮，也可以在【图层】面板中创建一个对应的调整图层。

2. 修改调整图层的参数

1）在【调整】面板中单击【创建新的色相/饱和度调整图层】按钮（见图 6.25），即可在【图层】面板中创建一个【色相/饱和度】调整图层，如图 6.26 所示。

同时，在【属性】面板中会显示相应的参数设置选项，如图 6.27 所示。

图 6.25 【调整】面板

图 6.26 【图层】面板

- 【创建剪贴蒙版】：单击该按钮，可以将当前的调整图层与它下面的图层创建为一个剪贴蒙版组，使调整图层仅影响它下面的一个图层。如果再次单击该按钮，调整图层会影响下面的所有图层。
- 【查看上一状态】：调整参数以后，单击该按钮，可以在窗口中查看图像的上一调整状态，以便比较两种效果。
- 【复位到调整默认值】：单击该按钮，可以将调整参数恢复为默认值。

- 【切换图层可见性】：单击该按钮，可以隐藏或重新显示调整图层。隐藏调整图层后，图像便会恢复为原状。
- 【删除此调整图层】：单击该按钮，可以删除当前调整图层。

如果在【图层】面板中双击【图层蒙版缩览图】（见图 6.28），可以打开【图层蒙版】属性面板。

图 6.27 【属性】面板中的【色相/饱和度】

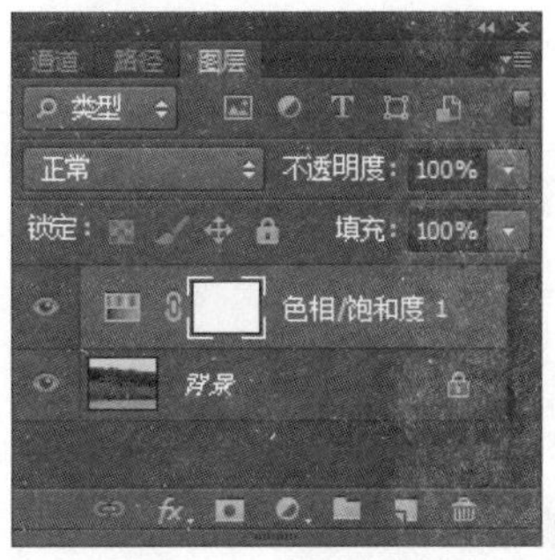

图 6.28 【图层】面板（一）

小提示：

多个文档之间复制调整图层的方法是，同时打开多个图像，将【图层】面板中的一个调整图层拖动到另外的文档中即可。

创建好【色相/饱和度】命令的调整图层以后，得到秋天的效果图，如图 6.29 所示。

使用其他方法创建调整图层的过程与此相似。

2）在【图层】面板中单击调整图层的【图层缩览图】，如图 6.30 所示。在图层面板中可以修改该图层的混合模式、不透明度或填充等选项。

图 6.29 秋天的效果

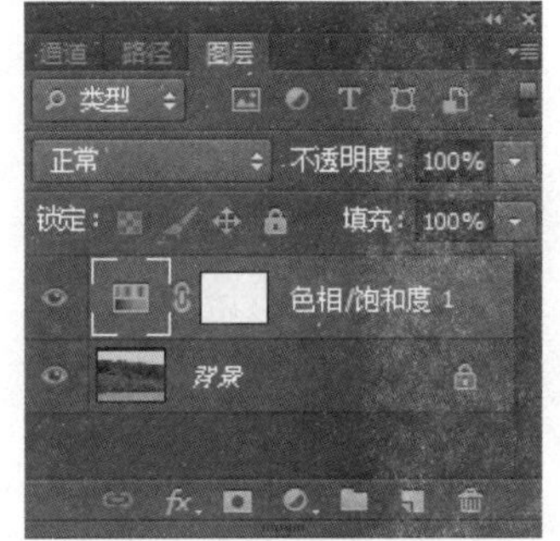

图 6.30 【图层】面板（二）

3）如果双击调整图层的【图层缩览图】，则可以在打开的【属性】面板中对参数选项进行修改。

3. 删除调整图层

选择调整图层，按 Delete 键，或者将它拖动到【图层】面板底部的【删除图层】按钮上，即可将其删除。

如果只想删除蒙版而保留调整图层，可以右击调整图层的【图层蒙版缩览图】在弹出的快捷菜单中选择【删除图层蒙版】命令，即可将其删除。

小提示：

使用【亮度/对比度】、【色阶】等命令创建调整图层的方法与图像的调整命令类似。

调整图层只对其下方的图层起作用，调整图层以下所有的图层中的图像都将受其影响。如果在建立调整图层之前建立了选区，调整图层只对选区以内的、调整图层以下所有的图层中的图像起作用。

6.4.2 填充图层

填充图层是指向图层中填充纯色、渐变或图案等而创建的特殊图层。可以为它设置不同的混合模式和不透明度，从而修改其他图像的颜色或者生成各种图像效果。填充图层还可以基于选区进行局部填充的创建。

1. 创建填充图层

在 Photoshop CS6 中，打开本章素材图像文件 6.31，如图 6.31 所示。

（1）使用纯色创建填充图层

1）单击【图层】面板底部的【创建新的填充或调整图层】按钮，弹出关于填充图层的菜单，如图 6.32 所示。

图 6.31 素材图片

图 6.32 填充图层菜单

2）选择“纯色”选项，打开【拾色器（颜色）】对话框，如图 6.33 所示。

3）在对话框中指定填充图层的颜色以后，单击“确定”按钮。此时会在【图层】面板中创建一个颜色填充图层。

4）因为填充的是实色，所以颜色将完全覆盖了下面图层的显示效果。在【图层】面板中将不透明度修改为 50%，如图 6.34 所示。

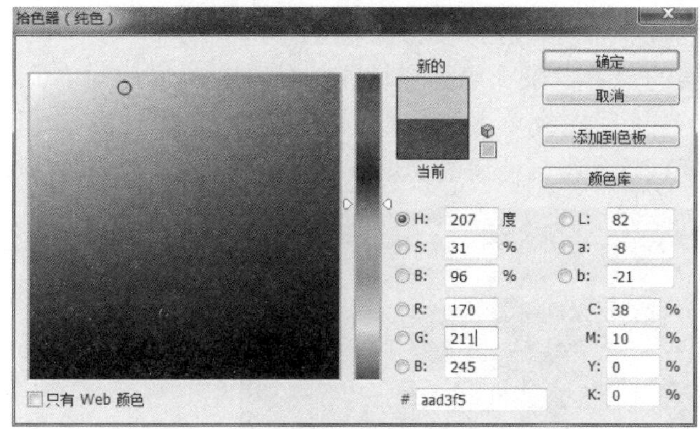

图 6.33 【拾色器（颜色）】对话框

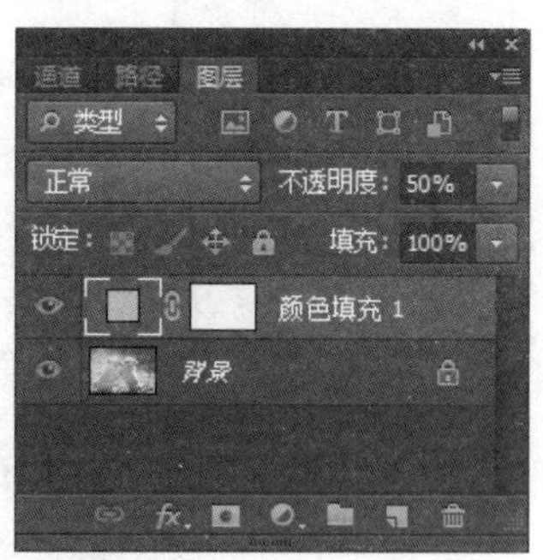

图 6.34 【图层】面板

5）调整不透明度以后，得到使用纯色填充图层的效果，如图 6.35 所示。

图 6.35 纯色填充效果

最后，还可以设置一下图层的混合模式。

小提示：

选择【图层】|【新建填充图层】|【纯色】命令，也可以创建纯色填充图层。

（2）使用渐变创建填充图层

1）在【图层】面板的弹出菜单中选择“渐变”选项，打开“渐变填充”对话框，如图 6.36 所示。

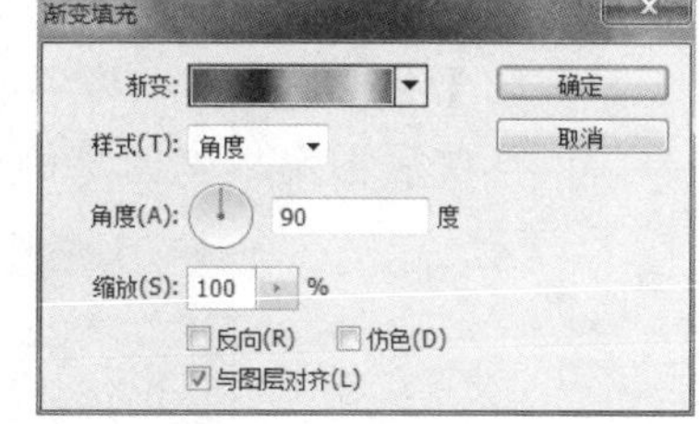

图 6.36 【渐变填充】对话框

- 【渐变】选项：如果要使用 Photoshop 预设的渐变颜色，可以单击渐变颜色条右侧的三角按钮▼，打开下拉面板选择渐变；如果要设置自定义的渐变颜色，可以单击渐变颜色条，在弹出的“渐变编辑器”窗口中调整颜色。
- 【样式】选项：在该选项下拉列表中可以选择一种渐变样式。
- 【角度】选项：可以指定应用渐变时使用的角度。
- 【缩放】选项：可以调整渐变的大小。
- 【反向】选项：可以反转渐变的方向。

- 【仿色】选项：对渐变应用仿色减少带宽，使渐变效果更加平滑。
- 【与图层对齐】选项：使用图层的定界框来计算渐变填充，使渐变与图层对齐。

2）在对话框中设置所需要的属性，设置完成单击【确定】按钮。

3）在【图层】面板中调整不透明度以后，得到使用渐变填充图层的效果，如图 6.37 所示。

图 6.37 渐变填充效果

最后，还可以设置一下图层的混合模式。

（3）使用图案创建填充图层

1）在【图层】面板的弹出菜单中选择“图案”命令，打开【图案填充】对话框。如图 6.38 所示。

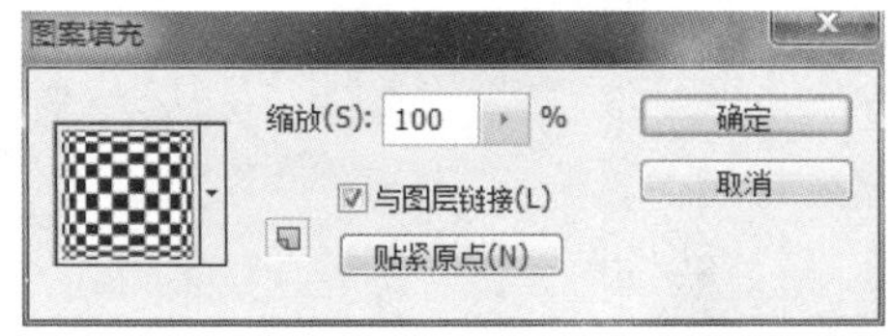

图 6.38 【图案填充】对话框

单击对话框左侧的下拉按钮，可以打开【图案】拾色器面板，在面板中可以选择相应的图案（可以使用系统默认的图案，也可以应用自定义的图案）。单击面板右上角的按钮，可以打开【图案】拾色器面板的菜单。在菜单中，可以执行各种操作。

- 【缩放】选项：可以对填充的图案进行缩放。值越大，图案越大；值越小，图案越小。
- 【与图层链接】选项：如果希望图案在图层移动时随图层一起移动，可以勾选该选项复选框。勾选该选项复选框以后，还可以将鼠标指针放在图像上，通过拖动鼠标来移动图案。注意，选择【移动工具】和【图案填充 1】图层以后，在图像窗口中拖动填充的图案，而不是拖动图像。
- 【从此图案创建新的预设】：单击此按钮，可以将当前图案创建成一个新的预设图案，并存放在【图案】拾色器面板中。
- 【贴紧原点】选项：可以使图案的原点与文档的原点相同。

2）在对话框中调整好各选项以后，单击【确定】按钮。

3）在【图层】面板中将不透明度设置为 50%，然后将混合模式设置为【叠加】，即可获得使用图案填充图层的效果，如图 6.39 所示。

图 6.39 图案填充效果

2. 修改填充图层的参数

1）如果在【图层】面板中双击【图层蒙版缩览图】（见图 6.40），可以打开【属性】面板，对图层蒙版的选项进行修改。

2）在【图层】面板中单击填充图层的【图层缩览图】，如图 6.41 所示。在面板中可以修改该图层的混合模式、不透明度或填充等选项。

图 6.40 选择【图层蒙版缩览图】面板（一）

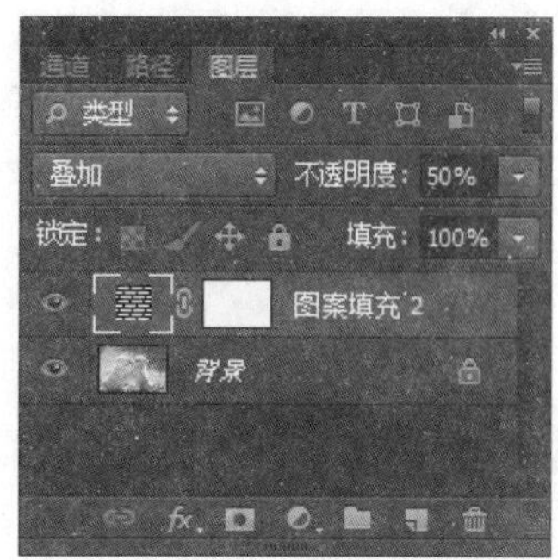

图 6.41 选择【图层缩览图】面板（二）

3）如果双击填充图层的【图层缩览图】，则可以打开相应的对话框对参数选项进行修改。如果选择【图层】|【图层内容选项】命令，也可以打开相应的对话框对参数选项进行修改。

3. 删除填充图层

选择填充图层，按 Delete 键，或者将它拖动到【图层】面板底部的【删除图层】按钮上，即可将其删除。

如果只想删除蒙版而保留填充图层，可以右击填充图层的【图层蒙版缩览图】，在弹出的快捷菜单中选择“删除图层蒙版”命令，即可将其删除。

小提示：

选择【图层】|【新建填充图层】|【图案】命令，也可以使用图案创建填充图层。

填充图层是一个特殊的图层，在使用特效时会自动产生一个图层，利用该图层可以对下面所有的图层或其中指定的图层产生特殊的效果。

创建填充图层时，如果图像中有选区，则选区会转换到填充图层的蒙版中，使填充图层只影响选中的图像。

6.5 图层样式

图层样式是应用于一个图层或图层组的一种或多种效果。可以应用 Photoshop CS6 提供的某一种预设样式，或者使用【图层样式】对话框来创建自定义样式。Photoshop CS6 提供了不同的图层混合选项（即图层样式），有助于为特定图层中的对象应用效果。

1. 图层样式的应用

应用图层样式十分简单，可以为包括普通图层、文本图层和形状图层在内的各种图层应用图层样式。

图层样式的调用方法有以下几种。

1）选择【图层】|【图层样式】命令，然后在【图层样式】子菜单中选择具体的样式。

2）单击【图层】面板下方的【添加图层样式】按钮fx。

3）双击要添加样式的图层。这种方法最简便。

4）右击图层，在弹出的快捷菜单中选择【混合选项】命令。

2. 图层样式的作用

图层样式是 Photoshop CS6 中一个用于制作各种效果的强大工具，利用图层样式功能，可以简单快捷地制作出各种立体投影、各种质感及光景效果的图像特效。实现某一效果，实用图层样式与不用图层样式的传统操作方法相比较，图层样式具有速度更快、效果更精确、可编辑性更强等无法比拟的优势。

图层样式被广泛地应用于各种效果制作当中，其主要体现在以下几个方面。

1）通过不同的图层样式选项设置，可以很容易地模拟出各种效果。这些效果利用传统的制作方法比较难以实现，或者根本不能制作出来。

2）图层样式可以被应用于各种普通的、矢量的和特殊属性的图层上，几乎不受图层类别的限制。

3）图层样式具有极强的可编辑性，当图层中应用了图层样式后，会随文件一起保存，可以随时修改参数选项。

4）图层样式的选项非常丰富，通过不同选项及参数的搭配，可以创作出变化多样的图像效果。

5）图层样式可以在图层间进行复制、移动，也可以存储为独立的文件，极大地提高了工作效率。

当然，图层样式的操作同样需要用户在应用过程中注意观察，积累经验，这样才能准确、迅速地判断出所要进行的具体操作和选项设置。

3.【图层样式】对话框

【图层样式】对话框的左侧是不同种类的图层样式，包括投影、发光、斜面、叠加和描边等几个大类，右窗格是对应左窗格选项所设定的参数。如果勾选【预览】复选框，则在效果改变后，即使还没有应用于图像，在图像窗口也可以看到效果变化对图像的影响，如图 6.42 所示，如果有内存问题，可取消勾选“预览”复选框。可将一种或几种效果的集合保存为一种新样式，应用于其他图像。

除了 10 种默认的图层样式之外，【图层样式】对话框中还有两种选项。

1）【样式】列表。【样式】列表显示所有被储存在【样式】面板中的样式。所谓样式，就是一种或更多的图层样式或图层混合选项的组合。在图 6.42 中，选择【样式】选项，打开【样式】列表，单击【样式】列表右上方的的按钮，在打开的下拉列表中包含【载入样式】、【替换样式】等命令，用户可以在此改变样式缩览图的大小。

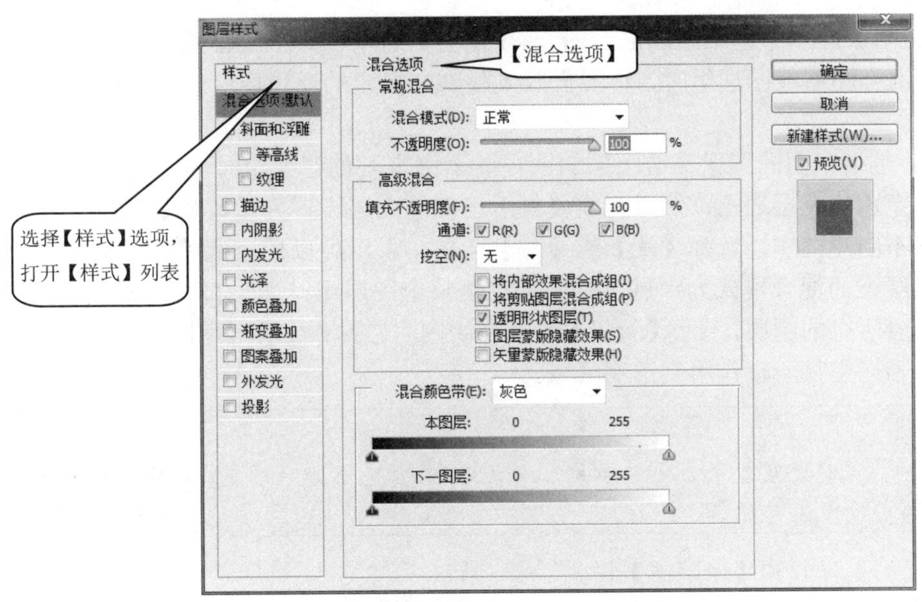

图 6.42 【图层样式】对话框

在选中某种样式后，可以对它进行重命名和删除操作。在创建并保存了自己的样式后，它们会同时出现在【样式】选项和【样式】面板中。

2)【混合选项】选项组。它分为【常规混合】、【高级混合】和【混合颜色带】3 个部分。其中，【常规混合】选项组包括【混合模式】选项和【不透明度】选项，这两项是调节图层最常用到的，是最基本的图层选项。它们和【图层】面板中的混合模式和不透明度的作用是一样的，在没有更复杂的图层调整时，通常在【图层】面板中进行调节。无论在哪里改变图层混合模式和图层的不透明度，【常规混合】选项组和【图层】面板中的这两项都会同步改变。

在【高级混合】选项组中，可以对图层进行更多的控制。【填充不透明度】选项影响图层中绘制的像素或形状，对图层样式和混合模式却不起作用。而对混合模式、图层样式不透明度和图层内容不透明度同时起作用的是图层总体不透明度。这两种不同的不透明度选项使得图层内容的不透明度和其图层效果的不透明度可以分开处理。例如对图 6.43 所示的图像添加简单的投影效果后，仅降低【常规混合】选项组中的图层不透明度，保持【填充不透明度】为 100%，发现图像和投影的不透明度都降低了，如图 6.43 所示；而保持图层的总体不透明度不变，将【填充不透明度】降低为 0%时，图片变得不可见，而投影效果却没有受到影响，如图 6.44 所示。用这种方法，可以在隐藏图层内容的同时依然显示图层效果，这样可以创建隐形的投影或透明的浮雕效果。

图 6.43 【填充不透明度】为 100%

图 6.44 【填充不透明度】降低为 0%

【高级混合】选项组包括限制混合通道、【挖空】选项和分组混合效果。限制混合通道的作用是，在混合图层或图层组时，将混合效果限制在指定的通道内，未被选择的通道被排除在混合之外。

【挖空】是指下面的图像穿透上面的图层显示出来。创建挖空时，首先要将被挖空的图层放到要被穿透的图层之上，然后将需要显示出来的图层设置为【背景】图层。选择【无】选项，表示不创建挖空；选择【浅】或【深】选项，表示可以挖空到【背景】图层。

如果图层组的混合模式为穿过，则挖空穿透整个图层组；如果将挖空模式设为【深】，则挖空将穿透所有的图层，直到【背景】图层，中空的文字将显示出背景图像。如果没有【背景】图层，则挖空将一直作用到透明区域。

小提示：

如果希望创建挖空效果，则需要降低图层的【填充不透明度】，或是改变混合模式，否则图层挖空效果不可见。

（1）【投影】样式和【内阴影】样式

【投影】将为图层上的对象、文本或形状后面添加阴影效果。选择【图层样式】对话框中的【投影】选项，打开【投影】选项组，如图 6.45 所示，其参数含义如下。

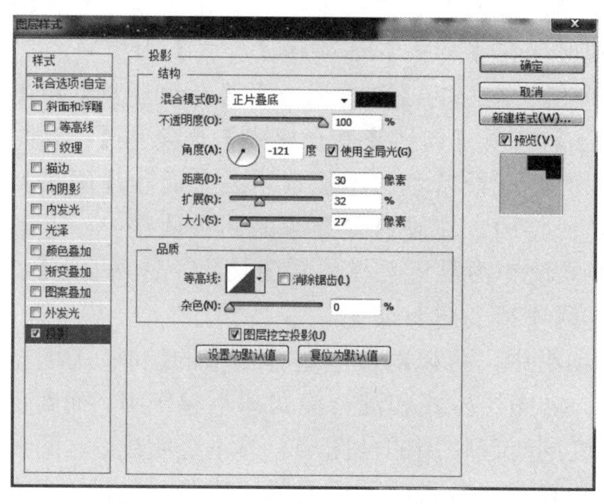

图 6.45　【投影】选项

- 【混合模式】选项：选定投影的混合模式，其右侧有一个颜色框，用于设置投影颜色。
- 【不透明度】选项：设置阴影的不透明度，数值越大，投影颜色越深。
- 【角度】选项：这里指光照的角度，用来设置亮部和阴影的方向，阴影的方向随角度的变化而变化。
- 【使用全局光】选项：所产生的光源作用于同一张图像中的所有图层。
- 【距离】选项：控制阴影离开图层的距离，数值越大，距离越远。
- 【扩展】选项：可设置光线的强度，数值越大，阴影效果越强烈。
- 【大小】选项：对阴影产生柔化效果。调节数字由小到大，将会使阴影产生一种从实到虚的效果。
- 【等高线】选项：可以选择已有的阴影轮廓应用于投影。
- 【杂色】选项：可调节数字大小，使投影逐渐增加斑点效果。

- 【图层挖空投影】选项：默认情况下，该复选框是被勾选的，得到的投影图像实际上是不完整的，它相当于在投影图像中剪去了投影对象的形状，看到的只是对象周围的阴影。如果勾选该选项复选框，则投影将包含对象的形状。该选项只有在降低图层的【填充不透明度】时才有意义，否则会因为对象遮住在它下面的投影而看不到效果。

【内阴影】效果和【投影】效果基本相同，即在对象、文本或形状的内边缘添加阴影，让图层产生一种凹陷外观，对文本对象效果更佳。不过【投影】效果是从对象边缘向外，而【内阴影】效果是从边缘向内。【投影】效果中的【扩展】选项在这里变为了【阻塞】选项，它们的原理相同，不过【扩展】选项起扩大作用而【阻塞】选项起收缩作用。【内阴影】效果没有图层挖空选项。【内阴影】主要用来创作简单的立体效果，如果配合使用【投影】，则立体效果更加生动。

原图如图 6.46 所示，添加【投影】效果后如图 6.47 所示，添加【内阴影】效果后如图 6.48 所示，添加【投影】、【内阴影】效果后如图 6.49 所示。

图 6.46　原图

图 6.47　添加【投影】效果

图 6.48　添加【内阴影】效果

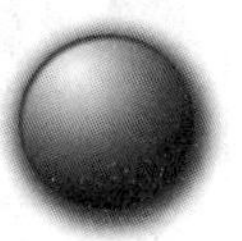

图 6.49　添加【投影】、【内阴影】效果

（2）【外发光】样式和【内发光】样式

【外发光】样式和【内发光】样式分别从图层内容的边缘向外和边缘向内添加发光效果，以【外发光】样式来说，它的选项主要包括【结构】、【图素】和【品质】3 部分。【外发光】选项如图 6.50 所示。

- 【结构】选项组：控制发光的图层【混合模式】、【不透明度】、【杂色】和【颜色】等。用户可以用单色或渐变色，默认的渐变色是从选择的单色到透明。用户可以自己编辑渐变光，或是使用预设的渐变。
- 【图素】选项组：可确定发光方法，【柔和】方法会创建柔和的发光边缘，但在发光值较大的时候不能很好地保留对象边缘细节；【精确】方法较【柔和】方法更贴合对象边缘，在一些需要精确边缘的对象（如文字），【精确】方法比较合适。
- 【品质】选项组：【范围】选项用于确定等高线作用范围，范围越大，等高线处理的区域就越大。【抖动】选项用于对渐变光添加杂色。

【内发光】样式和【外发光】样式的选项基本相同，除了将【扩展】选项变为【阻塞】选项外，只是在【图素】部分多了对光源位置的选择。如果选中【居中】单选按钮，则发光就从图层内容的中心开始，直到距离对象边缘设定的数值为止；如果选中【边缘】单选按钮，则发光沿对象边缘向内。

原图如图 6.51 所示，添加【外发光】效果后如图 6.52 所示，添加【内发光】效果后如图 6.53 所示。

（3）【斜面和浮雕】样式

【斜面和浮雕】样式用于为图层添加高亮显示和阴影的各种组合效果，给图层内容添加立体效果。

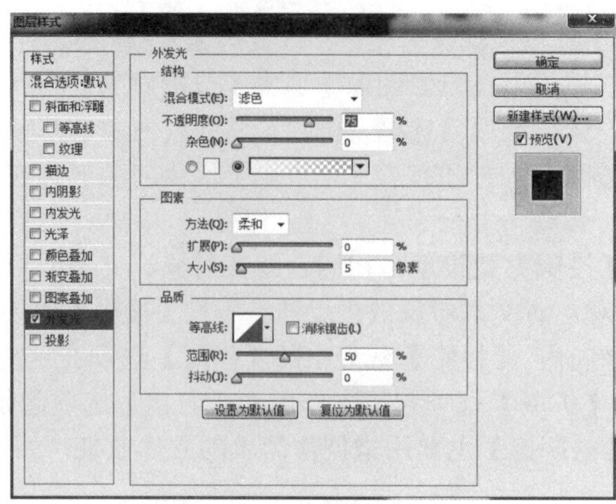

图 6.50 【外发光】选项组

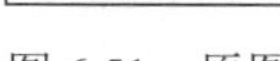
图 6.51 原图

图 6.52 添加【外发光】效果

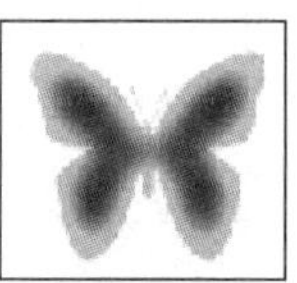
图 6.53 添加【内发光】效果

【斜面和浮雕】样式的选项共分为【结构】和【阴影】两个部分。【斜面和浮雕】选项组如图 6.54 所示。

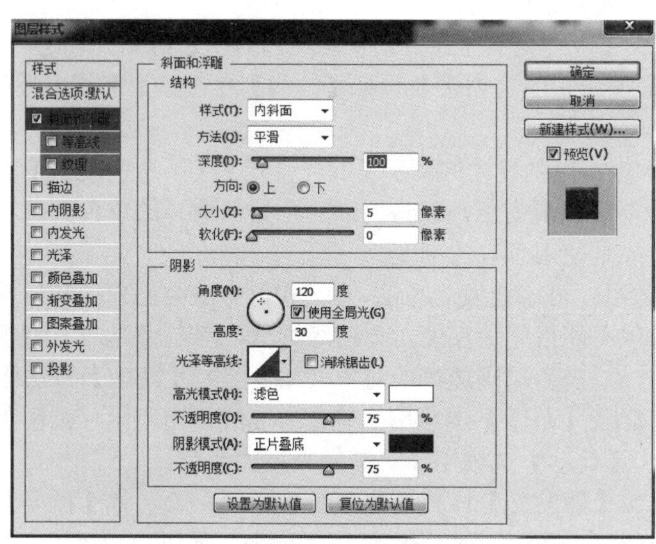

图 6.54 【斜面和浮雕】选项组

1）【结构】选项组。在【结构】选项组中，【样式】下拉列表包括以下选项。

- 【外斜面】选项：沿对象、文本或形状的外边缘创建三维斜面。
- 【内斜面】选项：沿对象、文本或形状的内边缘创建三维斜面。
- 【浮雕效果】选项：创建外斜面和内斜面的组合效果。
- 【枕状浮雕】选项：创建内斜面的反相效果，其中对象、文本或形状看起来有下沉的效果。

- 【描边浮雕】选项：只适用于描边对象，即在应用【描边浮雕】效果时才打开描边效果。

在【结构】选项组中，【方法】下拉列表包括以下选项。

- 【平滑】选项：模糊边缘，可适用于所有类型的斜面效果，但不能保留较大斜面的边缘细节。
- 【雕刻清晰】选项：保留清晰的雕刻边缘，适用于有清晰边缘的图像，如消除锯齿的文字等。
- 【雕刻柔和】选项：介于前两者之间，主要用于较大范围的对象边缘。

【结构】中的【深度】、【方向】、【大小】和【软化】构成了浮雕的各种属性。

2)【阴影】选项组。【阴影】选项组控制组成样式的高光和暗调的组合，用于创造逼真的立体效果，可以控制斜面的投影角度、高度、光泽等高线、高光和暗调的混合模式、颜色及不透明度。这里的投影不同于【图层效果】中的【投影】效果，这种添加了高度的投影在表现图像时更加生动。可以用鼠标拖动的方法改变光源方向，也可以输入具体的【角度】和【高度】数值。这里的【光泽等高线】和别处的等高线略有不同，其主要作用是创建类似金属表面的光泽外观，不但影响图层效果，而且影响图层内容本身。

打开本章素材 6.55，如图 6.55 所示，添加【外斜面】效果后如图 6.56 所示，添加【内斜面】效果后如图 6.57 所示，添加【浮雕效果】效果后如图 6.58 所示，添加【枕状浮雕】效果后如图 6.59 所示，添加【描边浮雕】效果后如图 6.60 所示。

图 6.55 原图

图 6.56 添加【外斜面】效果

图 6.57 添加【内斜面】效果

图 6.58 添加【浮雕效果】效果

图 6.59 添加【枕状浮雕】效果

图 6.60 添加【描边浮雕】效果

(4)【光泽】样式

【光泽】样式的作用是对图层对象内部应用阴影，与对象的形状互相作用，通常用于创建规则波浪形状，产生光滑的磨光及金属效果。其中，决定阴影形状的是等高线。因为这种光泽效果通常会很柔和，所以有时也被称为绸缎效果。适当的【光泽】样式配合【斜面和浮雕】样式会使图像呈现出奇妙的形态。【光泽】选项组如图 6.61 所示。

打开本章素材 6.62，如图 6.62 所示，添加【光泽】样式后如图 6.63 所示，添加【光泽】、【斜面和浮雕】效果后如图 6.64 所示。

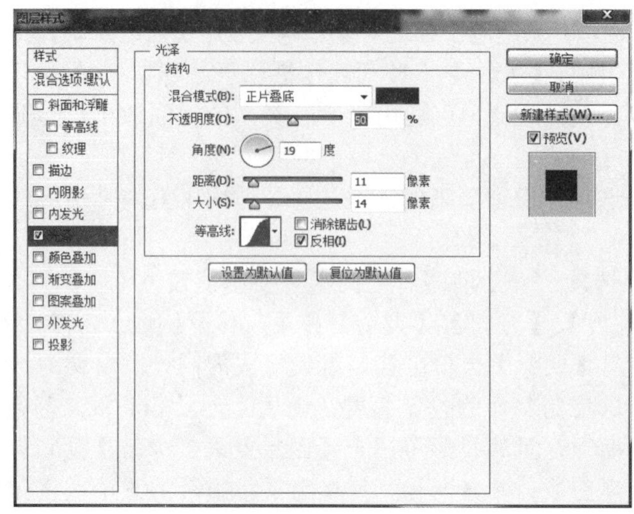

图 6.61 【光泽】选项组

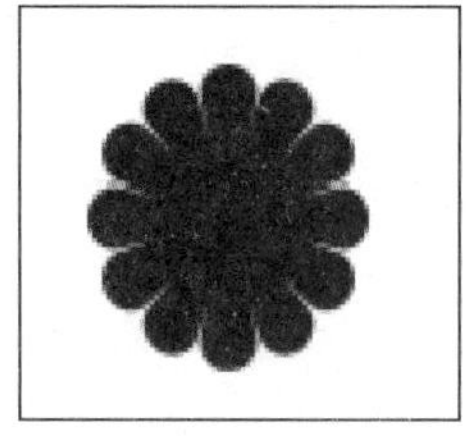

图 6.62 原图

图 6.63 添加【光泽】样式

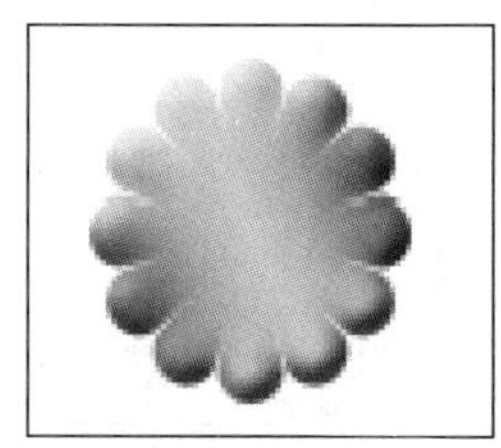

图 6.64 添加【光泽】、【斜面和浮雕】效果

（5）【颜色叠加】样式

【颜色叠加】样式将在图层对象上叠加一种颜色，即用一层纯色填充应用样式的对象。叠加颜色可以通过【拾色器（叠加颜色）】对话框设置。在颜色叠加的同时，控制填充色的【混合模式】和【不透明度】，可以随时改变填充颜色。【颜色叠加】选项组如图 6.65 所示，打开本章素材 6.66，如图 6.66 所示，添加绿色叠加效果后的图如 6.67 所示。

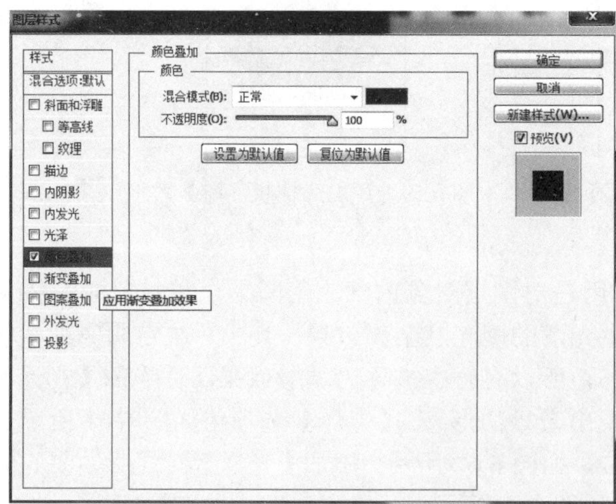

图 6.65 【颜色叠加】选项组

图 6.66 原图

图 6.67 添加绿色叠加效果

（6）【渐变叠加】样式

【渐变叠加】样式将在图层对象上叠加一种渐变颜色，即用一层渐变颜色填充应用样式的对象。通过【渐变编辑器】窗口可以选择使用其他渐变颜色。【渐变叠加】选项组如图6.68所示，它和【渐变工具】差不多，不过在角度上更容易掌握。此外，它还添加了【与图层对齐】选项（用于对齐渐变和图层）和【缩放】选项（用于控制渐变大小）。很多时候，直接使用【渐变工具】不容易达到图像的预期效果，需要重复试验，可以使用【渐变叠加】样式慢慢调整渐变对图层的影响，这样要比一遍遍重复渐变容易得多。注意，当【渐变叠加】样式和【颜色叠加】样式同时应用时，要将【颜色叠加】样式的【不透明度】降低，否则会遮挡住【渐变叠加】样式的效果。

（7）【图案叠加】样式

【图案叠加】样式将在图层对象上叠加图案，即用一致的重复图案填充对象。从【图案】下拉列表中还可以选择其他图案。【图案叠加】选项组如图6.69所示，添加“蓝色雏菊”图案叠加效果如图6.70所示。

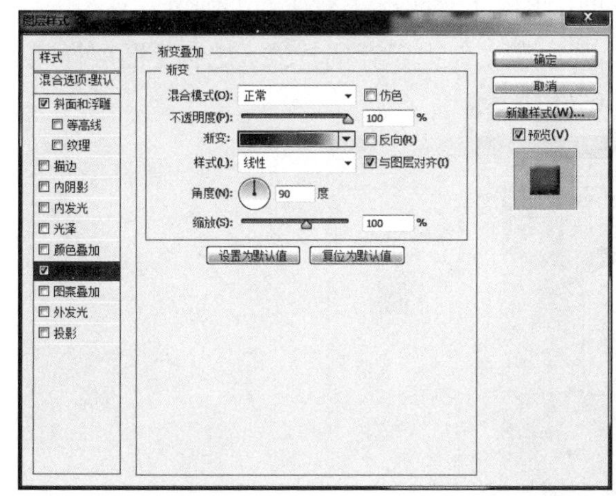

图 6.68 【渐变叠加】选项组

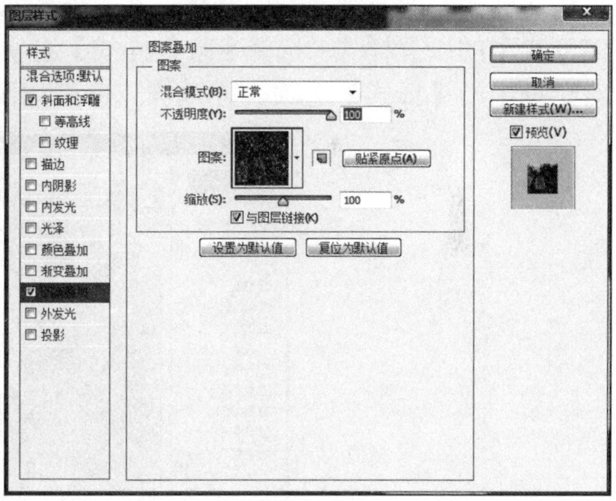

图 6.69 【图案叠加】选项组

（8）【描边】样式

【描边】样式使用颜色、渐变颜色或图案描绘当前图层上的对象、文本或形状的轮廓，尤其适用于边缘清晰的形状（如文本）。

【描边】选项组的功能如同【编辑】菜单中的【描边】命令，不过功能比它更丰富。除了描边的【大小】、【位置】、【混合模式】、【不透明度】这些共有的选项外，还可以设置【填充类型】。描边的类型不同，各相关选项也不同。如果采用的是渐变描边或图案描边，则可以通过拖动的方法改变渐变或图案的位置。【描边】选

图 6.70 添加“蓝色雏菊”图案叠加效果

项组如图 6.71 所示，在图 6.66 所示的图上添加“蓝色雏菊”描边效果（单击【图案】列表框右上方的⚙按钮，在打开的列表中选择【自然图案】选项），如图 6.72 所示。

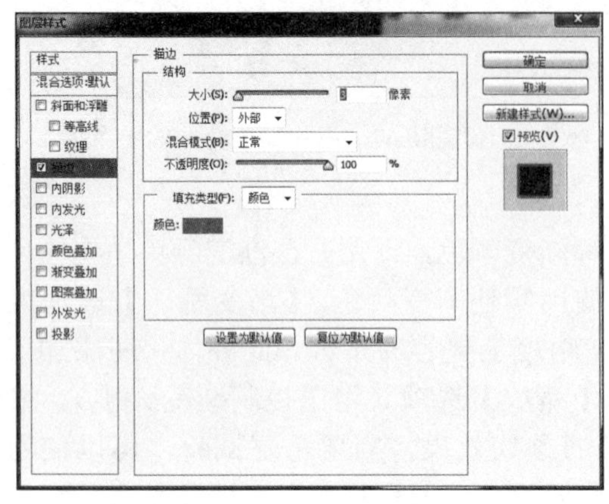

图 6.71 【描边】选项组

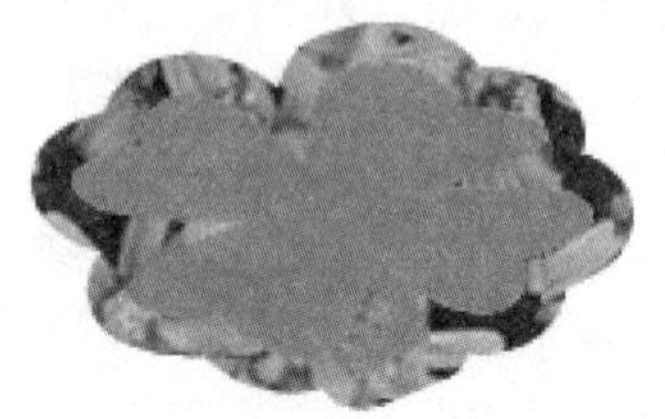

图 6.72 添加“蓝色雏菊”描边效果

（9）自定义样式

可以直接使用【图层样式】对话框中的【样式】选项设置图层样式，如果对【图层样式】对话框中的样式不满意，可以自定义样式。在【图层样式】对话框中单击【新建样式】按钮来保存自己创建的样式，用自己的样式来替换默认的【图层样式】。选择【样式】列表中的样式，右击，在弹出的快捷菜单中选择【删除样式】命令，可把当前列表中的某一样式删除。单击【样式】列表右上方的按钮，在打开的列表中选择【存储样式】选项，则以文件方式存储列表中的所有样式；选择【载入样式】选项，则加载文件中保存的样式。选择【图层样式】对话框中的【样式】选项，打开样式库，如图 6.73 所示。

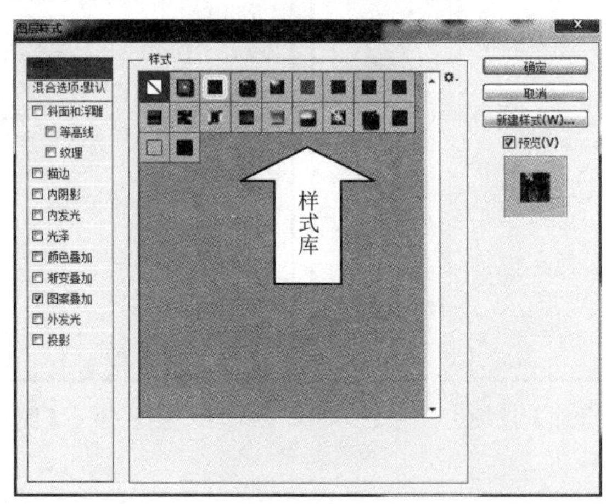

图 6.73 样式库

4. 图层样式的应用与操作

（1）预设图层样式的应用

应用预设的图层样式，方法是在【图层】面板中选择要添加样式的图层，在样式库中单击要添加的样式，样式即可被应用到目标图层中。选择另一种样式后，新的样式将替换现有图层的样式。

（2）图层样式的移动或复制

在同一个图像文件中，如果将一个图层的样式移动到另一个图层，可以单击【图层】面板中的下拉按钮，展开所应用的所有图层效果，从中选择所需效果，拖动到目标图层，或是单击效果按钮并按住鼠标左键，拖动实现全部效果的移动。如果要复制图层样式，则右击目标样式层，在弹出的快捷菜单中选择【拷贝图层样式】命令，再右击要应有样式的图层，在弹出的快捷菜单中选择【粘贴图层样式】命令。

（3）图层样式的清除

选择预清除样式的图层，鼠标指针指向图层下方的效果，右击，在弹出的快捷菜单中选择【清除图层样式】命令，则清除该图层所有样式。若只清除某一种样式，则选择快捷菜单中有✓标示的样式，在打开的【图层样式】对话框中去掉该样式。

5. 将图层样式转换为图层

在一些较为复杂的图像中，图层样式也许需要从图层中分离出来，成为独立的图层，这就需要再次编辑所形成的样式。右击图层样式，在弹出的快捷菜单中选择【创建图层】命令，这个命令会将目标图层的所有图层样式都转换为独立的图层，不再和刚才的目标图层有任何联系。在将图层样式转换为图层的过程中，某些图层效果可能不能被复制，Photoshop CS6会出现警告信息，如图 6.74～图 6.76 所示。转换后的图层名称非常具体地描述了作为图层效果的作用，其【混合模式】和【不透明度】依然在图层中有效。有些图层样式转换为图层后，成为剪切图层。有时转换后的图层顺序会有所变化，再加上混合模式的作用，图像会有少许改变。

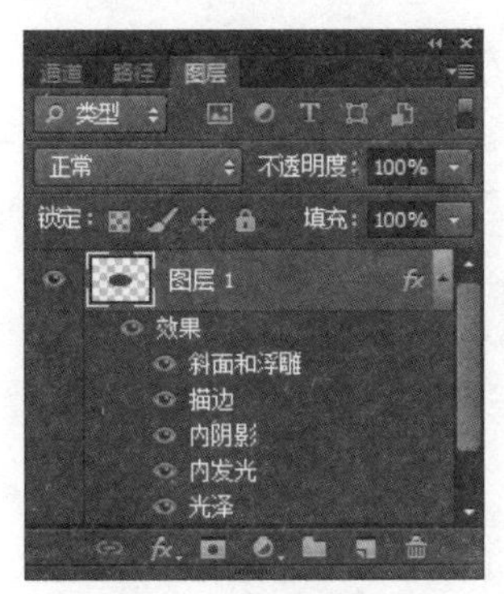

图 6.74 已添加样式的图层

图 6.75 样式转换为图层

图 6.76 图层效果不被复制的警告信息

下面以快速制作高光字为例介绍图层样式应用。

1）在 Photoshop CS6 中，新建 380×240 像素的文件。

2）打开素材文件，并拖入画布中，如图 6.77 所示。

3）用文字工具输入文字“PS”，大小为 200 点，如图 6.78 所示。

4）右击字体图层，在弹出的快捷菜单中选择【混合选项】命令，打开【图层样式】对话框，参数设置如图 6.79～图 6.83 所示，高光字效果如图 6.84 所示。

图 6.77　素材图片

图 6.78　输入文字

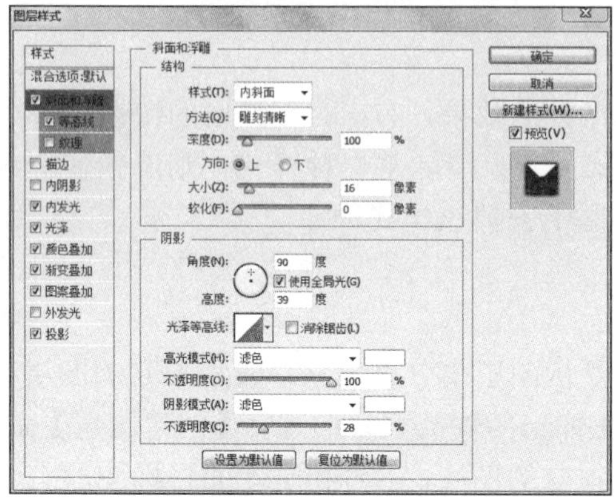

图 6.79　【斜面和浮雕】图层样式

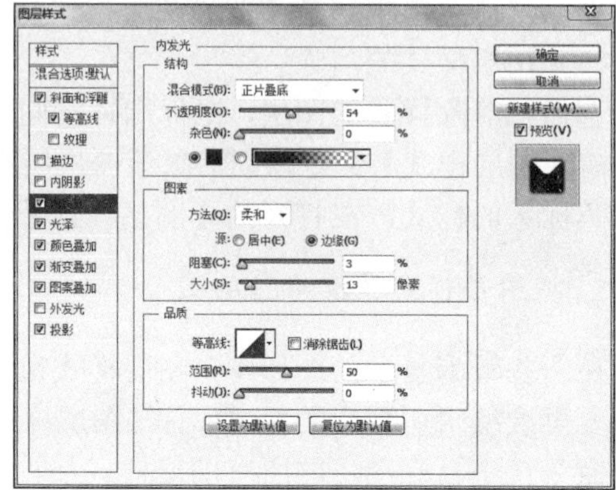

图 6.80　【内发光】图层样式

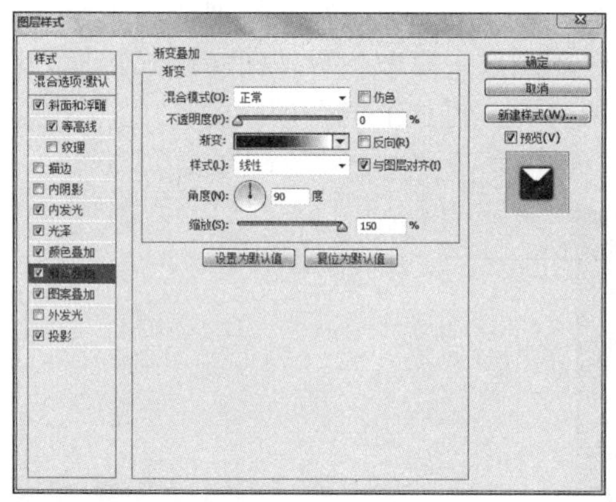

图 6.81　【渐变叠加】图层样式

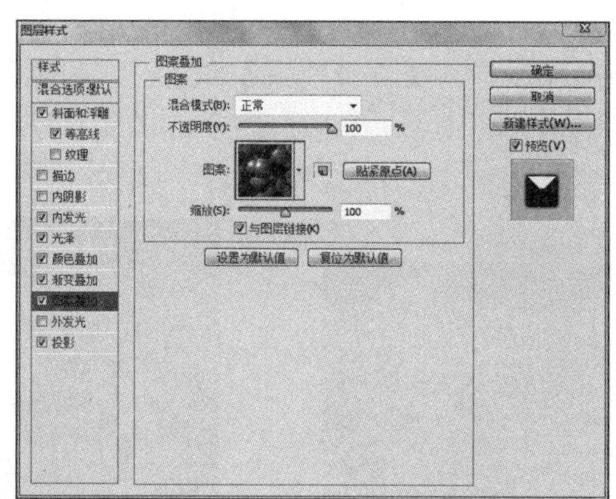

图 6.82　【图案叠加】图层样式

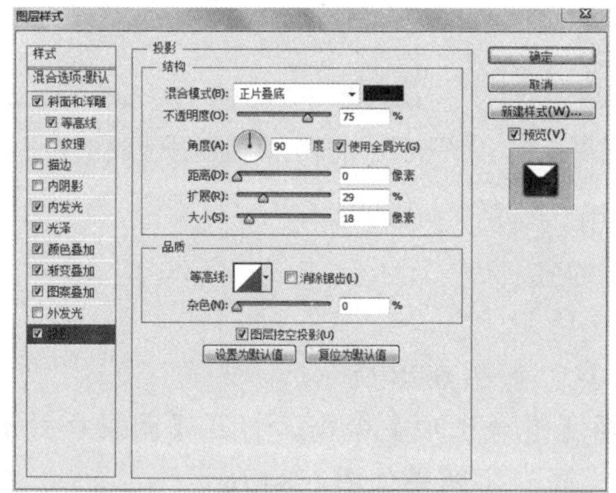

图 6.83　【投影】图层样式

图 6.84　高光字效果

6.6 图层模式

在使用 Photoshop CS6 进行图像合成时，图层模式是使用最频繁的技术之一。图层模式指一个图层与其下方图层的色彩叠加方式，通过控制当前图层和位于其下方的图层之间的像素作用模式，使图像产生奇妙的效果。

Photoshop CS6 提供了 27 种图层混合模式，它们全部位于【图层】面板左上角的图层模式下拉列表中。

打开图层模式下拉列表，如图 6.85 所示，下面介绍其中几种主要的图层模式。

1)【正常】模式:【正常】模式是 Photoshop CS6 中的默认模式。在此模式下编辑或者绘制的每个像素都是结果色，如果图层的不透明度设置为 100%，则完全遮盖下方图层。【正常】模式下的图像效果如图 6.86 所示。反之，随着图层不透明度的数值降低，下方图层将越来越清晰，降低透明度和填充后得到的图像效果如图 6.87 所示。

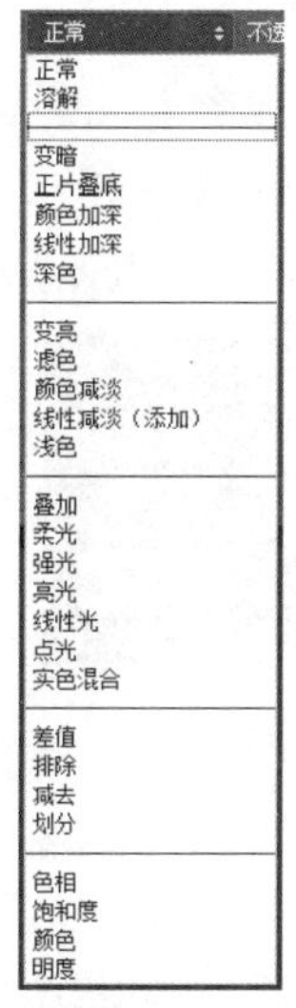

图 6.85 图层模式下拉列表

图 6.86 【正常】模式下的图像效果（不透明度设置为 100%）

2)【溶解】模式:【溶解】模式随机消失部分图像的像素，消失的部分可以显示背景内容，从而形成两个图层交融的效果。当不透明度小于 100%时，图层逐渐溶解；当不透明度为 100%时，下层图层不起作用。【溶解】模式下的图像效果如图 6.88 所示。

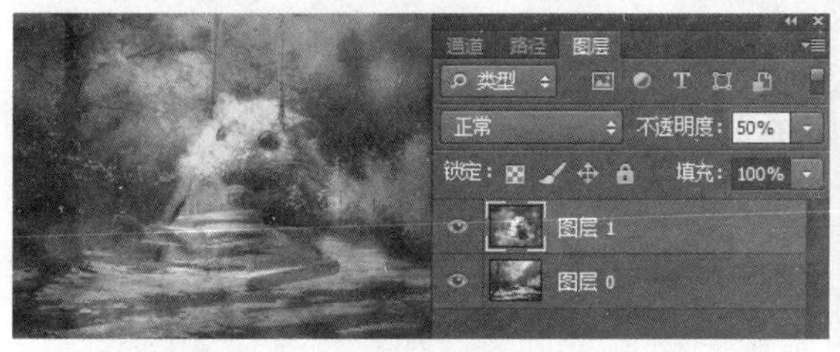

图 6.87 【正常】模式下的图像效果（不透明度设置为 50%）

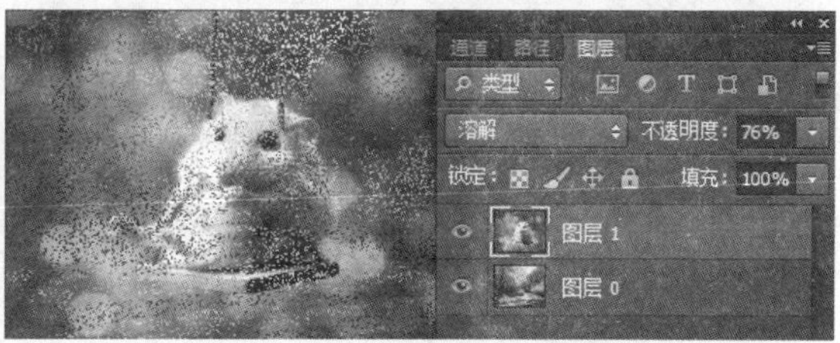

图 6.88 【溶解】模式下的图像效果

3)【变暗】模式：选择【变暗】模式后，上面图层中较暗的像素将代替下面图层中与之相对应的较亮的像素，而下面图层中较暗的像素将代替上面图层中与之相对应的较亮的像素，从而使叠加后的图像区域变暗。Photoshop CS6【变亮】模式与【变暗】模式正好相反，选择【变亮】模式后，上面图层中较亮的像素将代替下面图层中与之相对应的较暗的像素，而下面图层中较亮的像素将代替上面图层中与之相对应的较暗的像素，从而使叠加后的图像区域变亮。图 6.89 是【变暗】模式下的图像效果，图 6.90 是【变亮】模式下的图像效果。

图 6.89 【变暗】模式下的图像效果

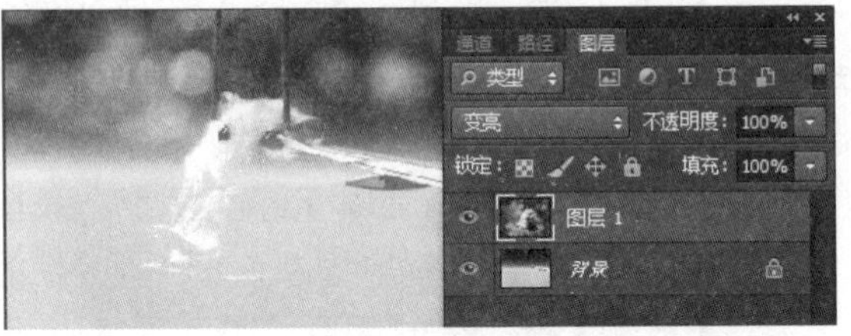

图 6.90 【变亮】模式下的图像效果

4)【正片叠底】模式：使用【正片叠底】模式可以产生比当前图层和底层颜色都暗的颜色。在这个模式中，黑色与任何颜色混合之后还是黑色。而任何颜色和白色混合，Photoshop CS6 颜色不会改变。针对 Photoshop CS6【正片叠底】模式的特点，可以快速调整曝光过度的照片。图 6.92 是图 6.91 在【正片叠底】模式下的图像效果。

图 6.91 原图

图 6.92 【正片叠底】模式下的图像效果

5)【颜色加深】/【颜色减淡】模式：使用【颜色加深】模式可以使图层的亮度降低，色彩加深，将底层的颜色变暗以反应当前图层的颜色，与白色混合后不产生变化。如图 6.93 所示。【颜色减淡】模式通过减少上下图层中像素的对比度来提高图像的亮度；【颜色减淡】模式的效果比【滤色】模式效果更加明显，如图 6.94 所示。

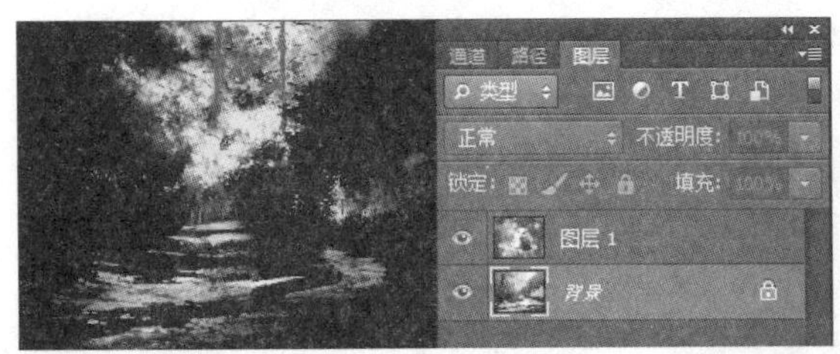

图 6.93 【颜色加深】模式下的图像效果

图 6.94 【颜色减淡】模式下的图像效果

6)【线性加深】模式：使用【线性加深】模式可以减小下层的颜色亮度，从而反应当前图层的颜色；这种模式将查看每个颜色通道中的颜色信息，加暗所有通道的基色，并通过提高其他颜色的亮度来反应 Photoshop CS6 混合颜色，如下层为纯白色，则该模式下的图层图像不产生任何变化。图 6.95 是【线性加深】模式下的图像效果。

7)【叠加】模式：【叠加】模式是将绘制的颜色与底色相互叠加，即把图像的下层颜色与上层颜色相混合，提取基色的高光和阴影部分，产生一种中间色。下层不会被取代，而是和上层相互混合来显示 Photoshop CS6 图像的亮度和暗度，如图 6.96 所示。

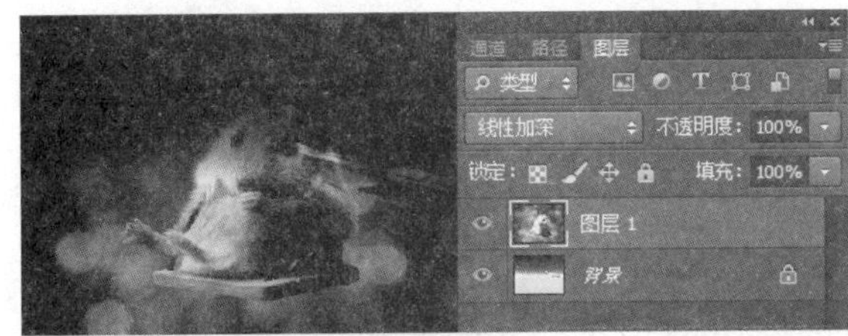

图 6.95 【线性加深】模式下的图像效果

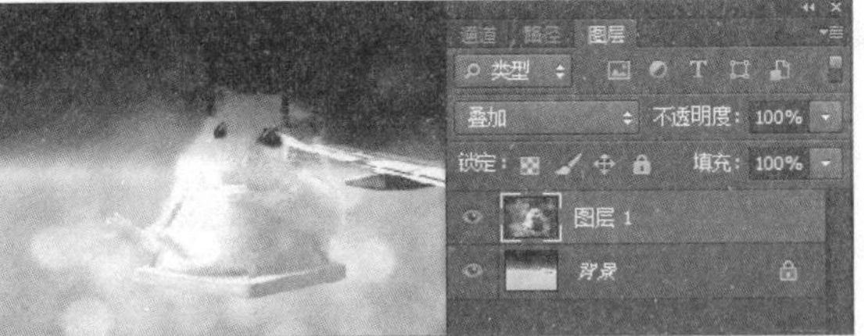

图 6.96 【叠加】模式下的图像效果

8）【柔光】、【强光】模式：【柔光】模式会产生柔光照射的效果。该模式是根据绘图色的明暗来决定图像的最终效果是变亮还是变暗的。如果上层图像颜色比下层图像颜色更亮一些，那么最终将更亮；如果上层图像颜色比下层图像颜色更暗一些，那么最终图像颜色将更暗，使图像的亮度反差增大。【强光】模式与【柔光】模式类似，也是将下面图层中的灰度值与上面图层进行处理，所不同的是产生的效果就像一束强光照射在图像上一样。图 6.97 是【柔光】模式下的图像效果，图 6.98 是【强光】模式下的图像效果。

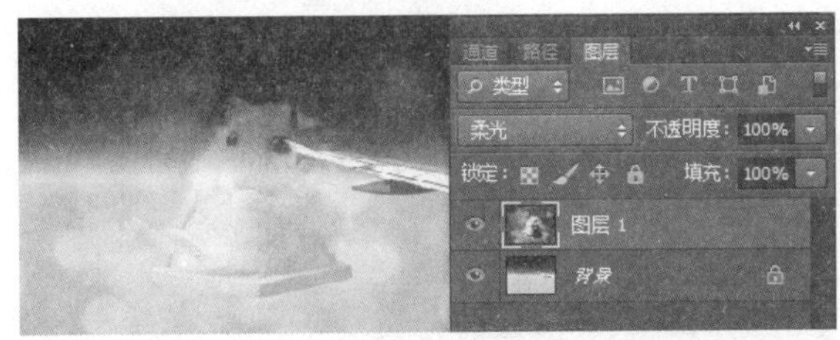

图 6.97 【柔光】模式下的图像效果

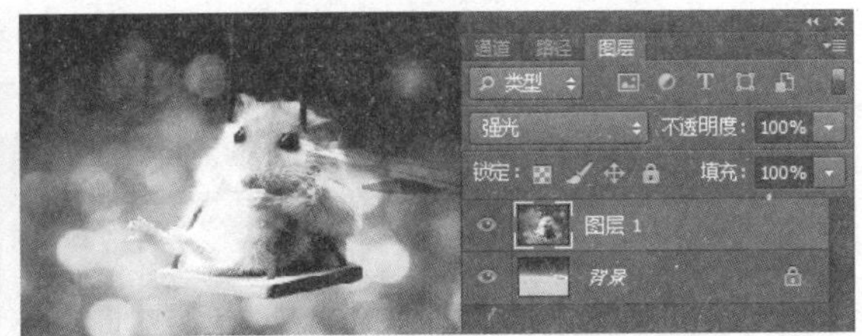

图 6.98 【强光】模式下的图像效果

9）【线性光】模式：【线性光】模式通过增加或降低当前图层颜色亮度来加深或减淡颜色。若当前图层颜色比 50%的灰度亮，则图像通过增加亮度使整体变亮。若当前图层颜色比 50%的灰度暗，则图像通过降低亮度使整体变暗。图 6.99 是【线性光】模式下的图像效果。

10）【亮光】模式：【亮光】模式根据绘图色增加或减小对比度来加深或减淡颜色，具体取决于混合色。如果混合色比 50%的灰度亮，则图像通过降低对比度使图像变亮；反之，通过提高对比度使图像变暗。图 6.100 是【亮光】模式下的图像效果。

图 6.99 【线性光】模式下的图像效果

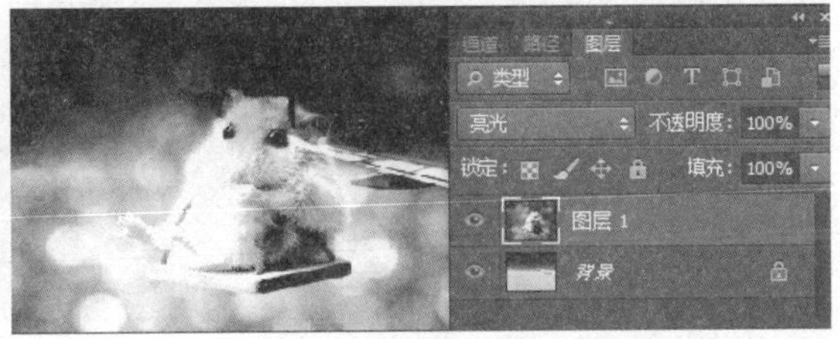

图 6.100 【亮光】模式下的图像效果

11）【点光】模式：【点光】模式通过置换颜色像素来混合图像。如果混合色比 50%的灰度亮，则比图像暗的像素会被替换，而比原图像亮的像素无变化；反之，比原图像亮的像素会被替换，而比原图像暗的像素无变化。图 6.101 是【点光】模式下的图像效果。

12）【实色混合】模式：【实色混合】模式将两个图层叠加后，当前图层产生很强的硬性边缘，将原本逼真的图像以色块的方式表现。该模式可增加颜色的饱和度，使图像产生色调分离的效果。图 6.102 是【实色混合】模式下的图像效果。

图 6.101 【点光】模式图像效果

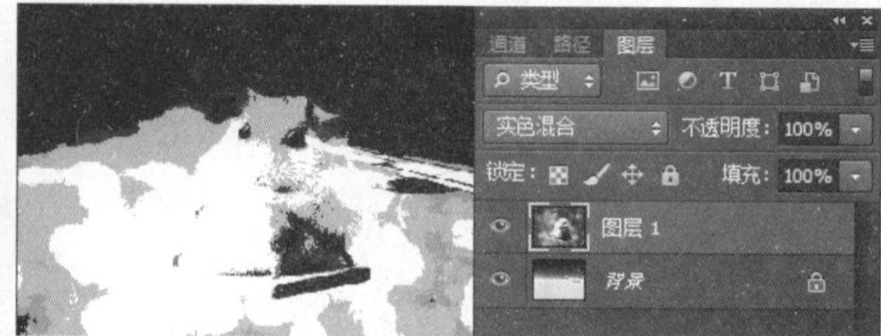

图 6.102 【实色混合】模式下的图像效果

13）【差值】模式：该模式取决于当前图层和其下层图像像素值的大小，用较亮的像素点的像素值减去较暗的像素点的像素值，差值为最终色的像素值。图 6.103 是【差值】模式下的图像效果。

14）【减去】/【划分】模式：【减去】模式是查看每个通道中的颜色信息，并从基色中减去混合色，而【划分】模式是查看每个通道中的颜色信息，并从基色中分割混合色。图 6.104 是【减去】模式下的图像效果，图 6.105 是【划分】模式下的图像效果。

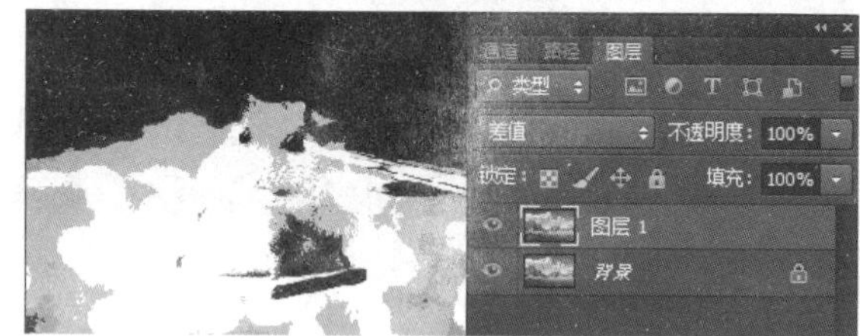

图 6.103 【差值】模式下的图像效果

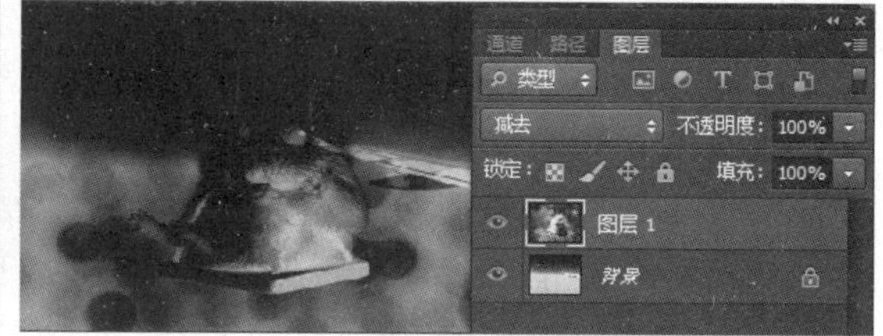

图 6.104 【减去】模式下的图像效果

15）【颜色】模式：【颜色】模式使用基色的明度及混合色的色相和饱和度创建结果，能够使用混合色的饱和度值和色相值同时进行着色，这样可以保护图像的灰度值，但混合后的整体颜色由当前混合色决定。【颜色】模式可以看成【饱和度】模式和【色相】模式的综合效果。该模式能够使灰色图像的阴影或轮廓透过着色的颜色显示出来，掺和某种色彩化的效果。图 6.106 是【颜色】模式下的图像效果。

图 6.105 【划分】模式下的图像效果

图 6.106 【颜色】模式下的图像效果

16）【色相】模式：【色相】模式是选择下方图层颜色亮度和饱和度值与当前图层的色相值进行混合创建的效果，混合后的亮度及饱和度取决于基色，但色相取决于当前图层的颜色。图 6.107 是【色相】模式下的图像效果。

17)【饱和度】模式:【饱和度】模式的作用方式与【色相】模式相似，它只用当前图层颜色的饱和度值进行着色，而使色相值和亮度值保持不变。下层颜色与当前图层颜色的饱和度值不同时，才能使用描绘颜色进行着色处理。图 6.108 是【饱和度】模式下的图像效果。

图 6.107 【色相】模式下的图像效果

图 6.108 【饱和度】模式下的图像效果

18)【明度】模式:【明度】模式能够使用混合色的亮度值进行着色，而保持当前图层颜色的饱和度和色相数值不变。其他就是用当前图层中的【色相】和【饱和度】及混合色的亮度对比度来得到最终结果。【明度】模式得到的效果与【颜色】模式得到的效果相反。图 6.109 是【明度】模式下的图像效果。

图 6.109 【明度】模式下的图像效果

6.7 图 层 蒙 版

图层蒙版用于控制图层中的不同区域如何被隐藏或显示。蒙版是将不同灰度色值转化为不同的透明度，并作用到它所在的图层，使图层不同部位透明度产生相应的变化。

图层蒙版可以理解为在当前图层上面覆盖一层玻璃片，这种玻璃片有白色透明的、黑色不透明和灰色半透明 3 种。用各种绘图工具在蒙版上涂色（只能涂黑、白、灰），涂黑色的地方变为不透明的，看不见当前图层的图像；涂白色的地方变为透明的，可看到当前图层的图像；涂灰色的地方变为半透明的，透明的程度由涂色的灰度深浅决定。

通过更改图层蒙版，可以将大量特殊效果应用到图层，而不会影响该图层上的像素。有了蒙版，我们对图像调整起来非常方便，可以在不破坏原图像的情况下对图像做细致的调整。

蒙版也是一种特殊的选区，但跟常规的选区颇为不同。常规的选区表现了一种操作趋向，即将对所选区域进行处理；而蒙版相反，它并不是对选区进行操作，而是对所选区域进行保护，使其免于操作，对非掩盖的地方应用操作。

Photoshop CS6 蒙版的主要作用有抠图、做图的边缘淡化效果、图层间的溶合等。

6.7.1 创建图层蒙版

创建图层蒙版有两种常用的方法，读者可以根据实际情况选择一种适合自己的创建方法。

1. 直接创建图层蒙版

这是使用最频繁的方法，通过【图层】面板中的【添加图层蒙版】按钮，即可创建图层蒙版。

1）打开 Photoshop CS6，按 Ctrl+O 快捷键打开素材图像文件，如图 6.110 所示。

2）在【图层】面板中选择要添加图层蒙版的图层，单击【图层】面板下方的【添加图层蒙版】按钮，可以为所选图层创建图层蒙版（白色显示当前图层图像，黑色隐藏当前图层图像），如果在按住 Alt 键的同时单击【添加图层蒙版】按钮，则创建后的图层蒙版的填充色为黑色，如图 6.111 所示。

图 6.110 素材图像

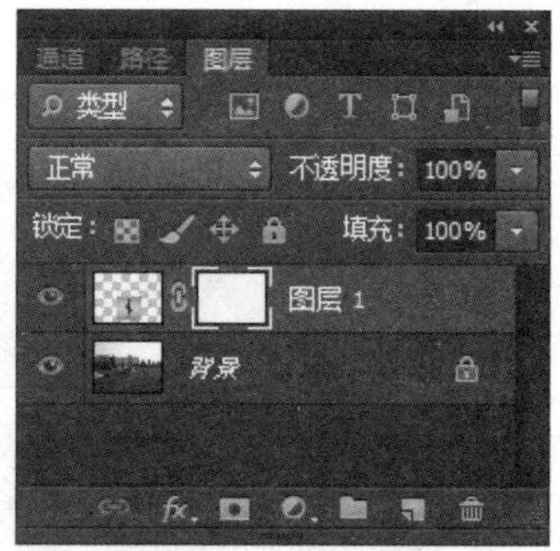

图 6.111 图层蒙版

2. 利用选区创建图层蒙版

1）利用【快速选择工具】在当前图层创建小狗选区，如图 6.112 所示。

2）选择【图层】|【图层蒙版】命令，在打开的子菜单中选择相应的命令，这里选择【显示选区】命令，得到了去掉小狗图层背景色的图像效果如图 6.113 所示。图层如图 6.114 所示。

图 6.112 创建选区

图 6.113 蒙版效果

图 6.114 图层

6.7.2 管理图层蒙版

图层蒙版被创建后，用户还可以根据系统提供的不同方式管理图层蒙版，常用的方法有查看、停用/启用、删除和链接。

1. 查看图层蒙版

按住 Alt 键的同时在【图层】面板中单击【图层蒙版缩览图】即可进入图层蒙版的编辑状态；再次按住【Alt】键单击【图层蒙版缩览图】退出图层蒙版的编辑状态，回到图像编辑状态，如图 6.115 所示。

2. 停止/启用图层蒙版

如果要查看添加了图层蒙版的图像原始效果，可暂时停用图层蒙版的屏蔽功能，按住 Shift 键的同时在图层蒙版上单击即可，或者在【图层】面板中右击相应图层蒙版缩览图，在弹出的快捷菜单中选择【停用图层蒙版】命令，可停用图层蒙版，如图 6.116 所示。再次按住 Shift 键单击或在【图层】面板上右击相应图层，蒙版缩览图在弹出的快捷菜单中选择【启用图层蒙版】命令，可恢复图层蒙版。

图 6.115 图层蒙版编辑状态

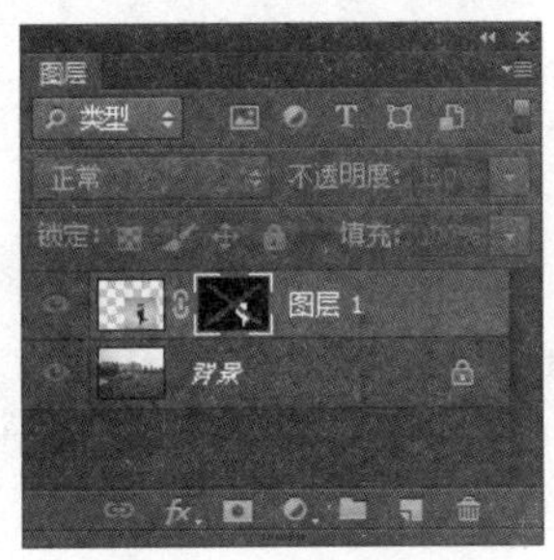

图 6.116 停用图层蒙版

3. 删除图层蒙版

如果不需要图层蒙版，可直接将其拖至【图层】面板底部的【删除图层】按钮上即可，或者在图层蒙版缩览图上右击，在弹出的快捷菜单中选择【删除蒙版】命令。

4. 链接图层蒙版

默认情况下，图层与图层蒙版是链接状态，如果需要取消链接，单击图层缩览图和图层蒙版缩览图中间的链接按钮即可。当图层与图层蒙版处于链接状态时，移动图层，图层蒙版也随着移动；当取消链接时，图层蒙版不再随着图层的移动而移动。

图 6.117 最终效果

6.7.3 编辑图层蒙版

编辑图层蒙版就是依据需要显示及隐藏的图像，使用适当的工具来决定蒙版中哪一部分为白色，哪一部分为黑色。编辑图层蒙版的方法非常多，利用工具箱中的各种工具及滤镜中的命令等都可以对图层蒙版进行直接编辑。

这里我们选择【画笔工具】，设置好笔刷大小；设置前景色为白色，在图像窗口中的小狗图像边缘和腿中间进行涂抹，彻底让小狗从背景中抠取出来得到的效果如图 6.117 所示。

案 例 实 施

案例一 实施步骤

学习了图层的各种操作后，下面利用所学知识完成案例一中的任务。

【步骤一】基础操作。

1）启动 Photoshop CS6，按 Ctrl+O 快捷键打开本章素材图像 6.1、6.2 的两幅风景照，如图 6.1 和图 6.2 所示（图在本章开头）。

2）图 6.1 所示图片为背景层，图 6.2 所示的图片为【图层 1】。

【步骤二】合成设置。

1）选中【图层 1】，单击【添加图层样式】按钮，选择【混合选项】选项如图 6.118 所示，或双击【图层 1】，打开【图层样式】对话框，设置【混合颜色带】选项组。

2）移动【颜色混合带】选项组中的【本图层】的两个滑块，先从左往右，再从右往左进行调试，直到透出下一图层天空部分，如图 6.119 所示。

图 6.118 添加图层样式

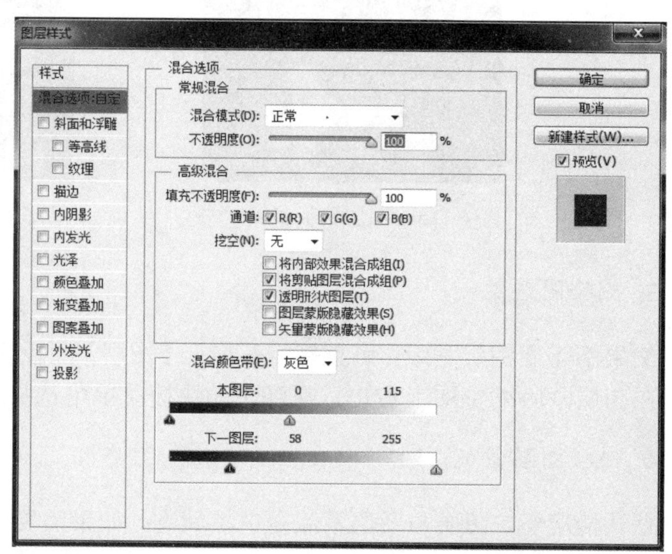

图 6.119 设置【混合选项】选型组

- 混合颜色带是一种高级蒙版，可以快速隐藏像素，创建图像混合效果，常用来隐藏火焰、烟花、云彩、闪电等背景。

选择【灰色】选项，表示使用全部颜色通道控制混合效果；也可以选择一个颜色通道来控制混合效果。

- 【本图层】选项：“本图层”是指当前正在处理的图层，拖动【本图层】滑块，可以隐藏当前图层中的像素，显示出下面图层中的内容。例如：

将左侧的黑色滑块移向右侧时，当前图层中所有比该滑块所在位置暗的像素都会被隐藏。

将右侧的白色滑块移向左侧时，当前图层中所有比该滑块所在位置亮的像素都会被隐藏。

- 【下一图层】选项：“下一图层”指当前图层下面的那一个图层，拖动【下一图层】，可以使下面图层中的像素穿透当前图层显示出来。例如：

将左侧的黑色滑块移向右侧时，可以显示下面图层中较暗的像素。

将右侧的白色滑块移向左侧时，可以显示下面图层中较亮的像素。

> **小提示：**
> 使用混合滑块只能隐藏像素，而不是真正删除像素。重新打开【图层样式】对话框后，将滑块拖回原来的起始位置，可以将隐藏的像素显示出来。

3）移动【下一图层】滑块，直到下一图层的绿色植物出现，效果如图 6.3 所示。

【步骤三】保存文件。

把文件以 PSD 和 JPG 格式分别保存为“风景照合成”。

案例二 实施步骤

案例一通过设置图层【混合选项】来快速合成图片，下面利用所学知识完成案例二中的任务。

【步骤一】基础操作。

1）启动 Photoshop CS6，创建大小为 1400×800 像素，背景为淡蓝色（RGB（54，173，248））的新文件，如图 6.120 所示。

2）新建【图层 1】，设置前景色为白色，使用“柔边圆”的【画笔工具】在画布中心点上白点，如图 6.121 所示。

图 6.120 淡蓝色背景的新文件

图 6.121 白点效果

3）设置【图层 1】的混合模式为【柔光】，如图 6.122 所示。

【步骤二】设置 3D 文字效果。

1）设置前景色为淡粉色（RGB（249，185，185）），选择文字工具，设置字体为“华文行楷”，字号为 200 磅，输入一行字“中国梦”，生成文字图层，如图 6.123 所示。

2）选择【3D】|【从所选图层新建 3D 凸出】命令，打开如图 6.124 所示的提示对话框，单击【是】按钮，弹出对象的【3D】面板，如图 6.125 所示，双击面板中的“中国梦”，打开如图 6.126 所示的网格属

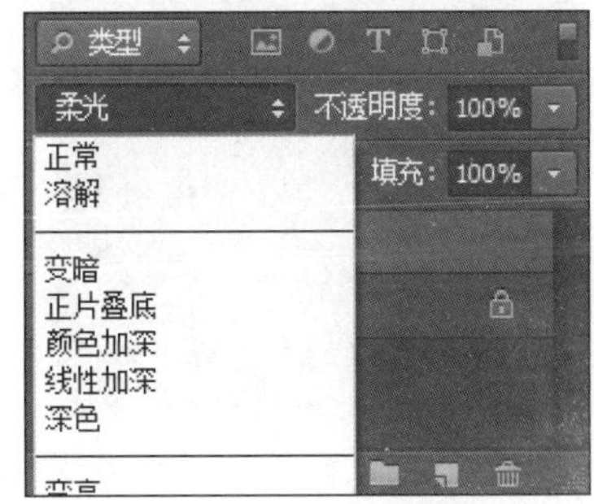

图 6.122 图层混合模式

性面板，设置参数如图 6.126 所示。属性面板中【变形】、【盖子】、【坐标】、【材质】、【无限光】等参数的设置分别如图 6.127～图 6.131 所示。

3）各参数设置后，渲染 3D 字体，效果如图 6.132 所示。选择【图层】|【智能对象】|【转换为智能对象】命令，把 3D 文字转换为智能对象。

图 6.123　输入“中国梦”文字

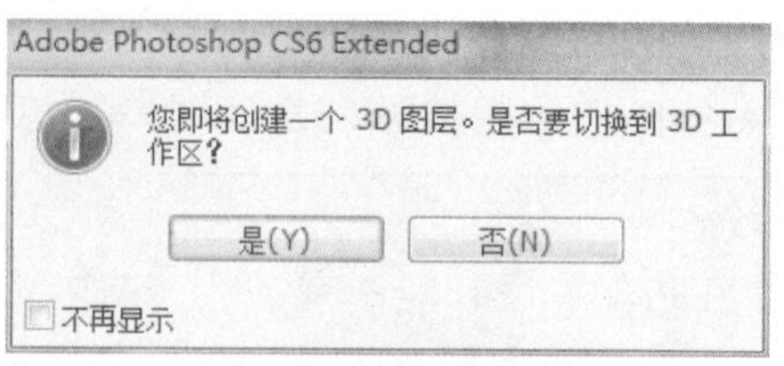

图 6.124　提示对话框

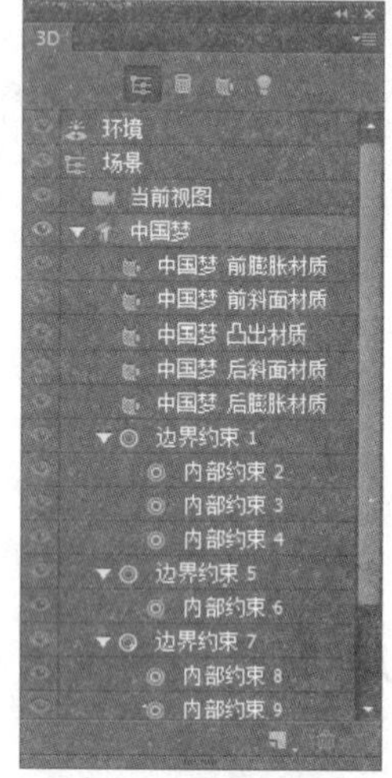

图 6.125　【3D】面板

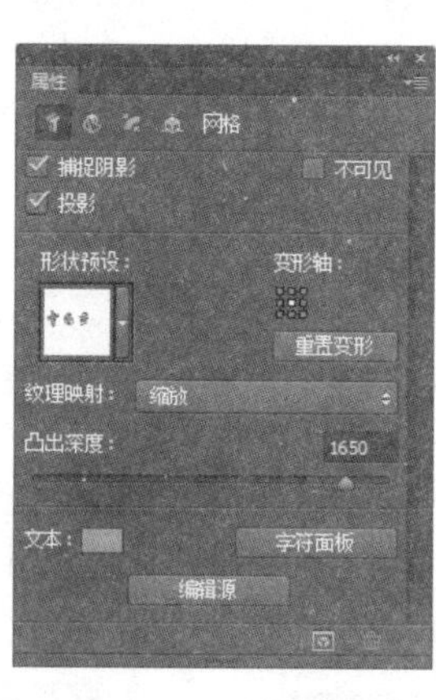

图 6.126　3D 网格属性面板

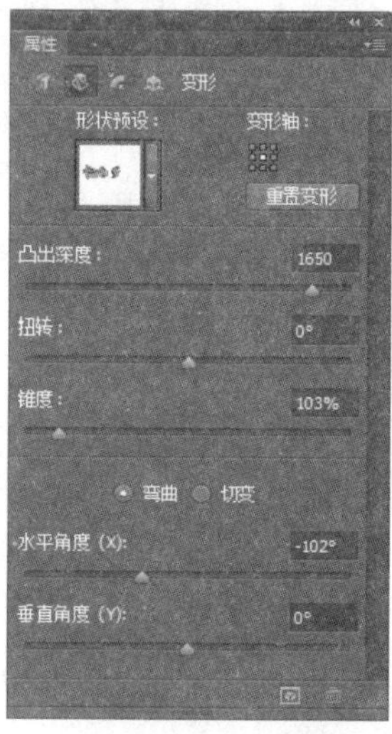

图 6.127　3D 变形属性

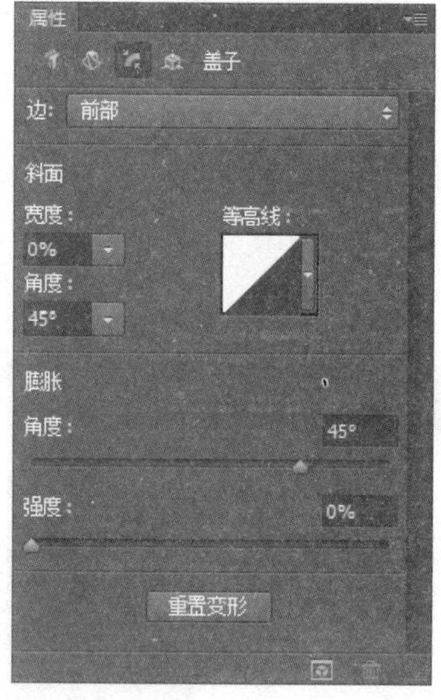

图 6.128　3D 盖子属性

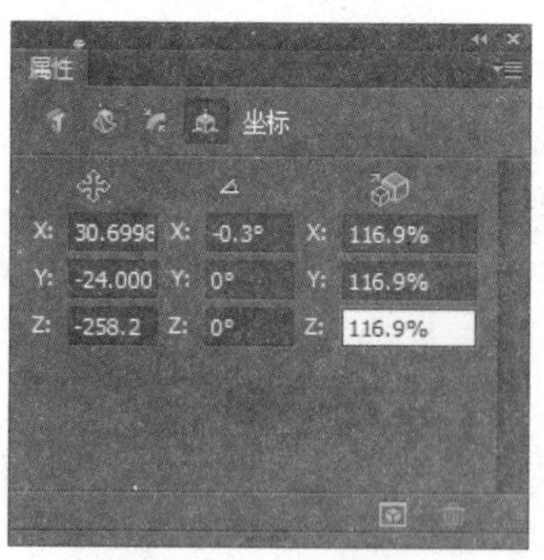

图 6.129　3D 坐标属性

图 6.130　3D 材质属性

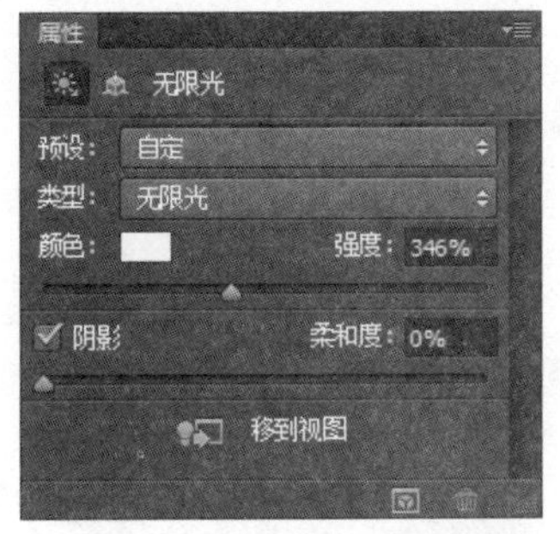

图 6.131 3D 无限光属性设置

图 6.132 效果（一）

4）对文字按 Ctrl+T 快捷键自由变换并旋转角度，效果如图 6.133 所示。

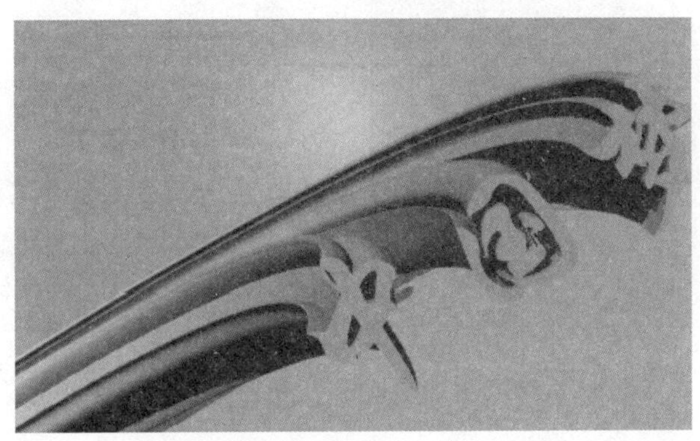

图 6.133 效果（二）

5）单击【图层】面板下方的【创建新的填充或调整图层】按钮，新建色阶、曲线两个调整图层，色阶、曲线的参数设置如图 6.134 和图 6.135 所示，按住 Alt 键的同时单击色阶、曲线图层的分界线，把它们分别作为文字图层的剪贴蒙版。

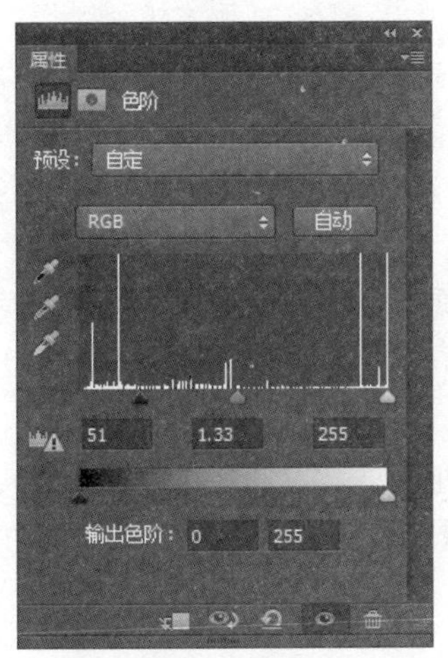

图 6.134 【属性】面板（色阶）

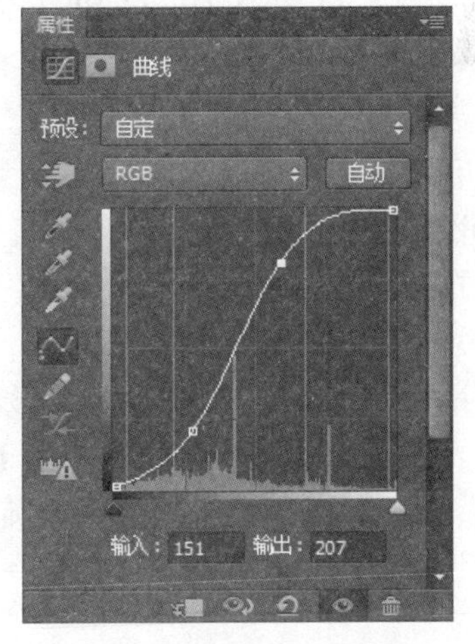

图 6.135 【属性】面板（曲线）

最终效果如图 6.4 所示。

【步骤三】保存文件。

把文件以 PSD 和 JPG 格式分别保存为"'中国梦' 3D 艺术字"。

工作实训营

1. 训练内容

1）巧修曝光问题照片。人们在拍摄中会碰到一些曝光有问题的照片，请用 Photoshop 处理本章素材 6.136 和本章素材 6.137 所示的两张问题照片，见图 6.136 和图 6.137。

2）合成两张照片，一张是个人照片，一张是大海的背景，合成一个人站在大海边上的照片。

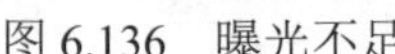

图 6.136　曝光不足

图 6.137　曝光过度

2. 训练要求

注意光度的控制、图层效果的合理应用。

工作实践中常见问题解析

【常见问题 1】 用 Photoshop CS6 修复旧照片，最常用到的工具有哪些？

答：修复旧照片，最常用到的工具有【污点修复画笔工具】，【修复画笔工具】、【修补工具】、【仿制图章工具】。这 4 个工具虽然各有各的用处，但基本工作原理相似。除了利用这些工具外，还可通过调整图像、结合添加图层样式来实现特殊的效果。

【常见问题 2】 图层蒙版的颜色代表什么？

答：图层蒙版中黑色代表不要的部分，白色代表需要的部分，不同程度的灰色代表不同的透明度，这和 Alpha 通道的原理相同。

【常见问题 3】 如何在图层上创建形状？

答：形状图形工具包括【矩形工具】、【圆角矩形工具】、【椭圆工具】、【多边形工具】、【直线工具】和【自定义形状工具】。这些工具主要用于在图像中绘制规则或不规则的图形，其实质是建立了一个剪切路径。

习　　题

1. 新建文件，打开本章素材，应用图层模式给图 6.138 所示的黑白照片上色（色彩自己定，注意协调）。

2. 新建文件，白色背景，利用椭圆选框工具生成环形选区，应用图层样式制作手镯，效果如图 6.139 所示。

图 6.138 素材

图 6.139 手镯效果

第7章

文 字 处 理

本章要点

掌握输入普通文字和段落文字的方法。
学会如何编辑文字、设置字符格式、设置段落格式。
学会如何创建变形文字。
掌握栅格化文字图层的方法。
学会将文字转换为路径或形状。
灵活运用文字工具制作特效文字。

技能目标

学会编辑文字、格式化文本。
学会如何创建变形文字、栅格化文字图层，以及将文字转换为路径或形状。
掌握常用广告字（立体倒影字、金色字、POP 广告字）的设计。
掌握彩边字、带刺字、球面字、火焰字等特效文字的制作技巧。

案例导入

【案例一】制作网页 banner 广告。

文字效果如图 7.1 所示。

图 7.1 网页 banner 广告效果

【案例二】制作 POP 广告。

文字效果如图 7.2 所示。

图 7.2 POP 广告效果

引导问题

普通文字和段落文字怎么输入?

如何对文字设置字符格式和设置段落格式?

如何将文字变形为自己想要的形状?

如何将文字转换为路径?

如何设计与制作特效文字?

基础知识

7.1 文字工具

Photoshop CS6 提供了功能强大的文字工具，可以在图像中输入文字。

7.1.1 横排文字工具

利用 Photoshop CS6 的【横排文字工具】，可以在图像窗口中输入横向排列的文本，如图 7.3 所示。

图 7.3 横排文字工具

小提示：

文字工具的快捷键为 T 键，可按 Shift+T 快捷键在 4 种文字工具之间进行切换。

1.【横排文字工具】属性栏

【横排文字工具】属性栏如图 7.4 所示。

图 7.4 【横排文字工具】属性栏

1）【更改文字方向】：单击该按钮，可将选中的水平方向的文字转换为垂直方向，或将垂直方向的文字转换为水平方向。

2）【字体】：设置文字的字体。单击其右侧的下拉按钮，在弹出的下拉列表中可以选择字体。

3）【字形】：设置字体形态。只有使用某些具有该属性的字体，其下拉列表才能激活，字体形态包括 Regular（规则的）、Italic（斜体）、Bold（粗体）、Bold Italic（粗斜体）和 Black（加粗体）。

4）【字体大小】：单击右侧的下拉按钮，在弹出的下拉列表中可以选择需要的字号，也可以直接在文本框中输入字号。

5）【设置消除锯齿的方法】：设置消除文字锯齿。

6）【对齐方式】：从左到右依次为左对齐、居中对齐和右对齐，可以设置段落文字的排列方式。

7）【文本颜色】：设置文字的颜色。单击该按钮可以打开【拾色器】对话框，从中选择字体颜色。

8）【文字变形】：单击该按钮可以打开【变形文字】对话框，在对话框中可以设置文字变形。

9）【字符和段落】面板：单击该按钮，可以显示或隐藏【字符】和【段落】面板，【字符】和【段落】面板用来调整文字格式和段落格式。

10）【取消】：取消所有当前编辑。

11）【提交】：要确定输入的文字，单击【提交】按钮即可；也可以选择【移动工具】确定。

12）【更新此文本关联的 3D】：单击该按钮，可以将文字切换为 3D 立体模式，可制作 3D 立体文字。

2. 设置字符与段落文字

单击【横排文字工具】属性栏上的【切换字符和段落面板】按钮，打开控制面板，选择【字符】选项卡，其主要功能是设置字体、字号、字形、字距和行距等参数，如图 7.5 所示。选择【段落】选项卡，其主要功能是设置段落对齐、换行方式等参数，如图 7.6 所示。

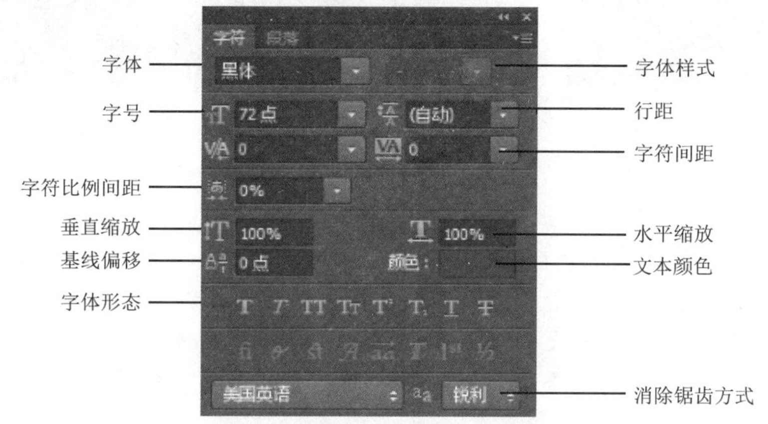

图 7.5 【字符】面板

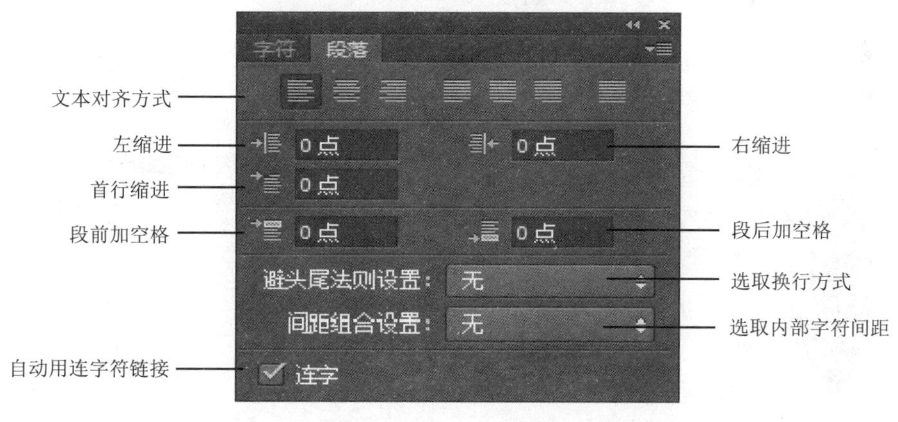

图 7.6 【段落】面板

3. 输入横排文字

1）在 Photoshop CS6 中，新建一个空白文档，选择【横排文字工具】，在图像窗口中单击，这时图像窗口中出现一个闪烁的光标，这时便可直接输入文字。

2）当文字工具处于编辑模式下时，可以输入并编辑文字，如输入“图像处理”，此时 Photoshop CS6 图层面板自动生成文字图层，如图 7.7 所示。

3）Photoshop CS6 文字的属性设置主要是指字体大小、字体、颜色及字体样式等参数设置。

按住鼠标左键拖动鼠标选中输入的文字，在文字工具属性栏上设置字体为华文行楷，字体大小为 72，设置消除锯齿方式为【平滑】。设置字体颜色，单击【设置文本颜色】按钮，打开【拾色器】对话框，设置字体颜色为红色【RGB（255,0,0）】，效果如图 7.8 所示。

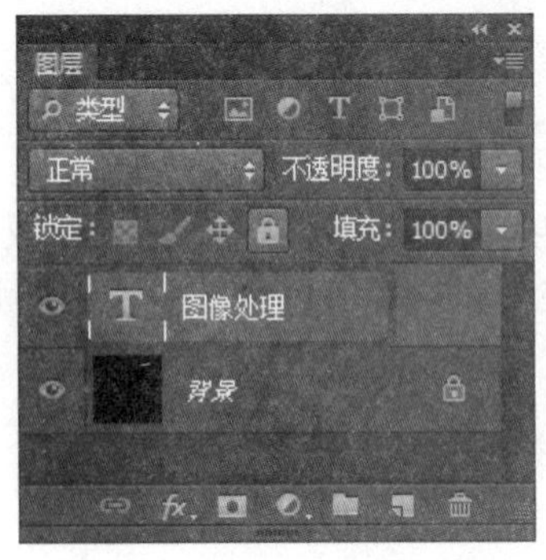

图 7.7 【图层】面板

图 7.8 文字效果

4. 设置变形文字

变形文字的作用是使文字产生变形。

1）选中创建好的文字，单击文字工具属性栏上的【创建文字变形】按钮，打开【变形文字】对话框，单击【样式】下拉按钮，出现变形选项，如图 7.9 所示。

2）在样式下拉列表中选择【鱼眼】样式，并在【变形文字】对话框中设置其他参数，如图 7.10 所示。

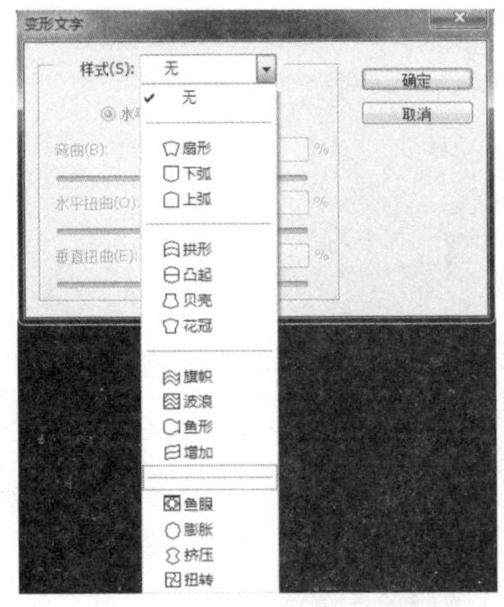

图 7.9 【变形文字】对话框

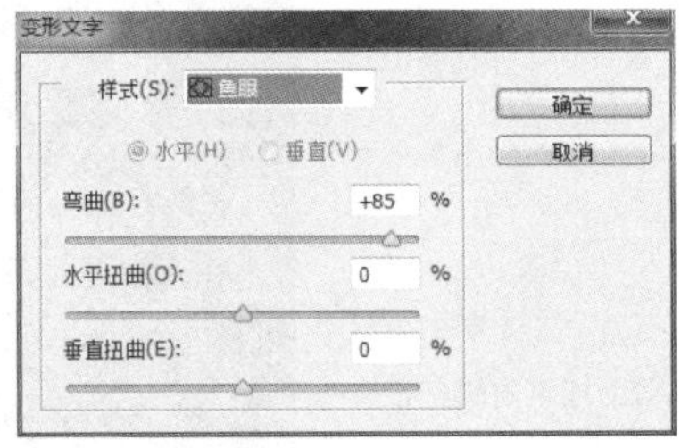

图 7.10 【变形文字】对话框

3）单击【确定】按钮，变形效果如图 7.11 所示。

图 7.11 变形文字效果

5. 将文字图层转换为普通图层

输入文字后便可对文字进行一些编辑操作，但并不是所有的编辑命令都适用于文字图层，这时必须先将文字图层转换为普通图层。

在【图层】面板（图 7.12）文字图层的名称上（不是缩览图）右击，在弹出的快捷菜单中选择【栅格化文字】命令，这样便将文字图层转换为普通图层。

7.1.2 直排文字工具

利用 Photoshop CS6 的【直排文字工具】，可以在图像窗口中输入竖向排列的文本，如图 7.13 所示。

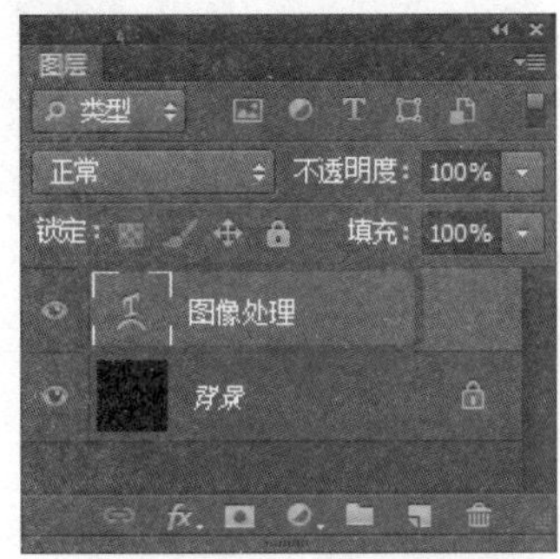

图 7.12 【图层】面板

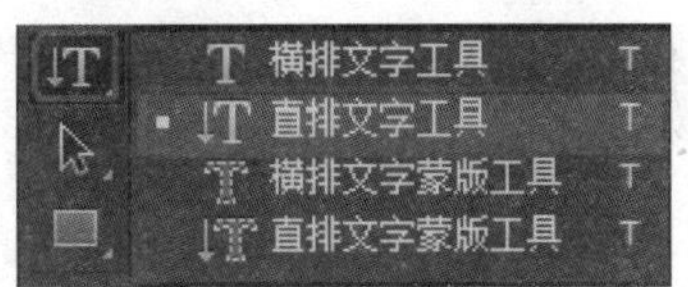

图 7.13 直排文字工具

1）在 Photoshop CS6 中，按 Ctrl+O 快捷键打开本章素材图像 7.14，如图 7.14 所示。

图 7.14 素材图像

2）选择【直排文字工具】，在其属性栏中选择文本字体、设置字体大小和文本颜色，如图 7.15 所示。

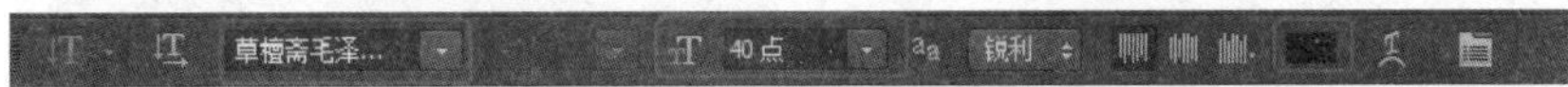

图 7.15 【直排文字工具】属性栏

3）在图像合适位置单击，输入文字“杜甫诗意图”、“郑午昌”；输入文字后，如想调整文字位置，可以选择【移动工具】，在其属性栏勾选【自动选择】复选框，选中需要移动的文字，按住鼠标左键拖动即可；按 Ctrl+T 快捷键可调整文字大小，效果如图 7.16 所示。

7.1.3 横排文字蒙版工具

利用 Photoshop CS6 的【横排文字蒙版工具】，可以直接创建横排文字选区，如图 7.17 所示。

图 7.16　直排文字效果

1）在 Photoshop CS6 中，按 Ctrl+O 快捷键打开素材图像 7.18，如图 7.18 所示。

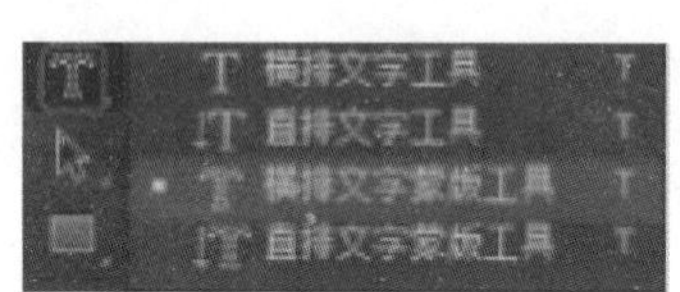

图 7.17　横排文字蒙版工具

图 7.18　素材图像

2）选择【横排文字蒙版工具】，在其属性栏设置字体、字体大小，如图 7.19 所示。单击【字符和段落面板】按钮，打开【字符和段落面板】对话框，选择【字符】选项卡，设置字符的间距为 25，如图 7.20 所示。

图 7.19　【横排文字蒙版工具】属性栏

3）在图像窗口中适当位置单击并输入“云遮雾绕”，如图 7.21 所示。

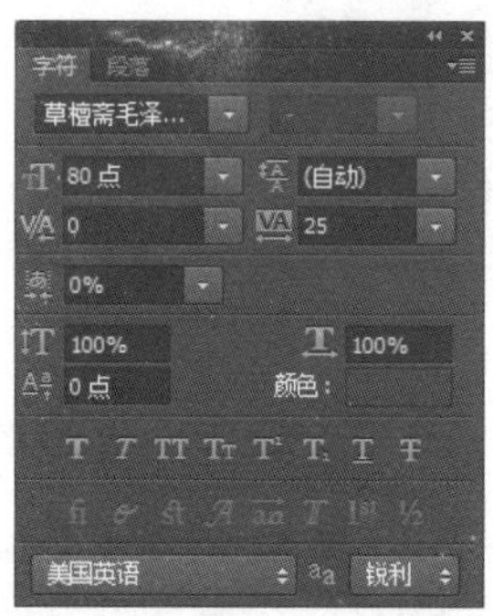

图 7.20　【字符】面板

图 7.21　输入文字

4）输入文字后，单击其属性栏上的【提交】按钮，确定文字输入（或选择工具箱中的【移动工具】确定文字输入），即可得到如图 7.22 所示的文字选区。

5）选择“选框工具”（选择任意一种选框工具都可以，如椭圆或矩形选框工具），在图像窗口中文字选区上按住鼠标左键拖动，把文字移动到合适的位置松开鼠标，如图 7.23 所示。

6）按 Ctrl+C 快捷键进行复制，再按 Ctrl+V 键进行粘贴，即可得到【图层 1】；在 Photoshop CS6【图层】面板中单击【添加图层样式】按钮，选择【颜色叠加】选项，如图 7.24 所示，即可打开【图层样式】对话框。

图 7.22 文字选区

图 7.23 移动文字选区

7）在【图层样式】对话框中设置图层样式，设置完成后单击【确定】按钮，即为文字选区添加了图层样式，选择的图层样式如图 7.25 所示。

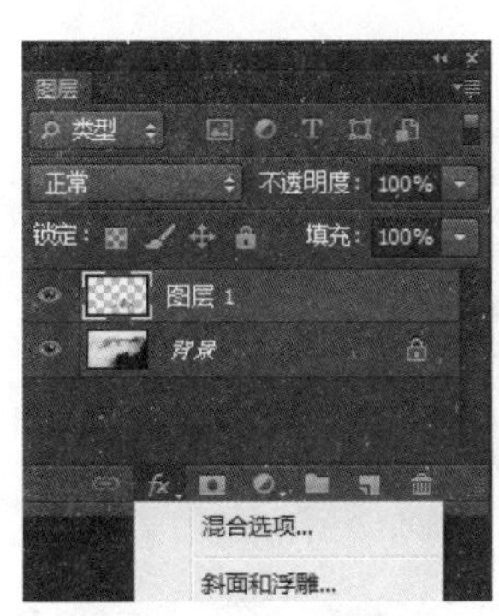

图 7.24 添加图层样式

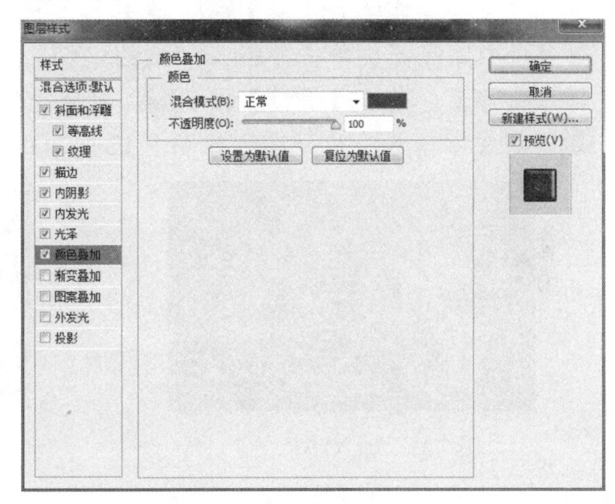

图 7.25 【图层样式】对话框

8）按 Ctrl+J 快捷键复制一层，再按 Ctrl+T 快捷键打开自由变换，在文字上右击，在弹出的快捷菜单中选择【垂直翻转】命令后，按住鼠标左键拖动文字到合适位置后松开鼠标，调整自由变换框，按 Enter 键确认变换，倒影层如图 7.26 所示。

9）在【图层】面板中设置倒影层不透明度为 40%，使用【横排文字蒙版工具】完成实例最终效果，如图 7.27 所示。

图 7.26 垂直翻转文字效果

图 7.27 最终效果图

7.1.4 直排文字蒙版工具

利用【直排文字蒙版工具】，可以直接创建直排文字选区，如图 7.28 所示。

1）在 Photoshop CS6 中，按 Ctrl+O 快捷键打开素材图像 7.29，如图 7.29 所示。

2）新建图层，选择【自由钢笔工具】，在图像中绘制一条路径，如图 7.30 所示。

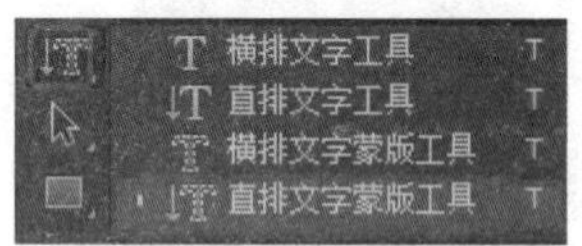

图 7.28 【直排蒙版】文字工具

图 7.29 素材图像

图 7.30 绘制路径

3）选择【直排文字蒙版工具】，在其属性栏设置字体为黑体、字号大小为 18；在图像窗口中路径开头单击并输入“家的记忆”，如图 7.31 所示。

4）输入文字后，单击【提交】按钮，确定文字输入（或选择工具箱中的【移动工具】确定文字输入，即可得到如图 7.32 所示的文字选区。

图 7.31 输入路径文字

图 7.32 确定文字输入

5）选择【渐变工具】，单击其属性栏上的【渐变条】按钮，打开【渐变编辑器】窗口，在【预设】选项组中选择某色谱，单击【确定】按钮。

6）在图像窗口中按住鼠标左键拖动，应用渐变；按 Ctrl+D 快捷键取消选区，如图 7.33 所示。

7）选择【移动工具】，单击绘制的路径，按 Delete 键删除路径，得到的最终效果如图 7.34 所示。

图 7.33 文字渐变效果

图 7.34 最终效果图

7.2 编辑文字

可以使用【移动工具】对文字进行移动，选择【编辑】|【变换】命令，可以改变文字的角度和大小。对文字的编辑还包括下面内容。

7.2.1 栅格化文字图层及创建工作路径

使用文字工具输入文字时，在【图层】面板上自动生成一个文字图层。要对文字图层使用滤镜等效果或进行其他操作，如文字形状改变后重新填充颜色等，必须对文字图层进行栅格化操作。

1）在 Photoshop CS6 中，选择【横排文字工具】，输入“我的青春”，设置字体为华文行楷、红色，字号大小为 150 点，选中“我的青春”，把字符间距改为-100，效果如图 7.35 所示。

2）选择【图层】面板上的文字所在图层，鼠标指针指向文字图层名称处，右击，在弹出的快捷菜单中选择【创建工作路径】命令，则在文字周围自动产生路径，选择【钢笔工具】，按住 Ctrl 键，把“青”和“春”的路径拉长，但拉长的部分没有填充颜色，如图 7.36 所示。

图 7.35 文字效果（一）

图 7.36 文字效果（二）

3）打开【路径】面板，单击【将路径作为选区载入】按钮，把路径变为选区，再回到【图层】面板，把前景色设置为橙色，这时会发现按 Alt+Delete 快捷键无法实现填充前景色，这需要选择【图层】|【栅格化】|【文字】命令，或在选中的文字图层右击，在弹出的快捷菜单中选择【栅格化文字】命令，把文字栅格化，从【图层】面板中把文字删除到，在窗口中只剩下文字选区，然后重新建立一个新图层，按 Alt+Delete 快捷键填充文字选区，文字经过部分变形并改变了填充颜色，如图 7.37 所示。

7.2.2 把文字转换为形状

选择【图层】|【文字】|【转换为形状】命令，可以改变文字的形状，制作特效文字。

例如，选择【横排文字工具】，在新建文件中输入“我的青春”，设置字体为华文行楷、红色，字号为 150 点，字符间距为 100。鼠标指针指向文字图层名称处，右击，在弹出的快捷菜单中选择【转换为形状】命令，把文字转换为形状，选择【转换点工具】改变文字的形状，如图 7.38 和图 7.39 所示。

图 7.37 文字效果（三）

图 7.38 文字图层

图 7.39 文字效果（四）

7.2.3 在路径上创建文本

1）新建一个文件，选择【自由钢笔工具】，绘制一条路径。使用文字工具，将光标放在路径上，当光标变成路径文字光标时单击，输入文字，如图 7.40 所示。

2）选择【自由钢笔工具】，移动光标到路径上，在按住 Ctrl 键的同时拖动鼠标，调节锚点的手柄，使路径形状发生改变，文字的排列也随之调整，如图 7.41 所示。

图 7.40 在路径上创建文本（一）

图 7.41 在路径上创建文本（二）

3）选择【直接选择工具】，或者【路径选择工具】，或者【钢笔工具】，在按住 Ctrl 键的同时，把光标移动到文字路径的起点，当光标变成形状时，拖动文字的起点，可以调整文字的起始位置。把光标移动到文字路径的终点，当光标变成形状时，拖动文字的终点，可以调整文字的终止位置。

7.3 制作常用广告字

7.3.1 制作立体倒影字

1）打开 Photoshop CS6，设置前景为白色，背景为黑色，新建文件如图 7.42 所示。输入文字“PS”，如图 7.43 所示。

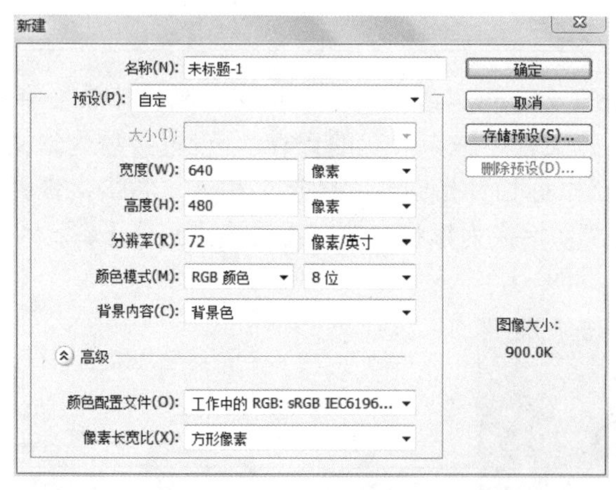

图 7.42 新建文件

图 7.43 输入文字

2）将文字栅格化，按 Ctrl+T 快捷键自由变换，调整后得到如图 7.44 所示的效果，然后设置图层样式为【斜面和浮雕】样式，相关参数保持默认值即可。

3）新建一空白图层，如图 7.45 所示，按 Ctrl+E 快捷键，与文字图层合并。选择【滤镜】|【模糊】|【高斯模糊】命令，打开【高斯模糊】对话框，将模糊半径值调小，如图 7.46 所示。

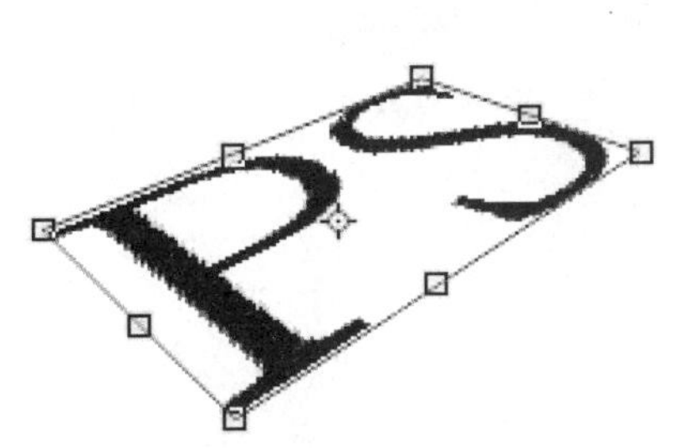
图 7.44 自由变换效果

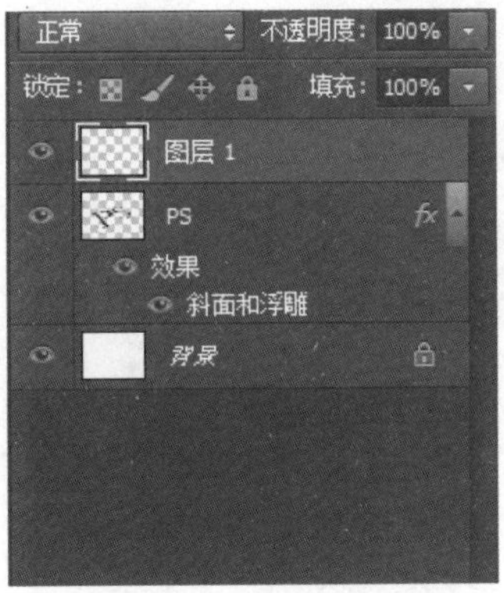

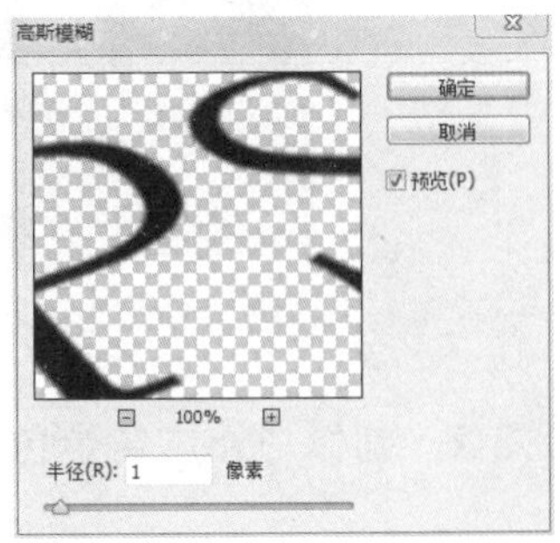

图 7.45 创建图层

图 7.46 【高斯模糊】对话框

4）按 Ctrl+Alt+↑快捷键，复制并上移图层，如图 7.47 所示。隐藏【背景】图层，选择【图层】|【合并所见图】命令合并所见图层，再次显示【背景】图层，如图 7.48 所示。

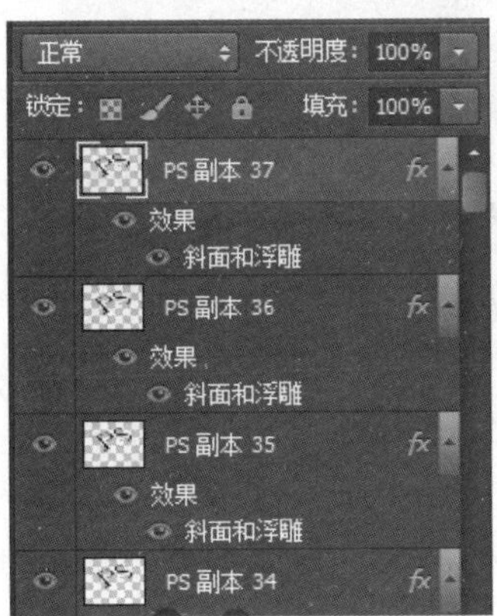

图 7.47 复制多个图层

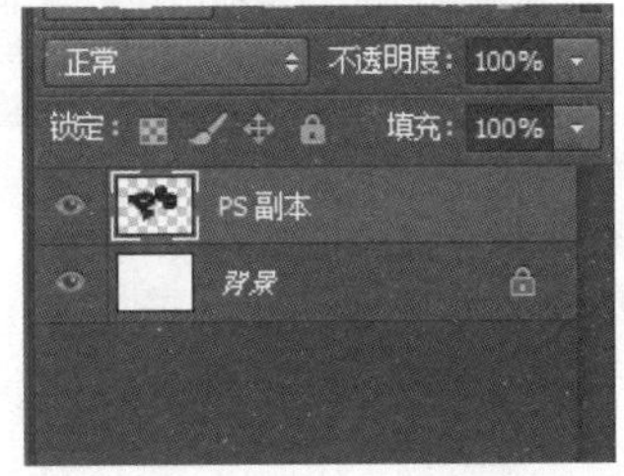

图 7.48 合并所见图层

5）复制合并后的图层（按住 Alt 键，拖动图层），如图 7.49 所示。将上方图层的图像上移到合适的位置，上下对齐，效果如图 7.50 所示。

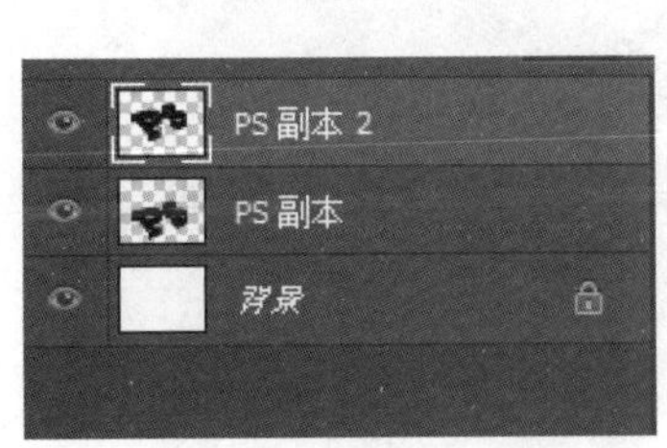

图 7.49 复制合并后的图层

图 7.50 文字效果（一）

6）调整图层透明度为 50%，为后生成的图层副本添加蒙版，如图 7.51 所示。选择【橡皮擦工具】，擦掉多余的部分，立体字效果如图 7.52 所示。

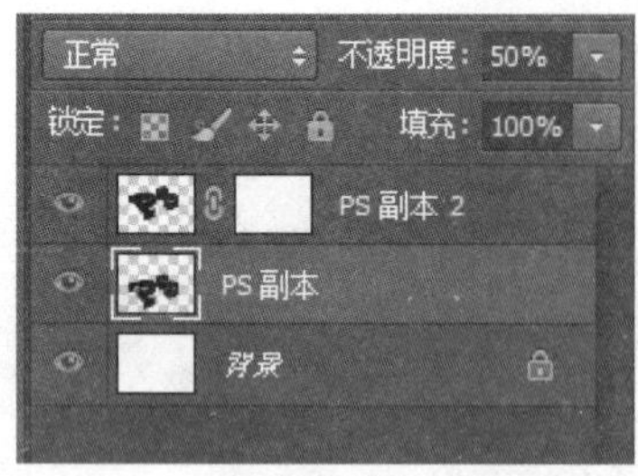

图 7.51　为图层副本添加蒙版

图 7.52　文字效果（二）

7.3.2　制作户外广告金色字

1）在 Photoshop CS6 中，新建文件（如果是练习，参数可以默认，否则要根据实际尺寸设置文件大小）。

2）输入文字后，按 Ctrl+J 快捷键复制一个文字图层，如图 7.53 所示。

图 7.53　复制文字图层

3）选择图层面板中的文字图层，右击，在弹出的快捷菜单中选择【混合选项】命令，打开【图层样式】对话框，选择【斜面和浮雕】样式，默认设置即可，单击【确定】按钮。右击，在弹出的快捷菜单中选择【栅格化图层】命令，把文字栅格化。

4）按 Ctrl+Alt+↑快捷键，复制并上移图层，制作立体字，如图 7.54 所示。

图 7.54　制作立体字

5）按住 Shift 键选中所有复制出来的图层，按 Ctrl+E 快捷键将其合并，如图 7.55 所示。

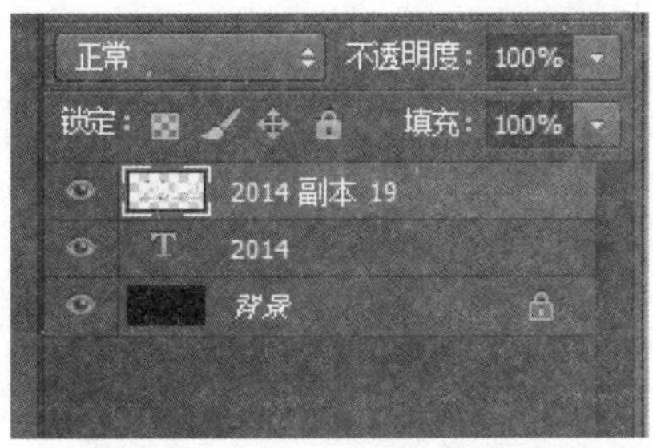

图 7.55　合并复制的图层

6）将未栅格化的文字图层移动到图层最上方，改变文字的颜色以便区分，如图 7.56 所示。

图 7.56　将未栅格化文字图层移到最上方

7）对文字图层做【斜面和浮雕】、【纹理】、【颜色叠加】、【描边】等效果设置，各参数设置如图 7.57～图 7.60 所示。效果如图 7.61 所示。

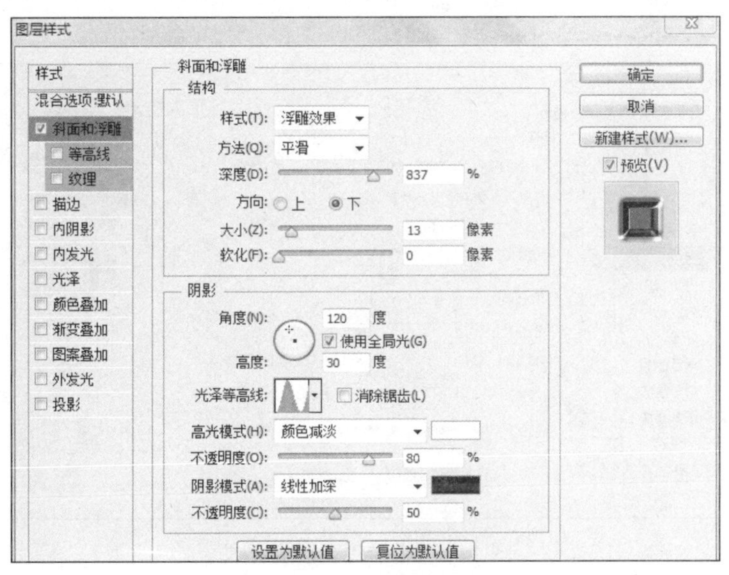

图 7.57　【斜面和浮雕】图层样式

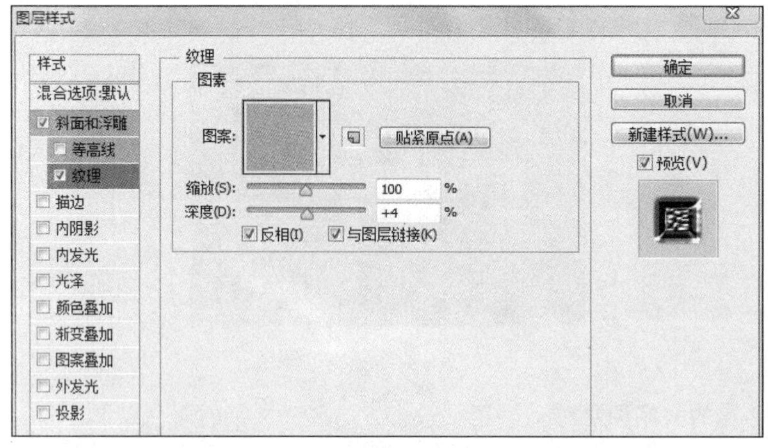

图 7.58 【纹理】图层样式

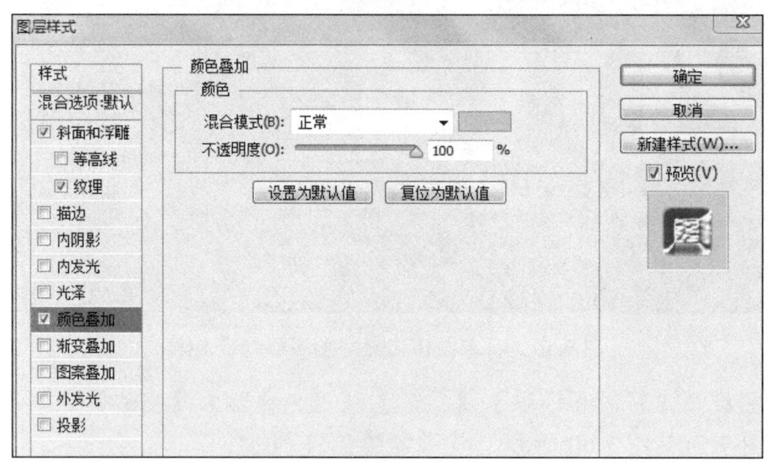

图 7.59 【颜色叠加】图层样式

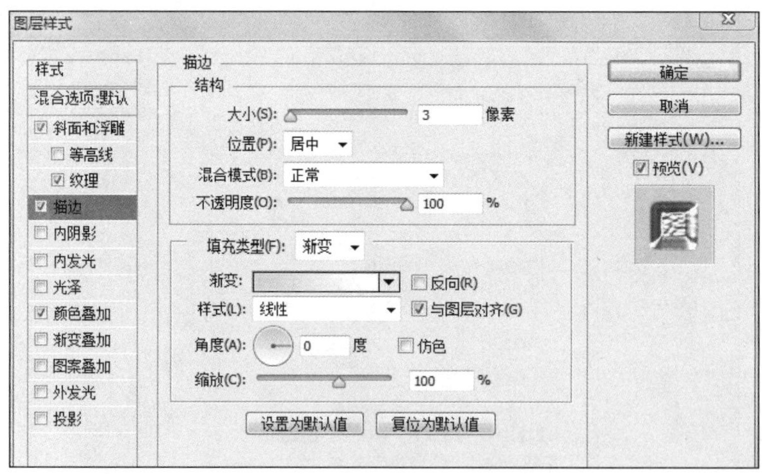

图 7.60 【描边】图层样式

8）按 Ctrl+J 快捷键复制“2014 副本 19”图层，如图 7.62 所示。

图 7.61 效果（一）

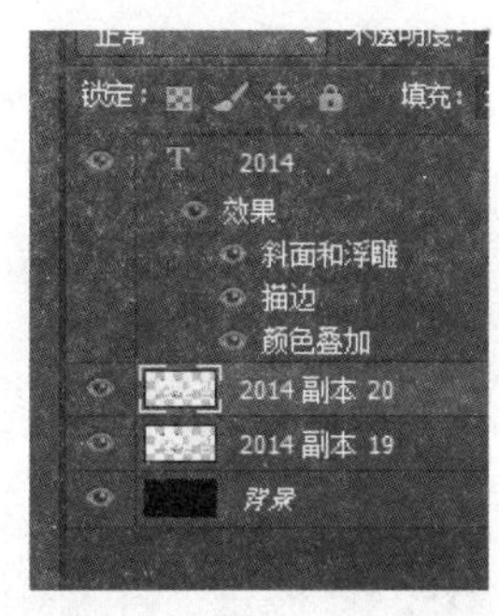

图 7.62 复制栅格化浮雕效果图层

9）对复制后生成的“2014 副本 20”图层进行【斜面和浮雕】和【光泽】文字效果设置，其参数如图 7.63 和图 7.64 所示。

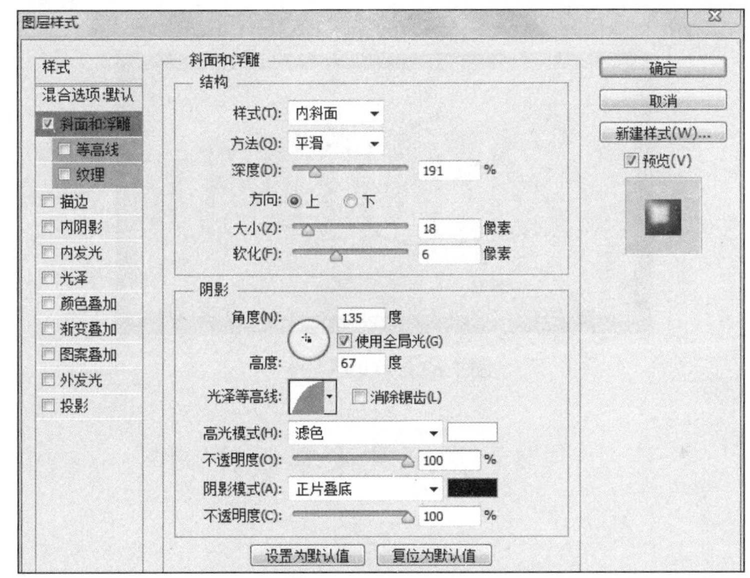

图 7.63 【斜面和浮雕】图层样式

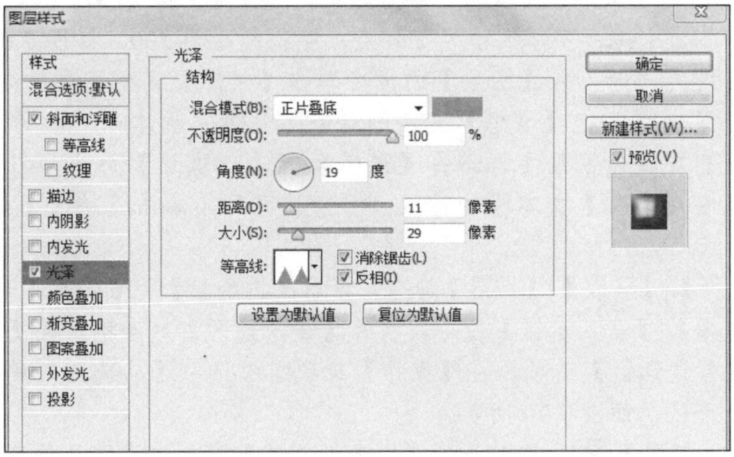

图 7.64 【光泽】图层样式

10）设置完成后的效果如图 7.65 所示。

11）制作一些星星点缀效果，如图 7.66 所示。

图 7.65 效果（二）

图 7.66 效果（三）

12）设置合适的前景色，并填充背景图层，最终效果如图 7.67 所示。

图 7.67 效果（四）

7.4 常用艺术字设计

7.4.1 彩边字

1）启动 Photoshop CS6，新建文件，参数默认。选择【横排文字工具】，输入“梦想”，并设置字体为宋体，字体大小为 250 点，字符间距为 200，如图 7.68 所示。

2）按住 Ctrl 键的同时，在【图层】面板中单击【梦想】文字图层的缩览图，“梦想”字样的选区出现，把【梦想】文字图层删除到，新建一个图层，则“梦想”字样的选区出现在新图层上，选择【选择】|【存储选区】命令，打开【存储选区】对话框，在【名称】文本框中输入“梦想选区”，单击【确定】按钮，如图 7.69 所示。

3）选择【选择】|【修改】|【扩展】命令，设置【扩展量】为 6 像素，这时选区会变宽。选择【选择】|【载入选区】命令，打开【载入选区】对话框，在【通道】下拉列表中选择【彩边选区】选项，在【操作】选项组中选中【从选区中减去】单选按钮，出现双线选区，如图 7.70 所示。

4）选择【渐变工具】，在打开的【渐变编辑器】窗口中设置几种渐变颜色，并对文字选区进行填充，按 Ctrl+D 快捷键取消选区，最终效果如图 7.71 所示。

图 7.68 输入彩边字

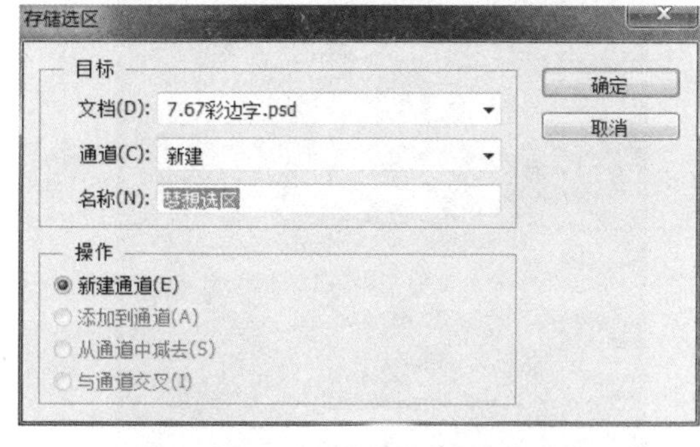

图 7.69 【存储选区】对话框

图 7.70 彩边字选区

图 7.71 彩边字最终效果

7.4.2 带刺字

1）启动 Photoshop CS6，新建文件，参数默认。选择【横排文字工具】，输入“花儿”，设置字体为华文行楷，字体大小为 200 点，字符间距为 200，如图 7.72 所示。

2）按住 Ctrl 键的同时，在【图层】面板中单击【花儿】图层的缩览图，“花儿”字样的选区出现。把【花儿】图层删除到，新建一个图层，则“花儿”字样的选区出现在新图层上。打开【路径】面板，单击【从选区生成工作路径】按钮，把“花儿”字样的选区变为路径，如图 7.73 所示。

图 7.72 输入“花儿”字

图 7.73 “花儿”字路径

3）选择【画笔工具】，在其工具属性栏中单击【切换画笔面板】按钮，打开【画笔】面板，如图 7.74 所示。

4）设置【画笔笔尖形状】中的【大小】为 32 像素，【角度】为 45°，【圆度】为 12%，【间距】为 38%。设置【形状动态】中的【大小抖动】为 91%，【角度抖动】为 64%。设置【颜色动态】中的【色相抖动】为 55%。在【路径】面板中，单击【用画笔描边路径】按钮，可以得到带刺的“花儿”字效果，如图 7.75 所示。

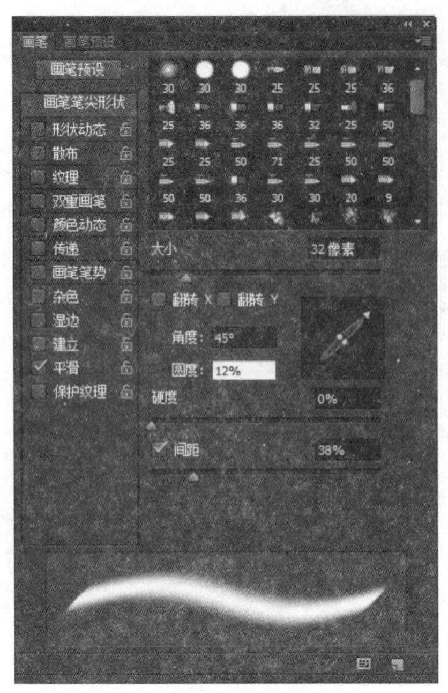

图 7.74 画笔面板

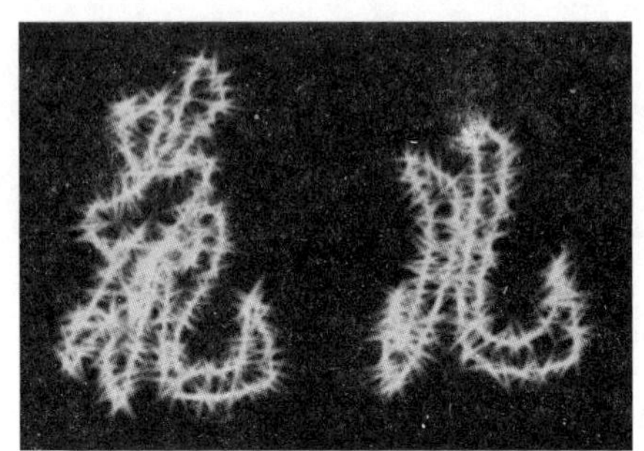

图 7.75 带刺“花儿”字效果

7.4.3 球形字

1）启动 Photoshop CS6，新建文件，参数默认。用【渐变工具】填充背景，渐变色自行决定，使用【横排文字工具】T，输入“恭”，设置字体华文行楷、字号 72 点，按 Ctrl+T 键适当变形。打开本章素材 7.76 灯笼图片，使用【磁性套索工具】抠出灯笼拖放到本文件中，作为背景，效果如图 7.76 所示。

2）选中“恭”图层，选择【图层】|【栅格化】|【文字】命令，或在选中的文字图层，单击鼠标右键，在快捷菜单上选择【栅格化文字】，把文字栅格化，再选择【滤镜】|【扭曲】|【球面化】命令，打开球面化对话框，参数设置如图 7.77 所示。

图 7.76 球形字（一）

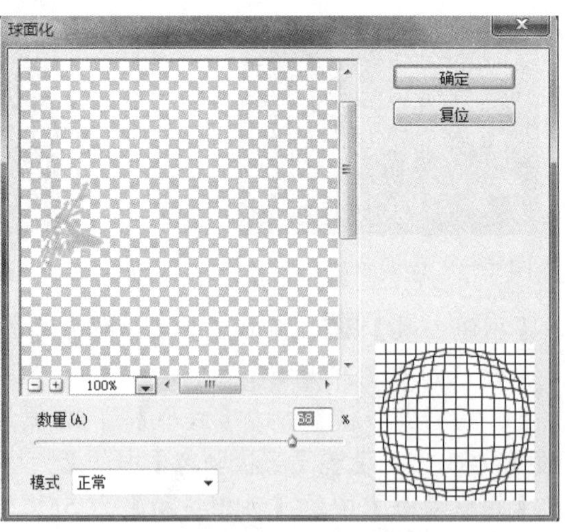

图 7.77 “球面化”面板

3）单击确定后出现球形效果，如图 7.78 所示。

4）选择灯笼所在图层，按 Ctrl+J 组合键复制得到三个灯笼图层副本，分别重命名为灯笼二、灯笼三、灯笼四，使用横排文字工具 ，输入“贺”，使用同样的方法制作“新”和“春”，并且按照上述步骤制作球形效果，如图 7.79 所示。

5）最后给“恭”“贺”“新”和“春”添加斜面和浮雕效果，样式选择【枕状浮雕】，大小为 5 个像素，最终效果如图 7.80 所示。

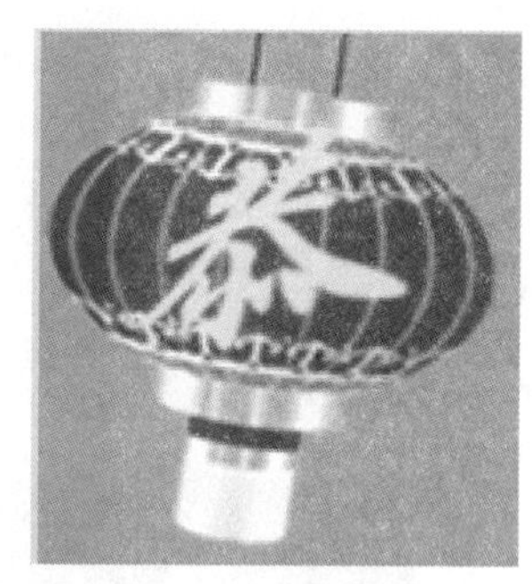

图 7.78 球形字（二）

图 7.79 球形字（三）

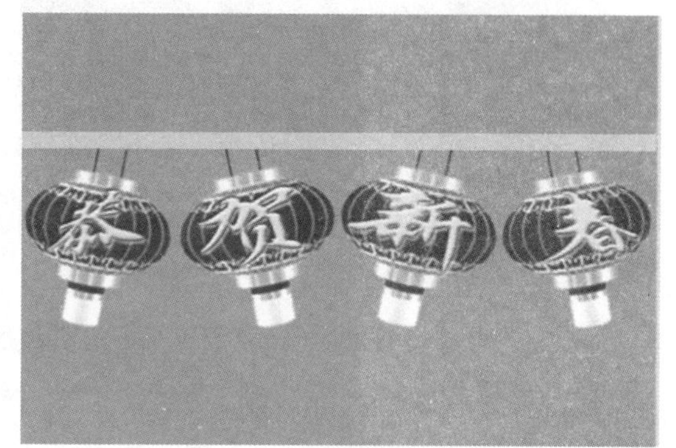

图 7.80 球形字最终效果

7.4.4 火焰字

1）启动 Photoshop CS6，新建文件，设置背景为黑色，选择【横排文字工具】T，输入“火焰”，设置字体颜色为白色，字体为黑体，字体大小为 200 点，字符间距为 100，如图 7.81 所示。

2）选择【图像】|【图像旋转】|【90 度（顺时针）】命令，使“火焰”两字顺时针旋转 90°，选择【滤镜】|【风格化】|【风】命令，在打开的【风】对话框的【方向】选项组中选中【从左】单选按钮，再按 3 次 Ctrl+F 快捷键，如图 7.82 所示。

图 7.81 火焰字（一）

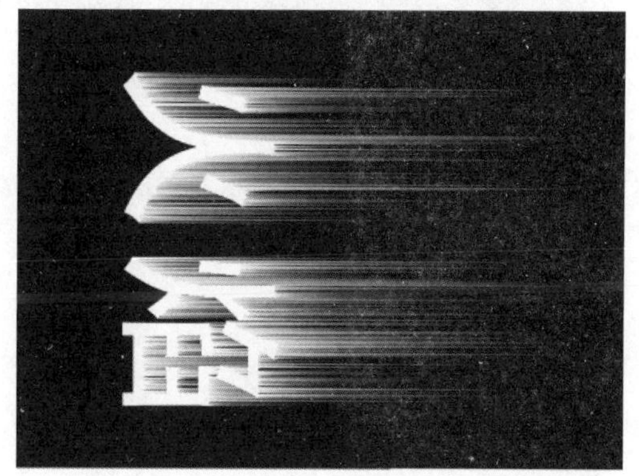

图 7.82 火焰字（二）

3）选择【图像】|【图像旋转】|【90 度（逆时针）】命令，使“火焰”字转正，选择【滤镜】|【扭曲】|【波纹】命令，设置【数量】为 75%，效果如图 7.83 所示。

4）选择【图像】|【模式】|【索引颜色】命令，弹出提示框提示“合并图层？”，两次单击【确定】按钮，选择【图像】|【模式】|【颜色表】命令，打开【颜色表】对话框，在【颜色表】下拉列表中选择【黑体】选项，如图 7.84 所示。

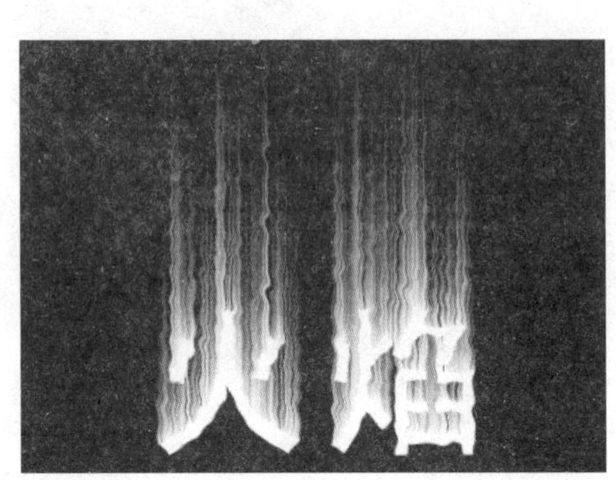

图 7.83 火焰字（三）

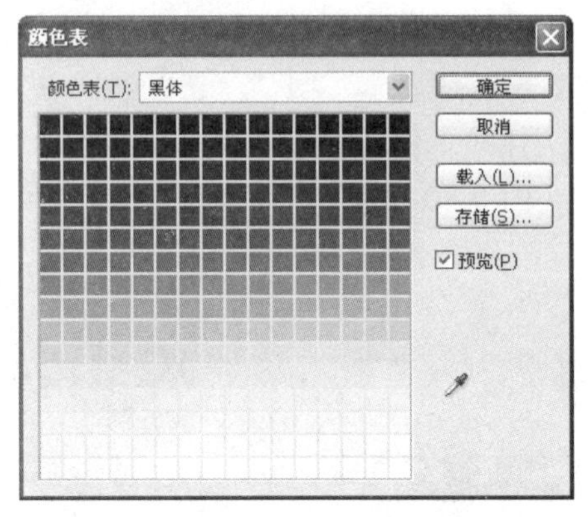

图 7.84 【颜色表】面板

5）单击【确定】按钮，效果如图 7.85 所示。

6）选择【横排文字工具】T.，输入“火焰”，并设置字体颜色为红色、字体为黑体，字体大小为 200 点，字符间距为 100，调整位置使其与原“火焰”文字重合，最终效果如图 7.86 所示。

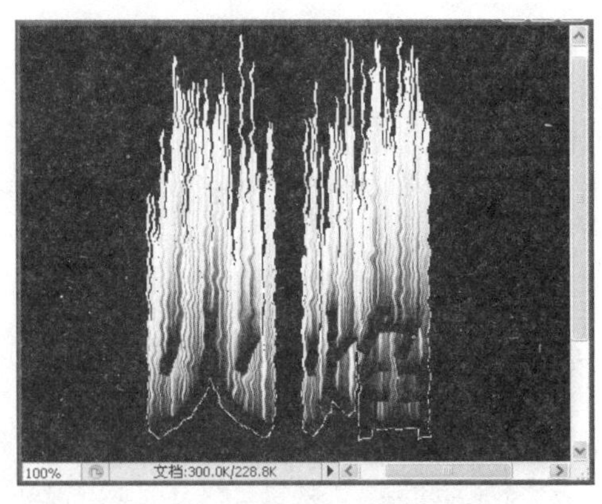

图 7.85 火焰字（四）

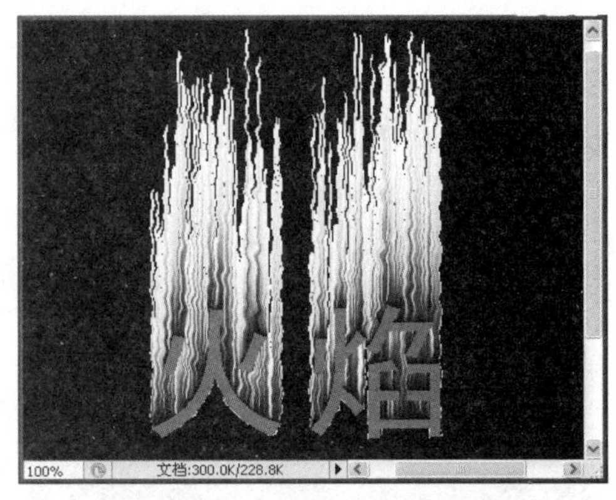

图 7.86 火焰字最终效果

案 例 实 施

案例一 实施步骤

学习了文字的创建和格式的设置，以及一些制作特效文字的方法后，下面利用所学知识完成案例一中的任务。

【步骤一】基础操作。

启动 Photoshop CS6，新建文件，尺寸是 500×300 像素，白色背景。

【步骤二】背景制作。

1）选择【圆角矩形工具】，在其属性【半径】为 5 像素，其他参数设置如图 7.87 所示。在该图层中绘制一个圆角矩形，填充色为绿色（#6d9e1e）。复制形状图层，并改名复制后的形状图层为图层 1，效果如图 7.88 所示。

图 7.87 圆角矩形参数设置

2）右击【图层】面板中【图层 1】的缩览图，在打开的快捷菜单中选择【混合选项】，在出现的【图层样式】对话框中设置【渐变叠加】样式，参数设置如图 7.89 所示，渐变颜色右边白色，左边绿色，给圆角矩形填充了上绿下白的渐变，效果如图 7.90 所示。

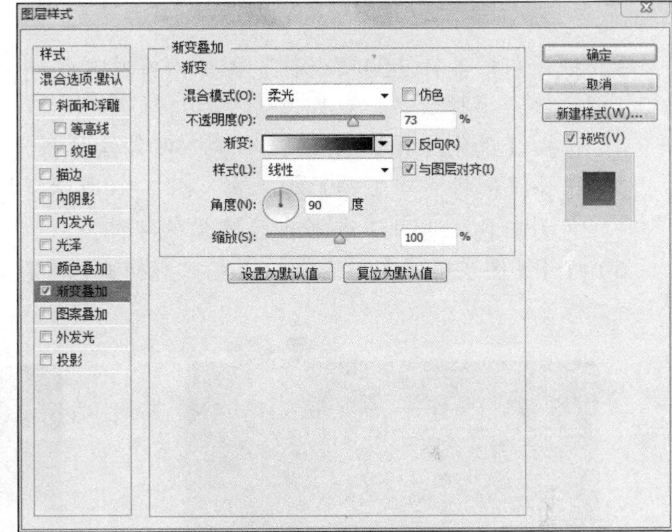

图 7.88 效果（一）

图 7.89 【渐变叠加】图层样式

【步骤三】banner 制作。

1）创建 banner 的“头部”。按住 Ctrl 键，单击图层缩览图，载入图层选区；选择【矩形选框工具】，按住 Alt 键进行拖动，消减掉下面一部分选区，如图 7.91 所示。剩余的部分填充白色。

图 7.90 效果（二）

图 7.91 消减选区

2）按 Ctrl+D 快捷键去掉选区。设置【图层模式】为叠加，【不透明度】为 20%。如

图 7.92 所示，效果如图 7.93 所示。

图 7.92 【图层】面板

图 7.93 效果（三）

3）打开本章素材 7.94“小钟”图片，将其复制到文件中，按 Ctrl+T 快捷键把图形调小一些，去掉背景，如图 7.94 所示。

4）选择【锐化工具】将“小钟”图片涂抹得清晰一些，如图 7.95 所示。

5）选择【横排文字工具】，输入图 7.96 所示标题。字体为 Comic Sans MS，字体颜色为白色。也可以选择自己喜爱的字体。

6）打开【图层样式】对话框，设置投影样式，参数如图 7.97 所示，效果如图 7.98 所示。

图 7.94 效果（四）

图 7.95 效果（五）

图 7.96 效果（六）

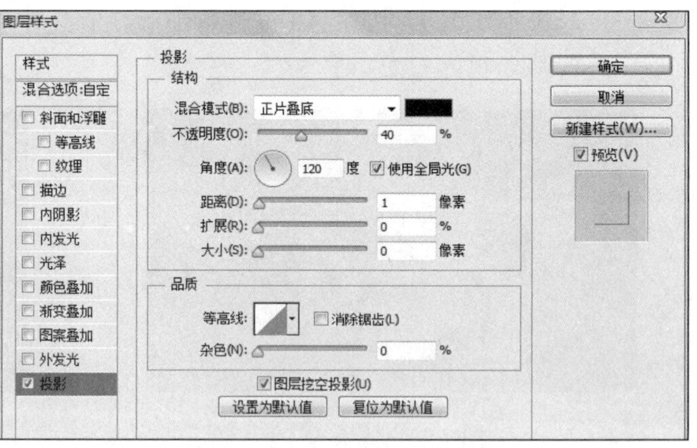

图 7.97 【投影】图层样式

7）为 banner 添加更多的设计元素。选择【自定形状工具】，单击【形状】按钮，在弹出的下拉列表中选择如图 7.99 所示的形状（属于“自然”类）。为 banner 添加两个此形状，效果如图 7.100 所示。

图 7.98 效果（七）

图 7.99 自定义形状

8）按 Ctrl+E 快捷键合并两个形状到一个图层中。按住 Ctrl 键，同时单击形状的图层缩览图，载入选区，然后按 Ctrl+Shift+I 快捷键将选区反选，按 Delete 键，把 banner 以外的形状删除，如图 7.101 所示。按 Ctrl+D 快捷键取消选区。

图 7.100 效果（八）

图 7.101 效果（九）

9）设置形状的图层模式为柔光，不透明度为 20%，如图 7.102 所示。

10）为 banner 添加更多的文字，如图 7.103 所示。

图 7.102 效果（十）

图 7.103 效果（十一）

图 7.104 效果（十二）

11）选择【圆角矩形工具】，在其属性栏中设置半径为 2 像素，绘制一个颜色为绿色（#69990d）的圆角矩形，设置一个按钮，如图 7.104 所示。

12）在按钮上添加文字“click here for read more”，完成 banner 的设计，如图 7.1 所示。

【步骤四】保存文件。

把文件以 PSD 格式和 JPG 格式各保存一份。

案例二 实施步骤

案例一介绍了用 Photoshop 制作网页 banner 广告设计的知识，学习了文字的输入、素材图片的导入、自定义图形的添加、图层模式设置等操作，并通过图层的混合模式等设置效果。下面利用所学知识完成案例二中的任务。

【步骤一】准备工作。

POP 是英文 Point Of Purchase 的缩写，意为“卖点广告”，其主要商业用途是刺激引导消费和活跃卖场气氛。POP 主要应用于超市卖场，目前各大型超市卖场多采用印刷成统一模板后，由美工根据要求填写文字内容的方式，以满足琳琅满目的货品柜面不同的使用要求。

启动 Photoshop CS6，新建文件，参数默认，然后输入文字，字体设置如图 7.105 所示，效果如图 7.106 所示。

图 7.105 字体设置

图 7.106 输入文字

【步骤二】设置效果。

1）右击文字图层，在弹出的快捷菜单中选择【混合选项】命令，打开【图层样式】对话框，分别设置【投影】、【内阴影】、【外发光】、【内发光】、【斜面和浮雕】、【渐变叠加】图层样式，设置参数如图 7.107～图 7.114 所示。应用所有图层样式后的效果如图 7.115 所示。

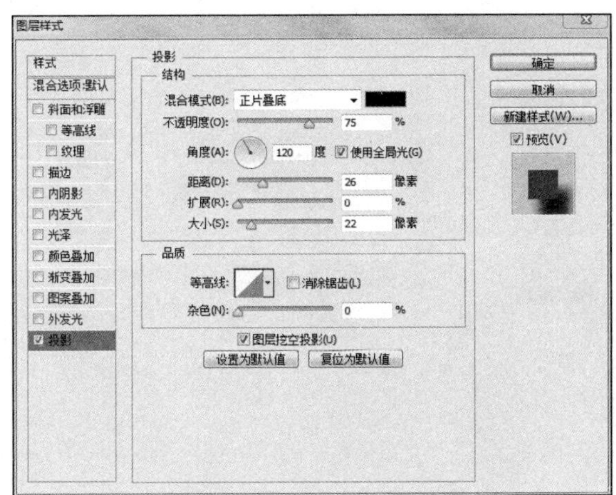

图 7.107 【投影】图层样式

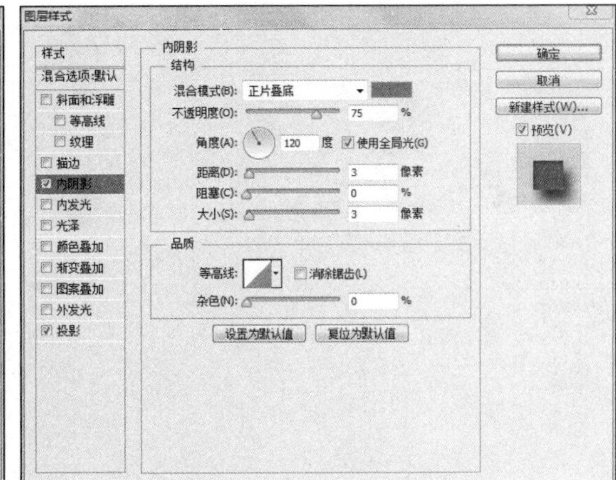

图 7.108 【内阴影】图层样式

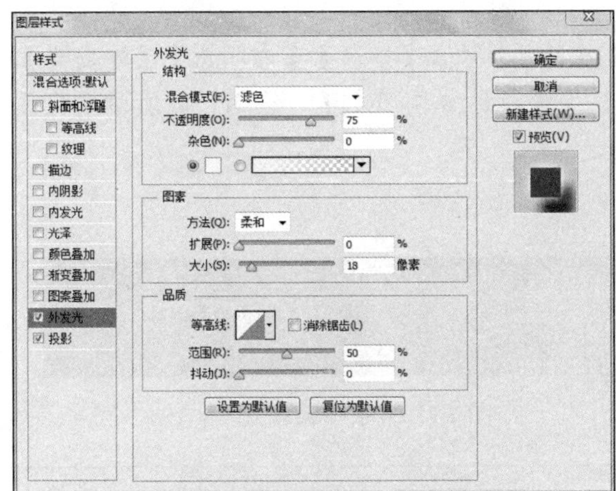

图 7.109 【外发光】图层样式

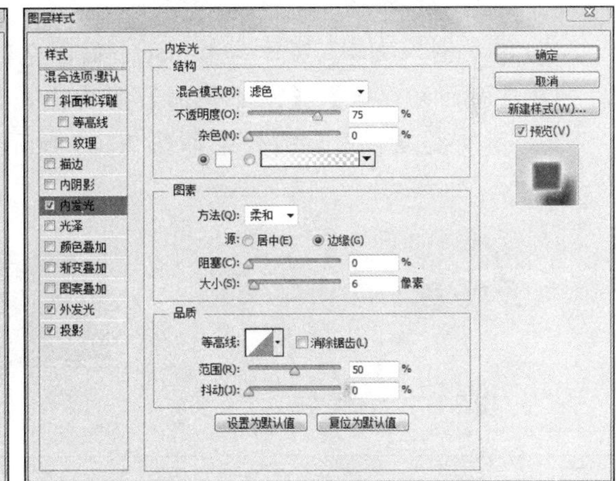

图 7.110 【内发光】图层样式

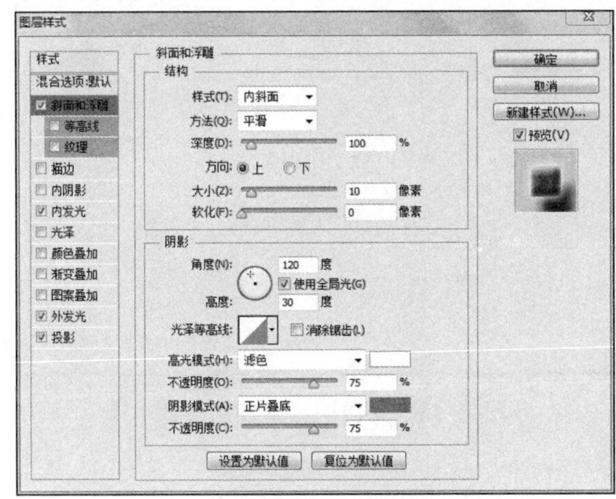

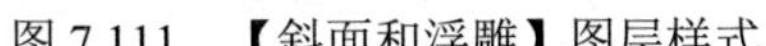
图 7.111 【斜面和浮雕】图层样式

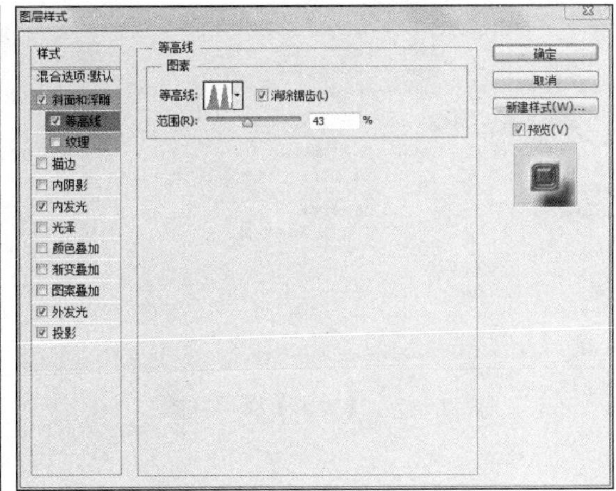

图 7.112 【等高线】图层样式

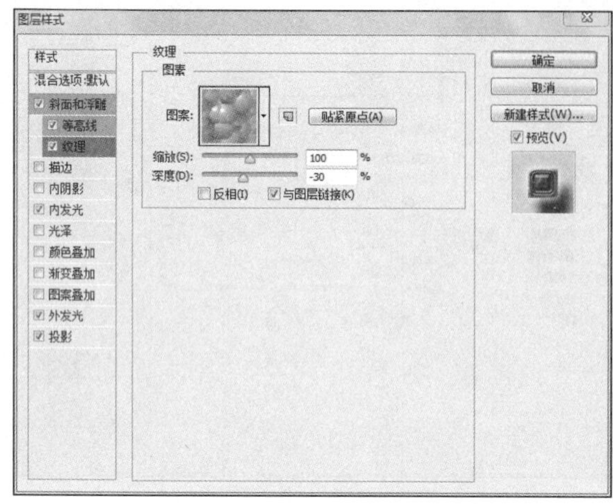

图 7.113 【纹理】图层样式

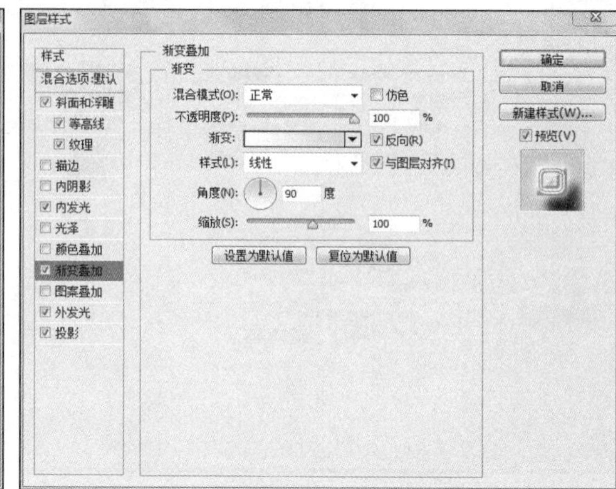

图 7.114 【渐变叠加】图层样式

2）再次输入文字，字体为 Impact，如图 7.116 所示。添加【投影】、【内阴影】、【外发光】、【斜面和浮雕】、【渐变叠加】图层样式，设置参数如图 7.117～图 7.124 所示。应用所有图层样式后的效果如图 7.125 所示。

图 7.115 效果（一）

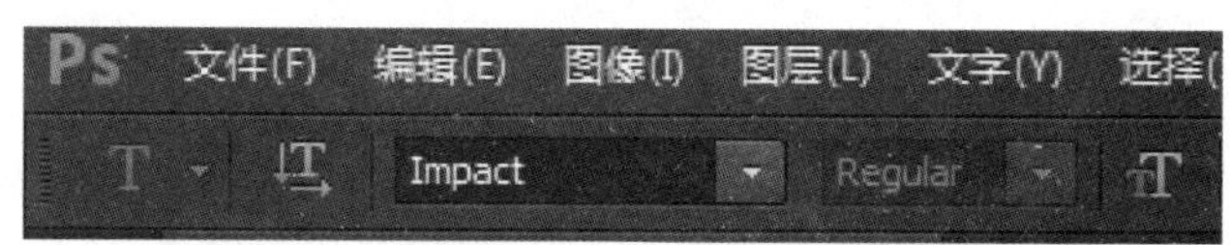

图 7.116 字体设置

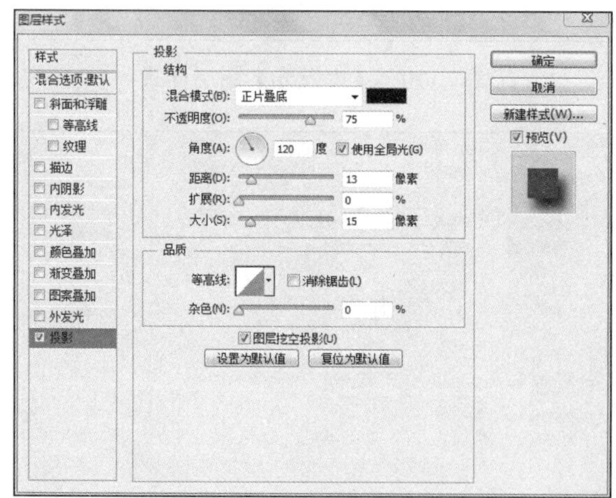

图 7.117 【投影】图层样式

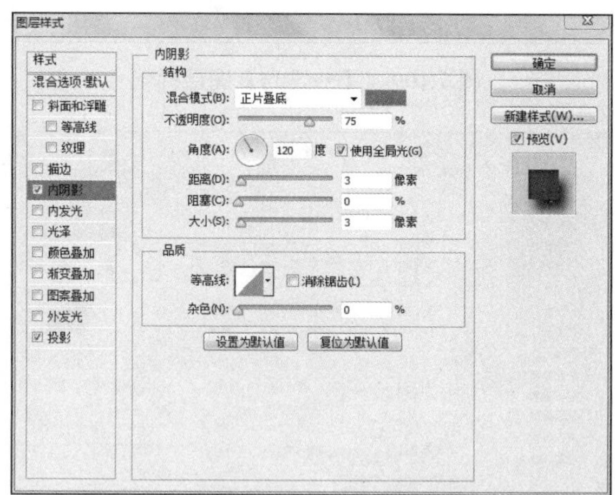

图 7.118 【内阴影】图层样式

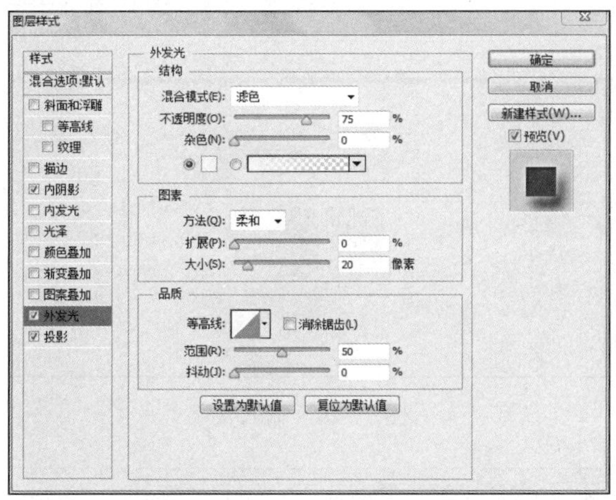

图 7.119 【外发光】图层样式

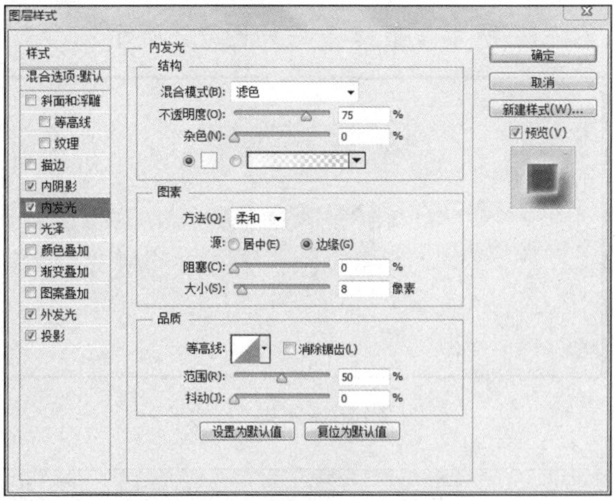

图 7.120 【内发光】图层样式

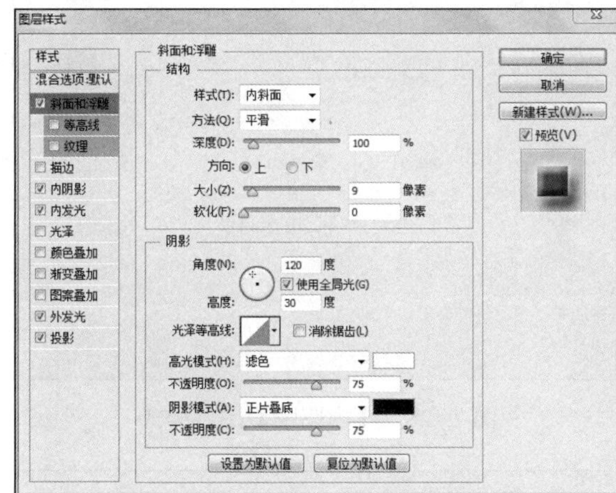

图 7.121 【斜面和浮雕】图层样式

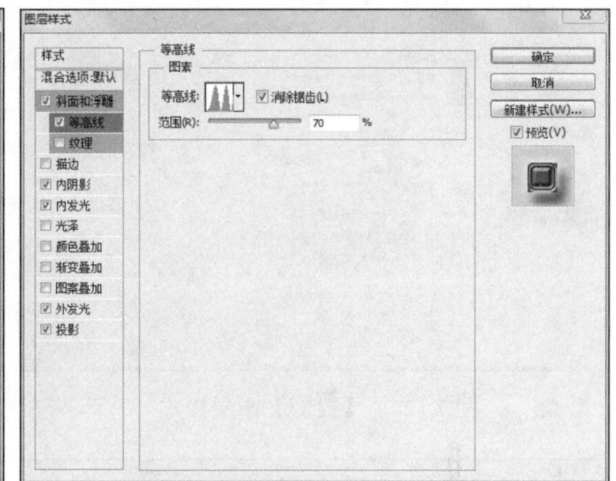

图 7.122 【等高线】图层样式

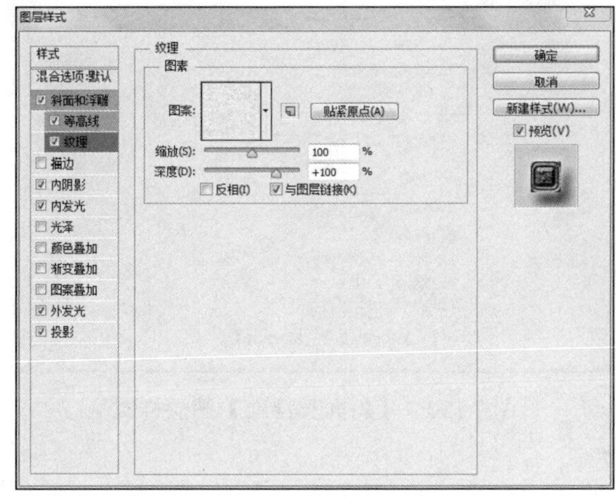

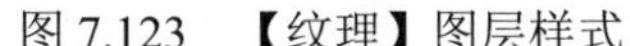

图 7.123 【纹理】图层样式

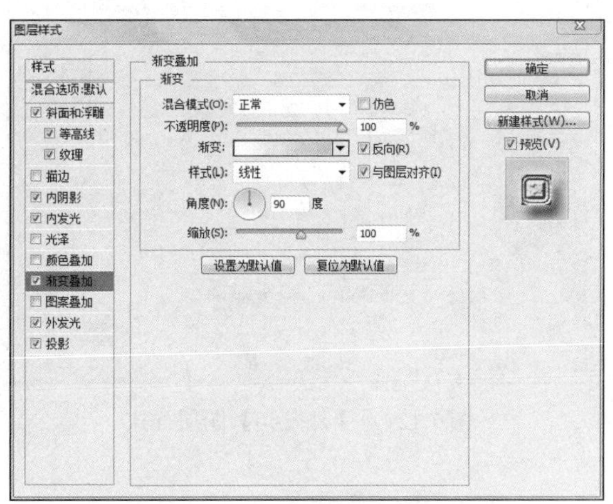

图 7.124 【渐变叠加】图层样式

3）以同样的方法再次输入文字并设置图层样式，各图层样式参数如图 7.126～图 7.132 所示。最终效果如图 7.2 所示。

图 7.125　效果（二）

图 7.126　输入文字

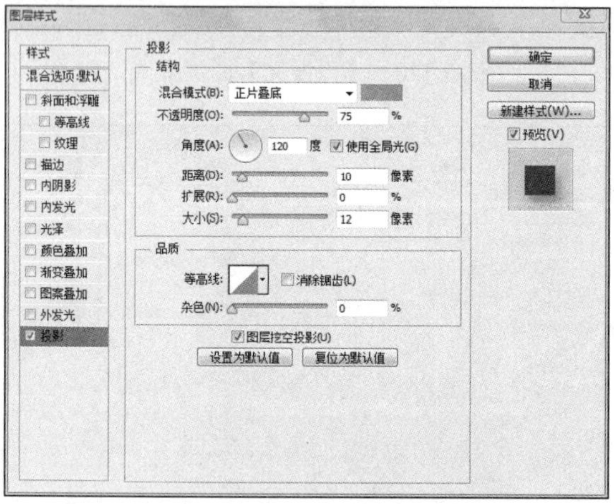

图 7.127　【投影】图层样式

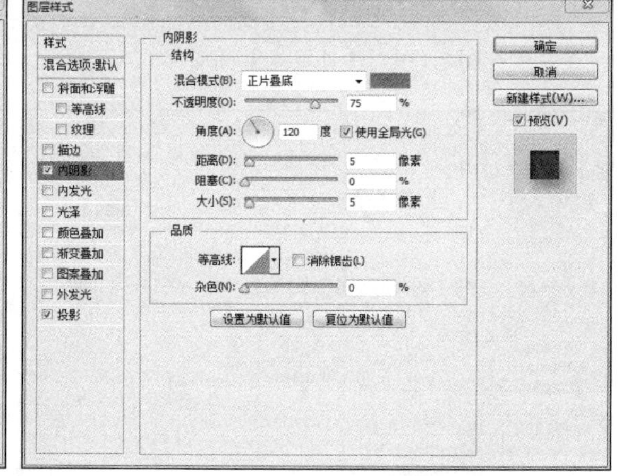

图 7.128　【内阴影】图层样式

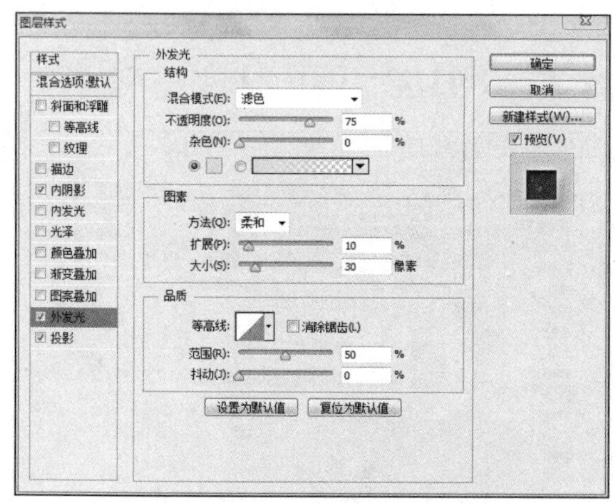

图 7.129　【外发光】图层样式

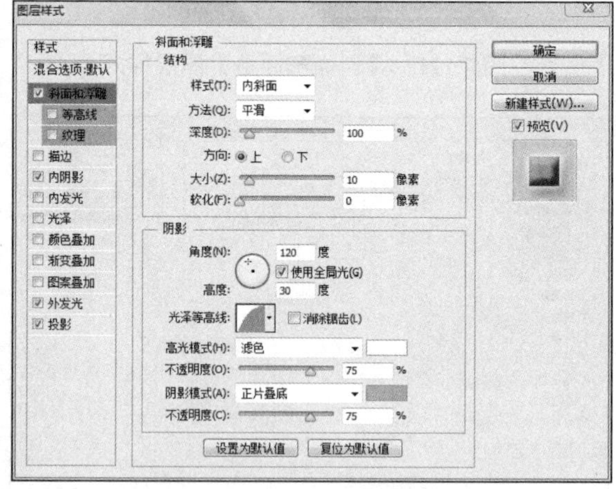

图 7.130　【斜面和浮雕】图层样式

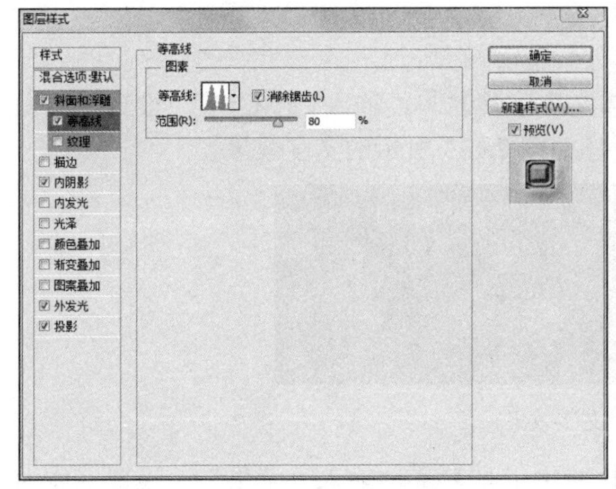

图 7.131 【等高线】图层样式

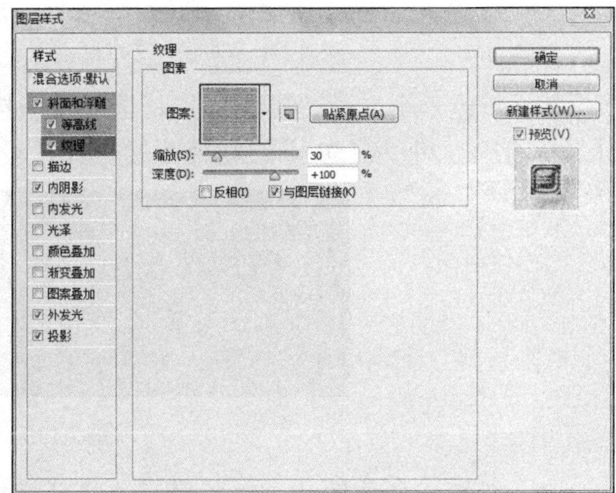

图 7.132 【纹理】图层样式

【步骤三】保存文件。

把文件以 PSD 格式和 JPG 格式各保存一份。

工作实训营

1. 训练内容

练习绘制图案字、彩边字、带刺字、球形字、火焰字等特效文字。

2. 训练要求

在 7.4 节实例的基础上，更换文字内容，分别实现上述特效文字。

工作实践中常见问题解析

【常见问题 1】在做特效文字的时候，做完后总是有白色的背景，如何去掉背景色，使得只能看到字，而看不到任何背景?

答：删除背景图层，在透明层上输入文字，并完成效果，输出 GIF 格式的图片，就能实现背景透明的效果。

【常见问题 2】在 Photoshop CS6 中，把文字层转换成普通图层的命令是什么?

答:选中文字图层，选择【图层】|【栅格化】|【图层】命令，即可将原图层转换为普通图层。

【常见问题 3】在 Photoshop CS6 中输入文字，怎样选取部分文字选区?

答：把文字图层转换成普通图层，然后在【图层】面板上按住 Ctrl 键，同时单击转换成普通图层的文字图层就能选中全部文字，然后按 M 键，再按住 Alt 键，然后选中不需要的文字部分，那么留下的就是需要的部分文字选区。

习　题

1．新建一个文件，黑色背景，选择【横排文字工具】T，输入“PSCS6”，设置字体为宋体，字体大小为150点，利用图层样式，设计如图7.133所示的文字效果。

图7.133　文字效果

2．新建一个文件，白色背景，选择【横排文字工具】T，输入“苹果”，设置字体为隶书，字体大小为200点，利用文字选区，填充五彩渐变色，利用图层样式，制作如图7.134所示的五彩立体文字效果。

图7.134　文字效果

第8章

图像色调与色彩调整

本章要点

学会更改图像的色彩模式。

掌握色阶的使用方法。

掌握曲线的使用方法。

掌握色彩平衡的使用方法。

掌握亮度/对比度的使用方法。

掌握图像色彩的使用方法。

掌握色相/饱和度的使用方法。

掌握通道混合器的使用方法。

掌握渐变映射的使用方法。

学会灵活调整图像颜色的特殊方法。

技能目标

掌握用于调整图像的色彩模式、色阶、曲线、色彩平衡、色相/饱和度、渐变映射等图像色彩调整工具的使用。

掌握对图像进行去色、反向、色调均化等特殊的色彩调整。

学会有效地控制图像的色彩和色调。

案例导入

【案例一】少女照片美化。

人物形象的美化是在工作中经常要做的事，图 8.1 所示为美化前的图片，现需要对其进行美化并修瘦脸型和大腿，最终效果如图 8.2 所示。

图 8.1　原图

图 8.2　最终效果图

【案例二】照片合成。

照片合成技术在影楼等工作场所用得很多，图 8.3 所示为两幅婚纱照，现需要设计为有艺术效果的婚纱海报，最终效果如图 8.4 所示。

图 8.3　原图

图 8.4　效果图

引导问题

色彩模式有哪些？分别适用于什么场合？

如何自动矫正图像色彩？

如何通过色阶、曲线、色彩平衡、亮度/对比度来调整图像色调？

如何调整图像色彩及特殊色彩和色调？

基础知识

8.1　图像的颜色模式

8.1.1　常用颜色模式

在 Photoshop 中，颜色模式决定显示和打印图像的颜色模型。Photoshop 默认的颜色模式是 RGB 颜色模式，但用于彩色印刷的颜色模式必须是 CMYK 颜色模式。其他颜色模式还包括位图、灰度、双色调、索引颜色、Lab 颜色和多通道等。

除了在第 1 章介绍的 RGB 颜色模式、CMYK 颜色模式、Lab 颜色模式外，下面对其他颜色模式进行介绍。

1. 灰度模式

灰度模式可以使用多达 256 级灰度来表现图像，使图像的过渡更平滑、细腻。其范围值为 0（黑）～255（白）。灰度值也可以用油墨的覆盖浓度来表示，0%为白色，100%为黑色。灰度模式的图像只有一个灰色通道。

2. 索引颜色模式

索引颜色模式的图像最多只能有 256 种颜色。当图像转换成索引模式时，系统会根据图像上的颜色自动归纳出能代表大多数 256 种颜色的颜色表，然后用这 256 种颜色来代替整个图像上所有的颜色信息。索引颜色模式在储存图像中的颜色的同时，也为这些颜色建立了颜色索引。

3. 双色调模式

双色调模式采用 2～4 种彩色油墨混合其色阶来创建双色、三色、四色的图像。双色调模式可以对黑白图片进行加色处理，得到一些特别的颜色效果。而使用双色调模式最主要的用途则是使用尽量少的颜色表现尽量多的颜色层次。

4. 多通道模式

多通道模式没有固定的通道数，可以由任何模式转换而来。多通道模式对有特殊打印要求的图像非常有用。例如，图像中只使用了一两种或两三种颜色时，使用多通道模式可以减少印刷成本并保证图像颜色的正确输出。

5. 8 位/16 位/32 位通道模式

在灰度、RGB 颜色和 CMYK 颜色模式下，可以使用 16 位通道来代替默认的 8 位通道。默认情况下，8 位通道中包含 256 个色阶，如果增加到 16 位，每个通道的色阶数量为 65536 个，这样能得到更多的色彩细节。Photoshop CS6 可以识别和输入 16/32 位通道的图像，但对这种图像限制很多，好多滤镜都不能用，而且这种图像不能被印刷。

6. HSB 模式

HSB 模式不是 Photoshop CS6 中图像的表现模式，而是依据人类对颜色的感觉，将颜色用色相、饱和度、明度 3 个因素表示。

1）色相是人类对物体颜色的认知，如红色、蓝色、绿色等。色相由 0°～360°标准色轮上的位置来表示。

2）饱和度表示色彩的浓度，用色相中灰色所占的百分比来表示。

3）明度即亮度，表示颜色的明暗程度，用百分比来表示，0%时为纯黑，100%时为纯白。

> **小提示：**
> 颜色模式除了确定图像中能显示的颜色数量外，还影响图像的通道数和文件大小。因此在制作图像时，应该使用合适的颜色模式，在对色彩表现影响不大的情况下，减小文件的大小。

Lab 颜色模式包含的颜色范围最广，能够包含 RGB 颜色模式和 CMYK 颜色模式中的所有颜色。CMYK 颜色模式包含的颜色最少，而且有些在屏幕上能看到的颜色在印刷品上是实现不了的。

8.1.2 颜色模式间的相互转换

颜色模式是基于颜色模型的一种描述颜色的数值表示方法，选择一种颜色模式，就等于选用了某种特定的颜色模型。

打开一个文件以后，选择【图像】|【模式】命令，在弹出的子菜单中选择一种颜色模式，即可将其转变为该模式，如图 8.5 所示。

虽然图像颜色模式之间可以相互转换，但是需要注意的是，如果从色域空间较大的图像模式转换到色域空间较小的图像模式时常常会有一些颜色丢失。

1. 将彩色图像转换为灰度模式

将彩色图像转换为灰度模式时，Photoshop CS6 会扔掉原图中所有的颜色信息，而只保留像素的灰度级。选择【图像】|【模式】|【灰度】命令来实现转换，转换时出现图 8.6 所示的【信息】对话框，单击【扔掉】按钮，转换后的图像如图 8.7 所示。

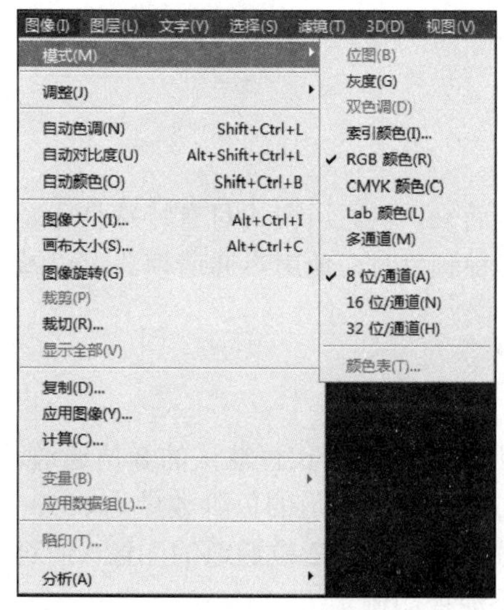

图 8.5 【模式】子菜单

2. 将其他模式的图像转换为位图模式

将图像转换为位图模式会损失大量的细节，使图像颜色减少到两种，大大简化了图像中的颜色信息，并减小了文件大小。但是只有灰度模式可以转换为位图模式，其他模式的图像在转换成位图模式时，必须首先转换为灰度模式，然后才可以转换成位图模式，如将图 8.7 所示的彩色原图转换为位图模式，必须首先将其转换为灰度模式后，【位图模式】命令才可用，并打开如图 8.8 所示的【位图】对话框，转换为位图模式后的效果如图 8.9 所示。

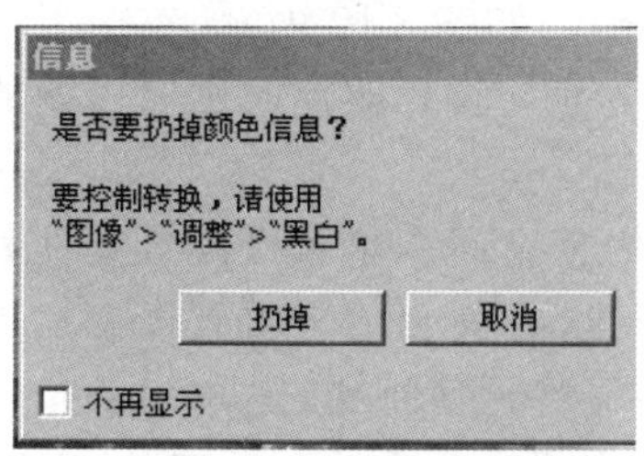

图 8.6　【信息】对话框

图 8.7　彩色原图及转为灰度模式下的图像

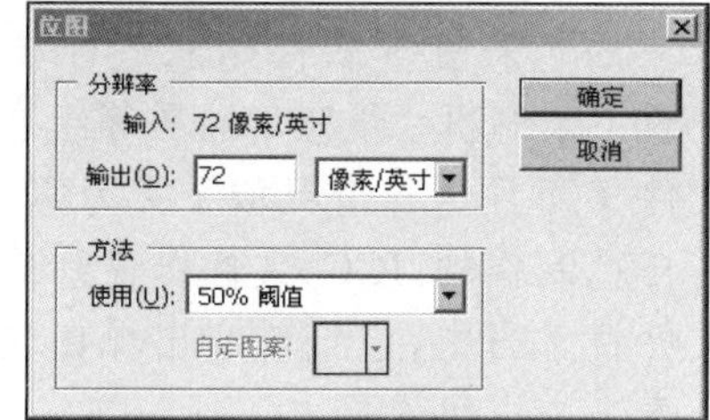

图 8.8　【位图】对话框

图 8.9　位图模式下的图像

3. 将其他模式的图像转换为索引颜色模式

在将彩色图像转换为索引颜色模式时，会删除图像中的很多颜色，而仅保留其中的 256 种颜色。只有灰度模式和 RGB 颜色模式的图像可以转换为索引颜色模式。选择【图像】|【模式】|【索引颜色】命令，将 RGB 图像转换为索引颜色模式的图像时，将打开如图 8.10 所示的【索引颜色】对话框，如将 8.7 所示的彩色原图（RGB 颜色模式）图像转换为索引颜色模式下的图像效果如图 8.11 所示。

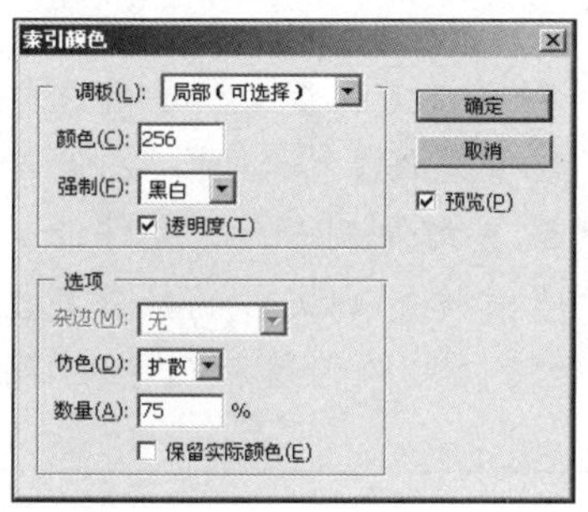

图 8.10　【索引颜色】对话框

图 8.11　索引颜色模式下的图像

4. 将 RGB 颜色模式的图像转换为 CMYK 颜色模式

对于印刷前的作业而言，在很多情况下，图像处理的最终目的是印刷输出。如果此前对图像进行编辑一直使用的是 RGB 颜色模式，那么在输出制版或者印刷前，必须先将其转换为 CMYK 颜色模式，这时涉及色空间/图像模式的转换问题。

在将 RGB 颜色模式转换为 CMYK 颜色模式时，不能只是简单地使用【图像】|【模式】|【CMYK 颜色】命令，因为这样做的结果是用户不能够清楚地看到模拟的印刷输出效果，而

且也不知道自己用的到底是哪种特性文件。最好的做法是在做转换动作时使用【编辑】|【转换为配置文件】命令，这时会打开【转换为配置文件】对话框，如图 8.12 所示。

1）源空间。源空间是特性文件 AdobeRGB1998.icc 规定的色空间，即此时图像内嵌的特性文件。

2）目标空间。目标空间是要选择的 ICC 特性文件规定的色空间。单击【配置文件】右侧的下拉按钮，在弹出的下拉列表中有大量内置的特性文件可供选择，其中有各个国家和地区的印刷规范文件，如著名的 SWOP、欧洲标准及日本标准等。另外，还可以通过专业的色彩管理软件建立适合自己的印刷配置（印刷机、纸张、油墨等组合）的特性文件（而且这种情况似乎更为常见）。如果将自己制作的 ICC 文件保存到前面列出的文件目录当中，它们就会出现在这里的下拉列表当中以供选择。

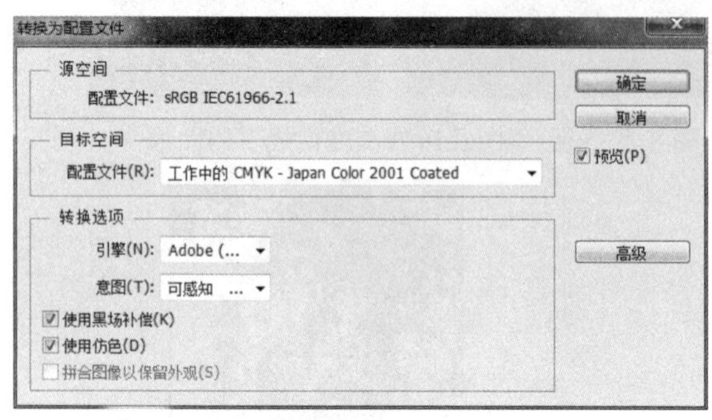

图 8.12 【转换为配置文件】对话框

3）转换选项。【转换选项】是对转换的【引擎】及【意图】进行设置。例如，【引擎】中的 Adobe ACE(Adobe Color Engine)是 Adobe 自己开发的色彩管理模块（CMM Color Management Module），它被内嵌到了所有 Adobe 的专业设计软件当中，非 Adobe 应用软件不可用。在转换【意图】中，有四种色彩空间转换匹配方式，即【可感知】、【饱和度】、【相对比色】及【绝对比色】。【可感知】是比较常用的方法，它通过相对比例的方式将源色空间的所有色彩成比例地压缩到目标色域，从而保持色彩之间的总体视觉关系（尽管那些颜色数据实际上已经发生了变化），这适用于大多数普通图像。

小提示：

打开【编辑】菜单，可以看到下面有两个命令，即【指定配置文件】和【转换为配置文件】。这两个命令是有一定区别的，在执行【指定配置文件】命令时，图像外观会发生改变，其内部数据却不会发生变化，因此在将指定的配置文件删除后，文件能够恢复到指定配置文件以前的状态；如果执行【转换为配置文件】命令，则文件的数据发生改变，其外观也会有一定程度的改变（改变的程度视转换前后特性文件的差别而定），而且将无法回到起初状态。

5. 将其他模式的图像转换成多通道模式

若将其他模式图像转换成多通道模式，可通过选择【图像】|【模式】|【多通道】命令来实现转换。在转换过程中，原来的 RGB 颜色模式、CMYK 颜色模式、Lab 颜色模式等都将去掉一个通道，将自动转换成多通道模式。

8.2 直 方 图

灵活运用 Photoshop CS6 的色彩调节功能，是学习图像编辑处理的关键一环。对图像的色彩和色调进行有效的控制，我们才能制作出高品质的图像作品。Photoshop CS6 提供了十分完善和强大的色彩调节功能，这些功能能够帮助我们创造出绚丽多彩的图像世界。

直方图用图形表示每个亮度级别的像素数量，展示像素在图像中的分布情况。直方图左侧显示阴影中的细节，中部显示中间调，右侧显示高光部分。直方图可以帮助确定某个图像是否有足够的细节来进行良好的校正。低色调图像的细节集中在阴影处，高色调图像的细节集中在高光处，平均色调图像的细节集中在中间处。全色调范围的图像在所有区域中都有大量的像素，【直方图】面板如图 8.13 所示。

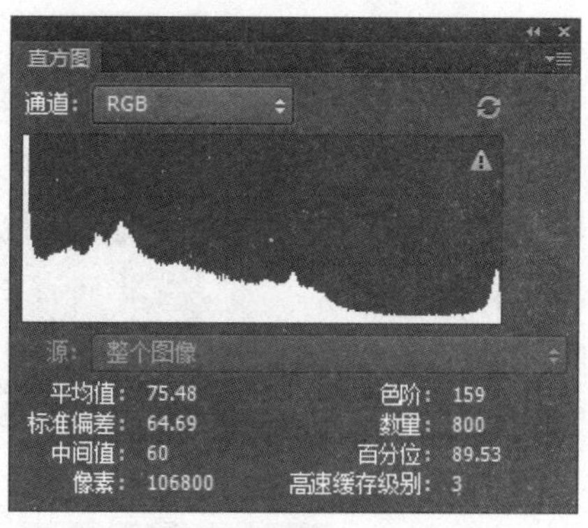

图 8.13　【直方图】面板

1.【直方图】面板参数说明

- 【平均值】选项：表示平均亮度值。平均值以 128 为中间值，值越高则照片整体越偏亮，值越低则照片整体越偏暗。
- 【像素】选项：表示用于计算直方图的像素总数。
- 【色阶】选项：表示鼠标指针所在位置的亮度值。
- 【数量】选项：表示鼠标指针所在位置的像素数量。
- 【百分位】选项：表示指针所指的级别或该级别以下的像素累计数。值用图像中所有像素的百分数形式来表示，从左侧的 0%到右侧的 100%。

2. 实例分析

1）图 8.14 所示为高光区。

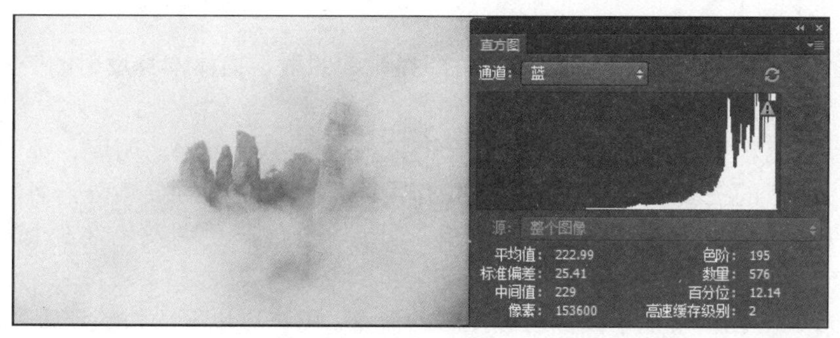

图 8.14　高光区

分析：大部分像素位于右侧，右侧发生溢出，高光部分的像素很多变成白色，高光区细节损失较大。

2）图 8.15 所示为阴影区。

分析：大部分像素位于左侧，左侧发生溢出，阴影部分的像素很多变成白色，阴影区细节损失较大。

3）图 8.16 所示为中间调。

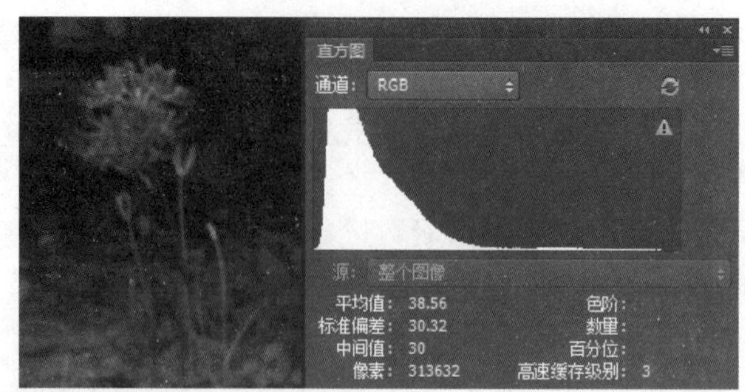

图 8.15　阴影区

图 8.16　中间调

分析：两端像素数目很少，大部分像素在中间区域，图像对比度较低。

综上所述，一个图片是否需要调整，要看具体的图像和需求。例如，如果在雪天照相，那么右侧发生溢出，此时不能说图像太亮了需要调整。直方图只作为一个参考，如何调整由用户自己分析后确定。

8.3　整体色调的快速调整

物体表面色彩的形成取决于 3 个方面，即光源的照射、物体本身反射的一定的色光、环境与空间对物体色彩的影响。

客观世界的色彩千变万化，各不相同，但任何色彩都有色相、明度、纯度 3 个方面的性质，又称为色彩的三要素。当色彩间发生作用时，除以上 3 种要素外，各种色彩彼此间形成色调，并显现出自己的特性，因此色相、明度、纯度、色调及色性 5 个方面构成了色彩的 5 要素。

Photoshop CS6 提供了多个图像色彩控制的命令，用户可以轻松快捷地改变图像的色相、饱和度、亮度和对比度来创作多种色彩效果的图像。但要注意的是，使用这些命令或多或少会造成一些颜色数据的丢失，因为所有色彩调整的操作是在原图基础上进行的，因而不可能产生比原图更多的色彩，尽管在屏幕上不会直接反映出来，但事实上图像在转换的过程中就已经丢失数据。

当需用处理的图像要求不是很高时，可以运用【亮度/对比度】、【自动色调】、【自动颜色】和【变化】等命令对图像的色彩或色调进行快速而简单的总体调整。

8.3.1　自动色调

使用【自动色调】命令可以自动调整图像中的亮部和暗部。使用【自动色调】命令可以对每个颜色通道进行调整，将每个颜色通道中最亮和最暗的像素调整为纯白和纯黑，中间像素值按比例重新分布。由于使用【自动色调】命令只能单独调整每个通道，所以可能会移去颜色或引入色偏。

1）启动 Photoshop CS6，按 Ctrl+O 快捷键打开素材图像文件 8.17，如图 8.17 所示。

2）选择【图像】|【自动色调】命令或按 Shift+Ctrl+L 快捷键，得到如图 8.18 所示的效果。

图 8.17　素材图像

图 8.18　自动色调后的效果

8.3.2　自动对比度

使用【自动对比度】命令可以自动调整图像中颜色的对比度。由于使用【自动对比度】命令不能单独调整通道，所以不会增加或消除色偏问题。使用【自动对比度】命令可以将图像中最亮和最暗像素映射为白色和黑色，使亮部显得更亮而暗部显得更暗。

选择【图像】|【自动对比度】命令或按 Alt+Shift+Ctrl+L 快捷键，得到如图 8.19 所示的效果。

8.3.3　自动颜色

使用【自动颜色】命令可以通过搜索实际像素来调整图像的色相/饱和度，使图像颜色更为鲜艳。

选择【图像】|【自动颜色】命令或按 Shift+Ctrl+B 快捷键，得到如图 8.20 所示的效果。

图 8.19　【自动对比度】效果

图 8.20　【自动颜色】效果

8.3.4 亮度/对比度

使用【亮度/对比度】命令可以对图像的亮度和对比度进行直接的调整，与【色阶】命令和【曲线】命令不同的是，【亮度/对比度】命令不考虑图像中各通道颜色，而是对图像进行整体的调整。

选择【图像】|【调整】|【亮度/对比度】命令，打开【亮度/对比度】对话框，如图 8.21 所示。

【亮度/对比度】对话框中的参数如下。

- 【亮度】选项：拖动滑块或者在数值框中输入数值（取值范围为-150～+150），可以调整图像的亮度。当值为 0 时，图像亮度不发生变化；当值为负数时，图像亮度下降；当值为正数时，图像亮度增加。
- 【对比度】选项：同【亮度】一样，当值为负数时，图像对比度下降，反之，图像对比度增加。

下面以具体示例介绍【亮度/对比度】命令的使用方法。

1）在 Photoshop CS6 中，按 Ctrl+O 快捷键，打开本章素材图像文件 8.22，如图 8.22 所示。

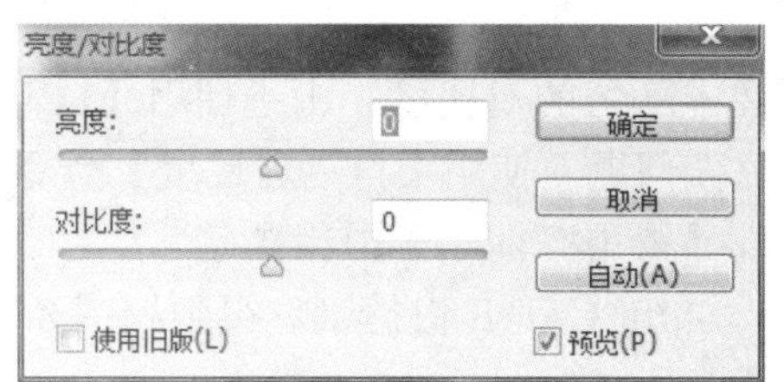

图 8.21 【亮度/对比度】对话框

图 8.22 素材图像

2）选择【图像】|【调整】|【亮度/对比度】命令，打开【亮度/对比度】对话框，如图 8.23 所示。拖动【亮度】滑块或者直接在数值框中输入数值，调整图像的亮度，如图 8.24 所示。

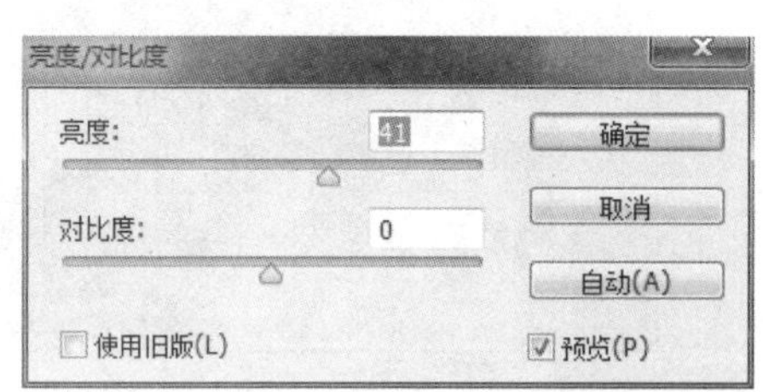

图 8.23 【亮度/对比度】对话框

图 8.24 调整【亮度】效果

3）向右拖动【对比度】滑块，可以增加图像的对比度，如图 8.25 所示，调整后的效果如图 8.26 所示。

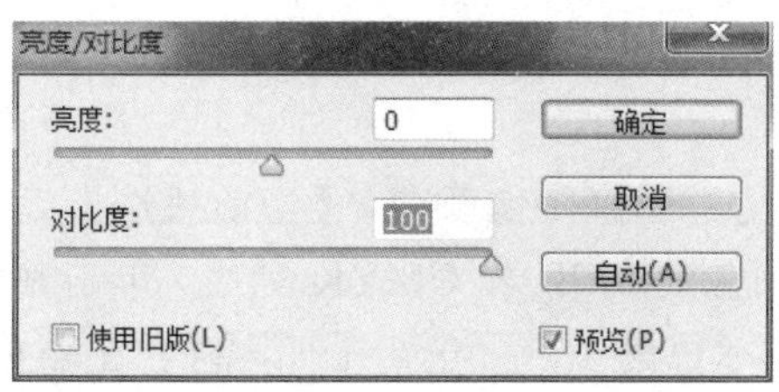

图 8.25 【亮度/对比度】对话框

图 8.26 调整【对比度】后的效果

4）勾选【使用旧版】复选框，如图 8.27 所示，可以将亮度和对比度作用于图像中的每个像素，调整后的效果如图 8.28 所示。

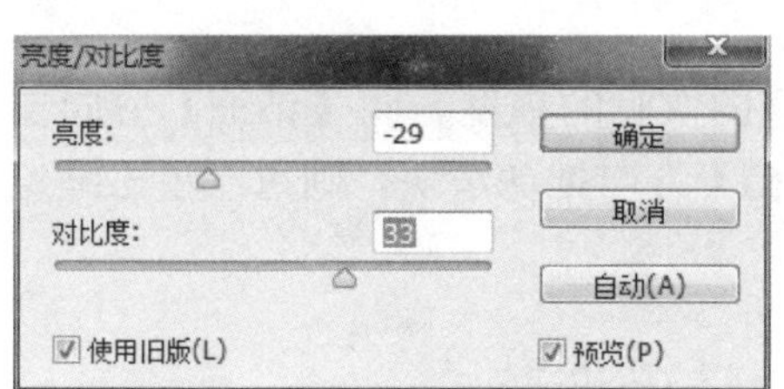

图 8.27 【亮度/对比度】对话框

图 8.28 【使用旧版】后的效果

8.3.5 变化

使用【变化】命令可以直观地调整图像的色彩平衡、对比度和饱和度。【变化】命令对于不需要进行色彩精确调整的平均色调图像最实用。

选择【图像】|【调整】|【变化】命令，打开【变化】对话框，如图 8.29 所示。

在【变化】对话框中可进行以下操作。

1. 查看原稿和效果图

【变化】对话框左上角的【原稿】和【当前挑选】两个缩览图分别显示原始图像和当前所选择的图像。刚打开时，两个缩览图是

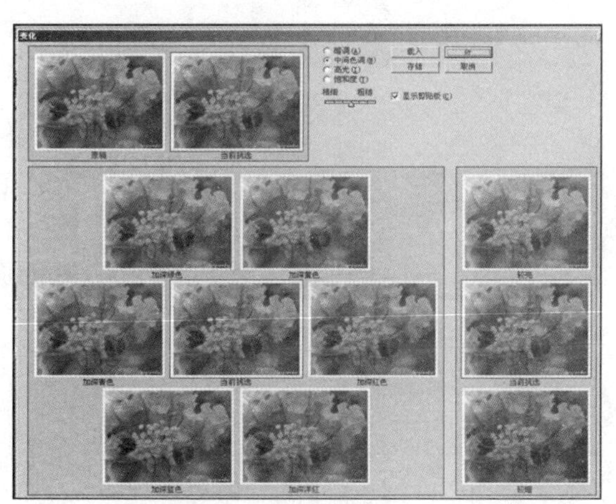

图 8.29 【变化】对话框

一样的，随着调整的进行，【当前挑选】缩览图会反映出图像处理后的效果。如果对图像效果不满意，可在【原稿】缩览图上单击，则【当前挑选】缩览图恢复为原始图像。

2. 设置调整的对象

在【变化】对话框右上角有 4 个单选按钮，用于设置调整的对象，可对图像的阴影、中间调、高光和饱和度进行调节。

3. 调整图像颜色

在【变化】对话框左下方有 7 个缩览图，用于调整图像颜色。【当前挑选】缩览图用于显示调整后的效果，另外 6 个缩览图用于改变图像的 RGB 和 CMYK 颜色。单击其中任意一个缩览图，可增加相对应的颜色。例如，要增加绿色分量，可单击【加深绿色】缩览图实现。如果要减少图像中某个颜色分量，只能用增加其相反色（其对角线上缩略图的颜色）的方法来实现。例如，要减少绿色分量，可单击【加深洋红】缩览图实现。

4. 调整图像的明暗度

【变化】对话框右下方的 3 个缩览图用于调整图像的明暗度。单击较亮或较暗缩览图可分别实现其相应功能。

5. 设置调整的幅度

可以通过【精细】/【粗糙】滑块控制调整图像时的幅度。向【精细】方向拖动滑块，则每次单击缩览图时调整的变化细微；向【粗糙】方向拖动滑块，则每次单击缩览图时调整的变化明显。

8.4 色调的精确调整

对图像的细节、局部进行精确的色彩和色调调整，需使用【色阶】、【曲线】、【色彩平衡】等命令来实现。

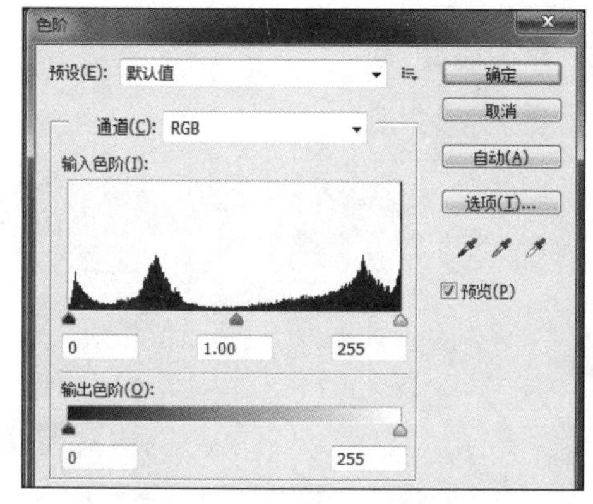

图 8.30 【色阶】对话框

8.4.1 色阶

【色阶】命令通常用来补偿图像扫描输入时的偏差，它可以使图像获得丰富的层次感和鲜明的对比。【色阶】命令具体的用法如下：打开一幅需要进行调整的图像文件，选择【图像】|【调整】|【色阶】命令，或者按 Ctrl+L 快捷键，打开【色阶】对话框，如图 8.30 所示。

在【色阶】对话框中可以通过调整【输入色阶】和【输出色阶】来控制图像的明暗对比，调整时直接拖动相应的滑块或者在数值框中直接输入数值即可。

当图像偏暗或偏亮时，可以使用【色阶】命令来调整图像的明暗度。使用【色阶】命令可以使暗淡的图像变得鲜艳，使模糊的图像变得清晰。

使用【色阶】命令操作不仅可以对整个图像进行，也可以对图像的某一选取范围、某一图层图像，或某一个颜色通道进行。

下面以具体示例介绍【色阶】命令的使用方法。

1）在 Photoshop CS6 中，按 Ctrl+O 快捷键打开本章素材图像文件 8.31，如图 8.31 所示。

2）按 Ctrl+J 快捷键复制【背景】图层，得到【图层 1】图层，如图 8.32 所示。

3）按 Ctrl+L 快捷键打开【色阶】对话框，并设置参数，单击【确定】按钮，调整后的图像效果如图 8.33 所示。

图 8.31　素材图像

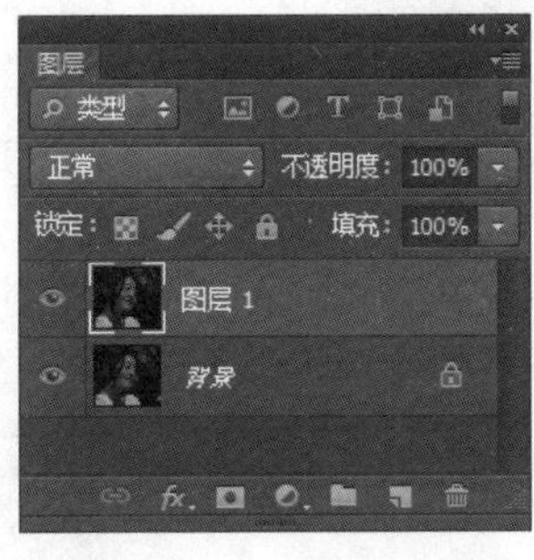

图 8.32　【图层】面板

图 8.33　效果（一）

4）选择【套索工具】，在其属性栏中设置【羽化】为 100，在图像中人物面部阴影区域绘制选区，如图 8.34 所示。

5）按 Ctrl+L 快捷键打开【色阶】对话框，设置参数，如图 8.35 所示，单击【确定】按钮，按 Ctrl+D 键取消选区，图像效果如图 8.36 所示。

图 8.34　绘制选区

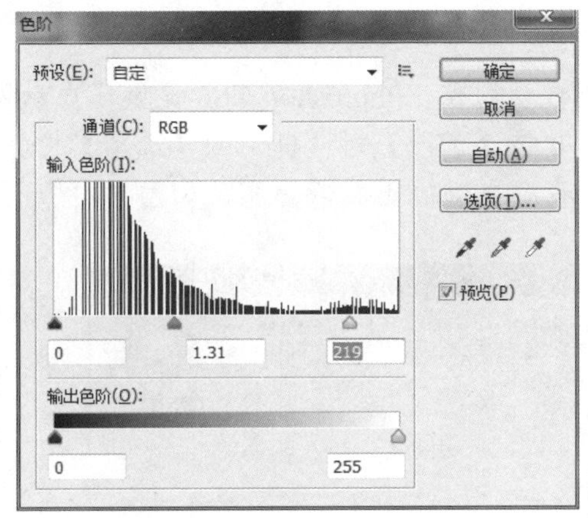

图 8.35　【色阶】对话框

6）按 Ctrl+J 快捷键复制【图层 1】，得到【图层 1 副本】图层，选择【滤镜】|【锐化】|【USM 锐化】命令，打开【USM 锐化】对话框，设置参数，单击【确定】按钮，如图 8.37 所示。

7）按 Ctrl+J 快捷键复制【图层 1】，得到【图层 1 副本 2】图层，按 Ctrl+L 快捷键打开【色阶】对话框，设置参数，如图 8.38 所示，单击【确定】按钮，得到图像的最终效果如图 8.39 所示。

图 8.36 效果图（二）

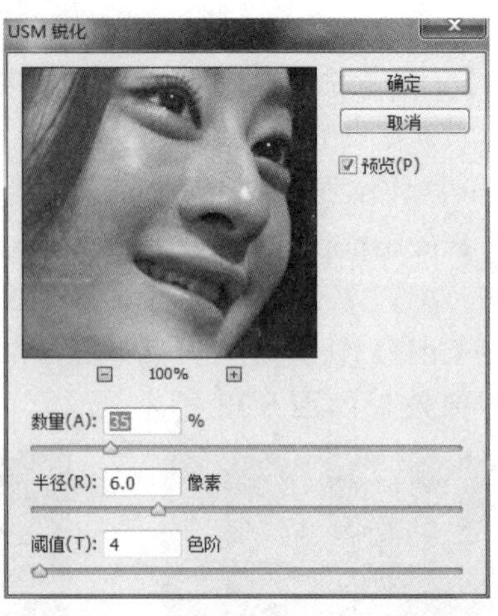

图 8.37 【USM 锐化】对话框

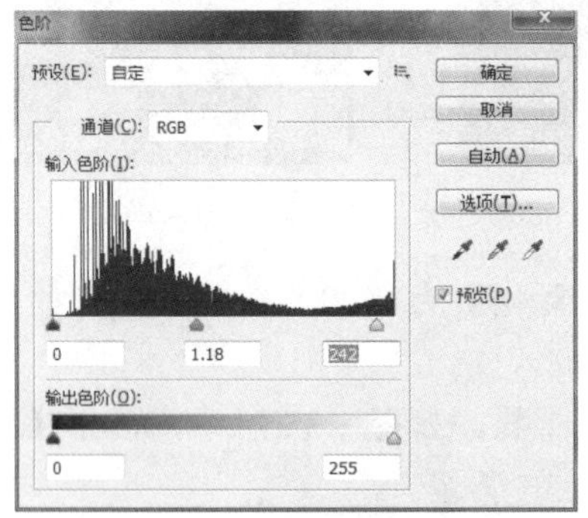

图 8.38 【色阶】对话框

图 8.39 效果图（三）

8）自动调整。Photoshop CS6 提供了自动调整色调的功能，如图 8.40 所示。

9）单击【色阶】对话框中的【选项】按钮，打开【自动颜色校正选项】对话框，可以设置自动校正颜色功能，如图 8.41 所示。

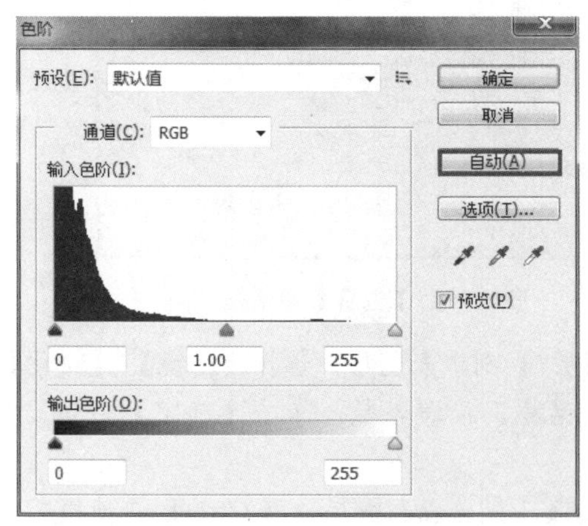

图 8.40 【色阶】对话框中的【自动】调整功能

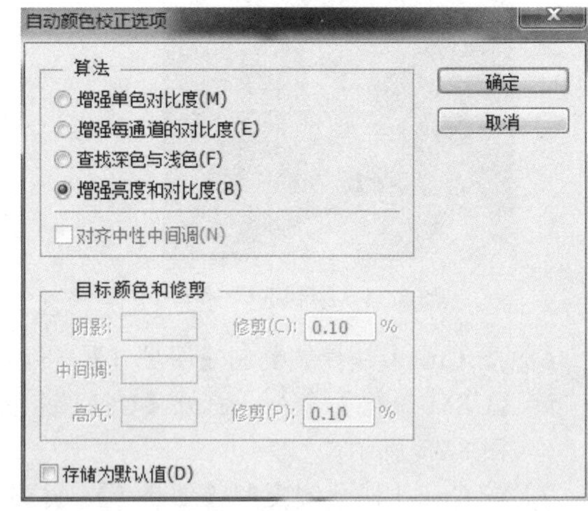

图 8.41 【自动颜色校正选项】对话框

8.4.2 曲线

调节色彩对比度除了使用【色阶】命令之外，【曲线】命令的应用也十分常见，其功能和【色阶】命令类似，但最大的不同是它可以做更多更精细的设置。使用【曲线】命令可以综合调整图像的亮度、对比度和色彩，使画面色彩显得更为协调。因此，【曲线】命令实际是【色调】、【亮度/对比度】命令的综合应用。

选择【图像】|【调整】|【曲线】命令，或者按 Ctrl+M 快捷键，打开【曲线】对话框，如图 8.42 所示。

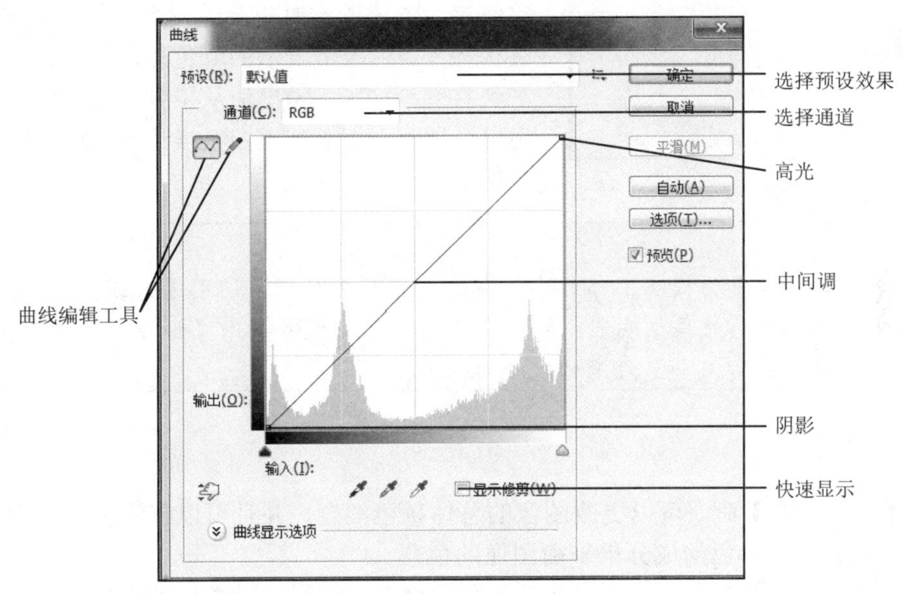

图 8.42 【曲线】对话框

- 【预设】选项：在【预设】下拉列表中，可以选择 Photoshop CS6 提供的一些设置好的曲线。
- 【输入】选项：显示原来图像的亮度值，与色调曲线的水平轴相同。
- 【输出】选项：显示图像处理后的亮度值，与色调曲线的垂直轴相同。
- 【编辑点以修改曲线】：此工具可在图表中各处添加节点而产生色调曲线。在节点上按住鼠标左键并拖动可以改变节点位置，向上拖动时色调变亮，向下拖动则变暗（如果需要继续添加控制点，只要在曲线上单击即可；如果需要删除控制点，只要拖动控制点到曲线编辑窗口外即可）。
- 【通过绘制来修改曲线】：选择该工具后，鼠标指针变成一个铅笔指针形状，可以在图标区中绘制所要的曲线，如果要将曲线绘制为一条线段，可以按住 Shift 键，在图表中单击定义线段的端点。按住 Shift 键单击图表的左上角和右下角，可以绘制一条反向的对角线，这样可以将图像中的颜色像素转换为互补色，使图像变为反色；单击【平滑】按钮可以使曲线变得平滑。

需要注意的是，按住 Alt 键，【取消】按钮将转换为【复位】按钮，单击【复位】按钮，可将相关设置恢复到曲线打开时的状态。

可以通过改变曲线的弯曲形状来调整图像的色彩效果。操作时，只需将鼠标指针移动到曲线上，然后按住鼠标左键并拖动即可改变曲线的形状，松开鼠标后就可以得到一个曲线节点，再次执行上述的操作得到另外一个曲线节点，将曲线调整到如图 8.43 所示的形状，可以使图像产生强烈的明暗对比，得到调整后的图像效果很强。

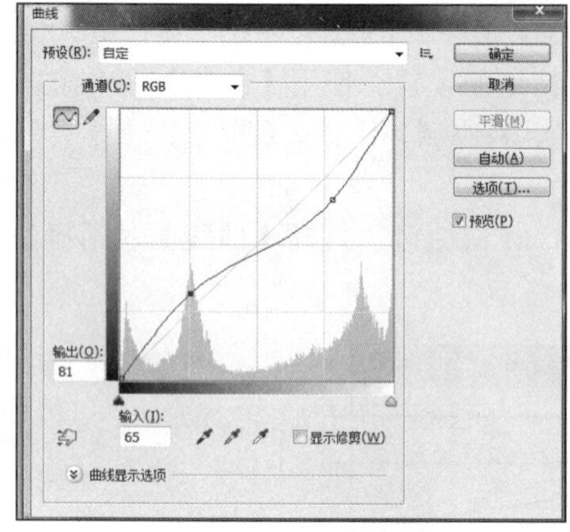

图 8.43　曲线调整效果

调整曲线显示单位的方法：单击【曲线显示选项】左侧的按钮，【显示数量】的两个选项，可以使曲线的【显示数量】在百分比和像素值之间转换，转换数值显示方式的同时也会改变亮度的变化方向。在默认状态下，色谱带表示的颜色是从黑到白，输入值从左到右逐渐增加，输出值从下到上逐渐增加。当切换为百分比显示时，则黑白互换位置，输入值与输出值变化方向与原来相反。

小提示：

影楼后期设计人员为提高工作效率，在调色过程中会经常使用【曲线】命令代替一些工具以节省操作时间，效果很明显。特别是对同一类型照片，用【曲线】命令调色并将数值进行复制，更容易实现一定程度的批量调修。

8.4.3　色彩平衡

使用【色彩平衡】命令可以更改图像的总体颜色混合，并且可以在阴影区、中间调区和高光区通过控制各个单色的成分来平衡图像的色彩。

在使用【色彩平衡】命令前要了解互补色的概念，这样可以更快地掌握【色彩平衡】命令的使用方法。所谓“互补”，就是图像中一种颜色成分的减少，必然导致其互补色成分的增加，而不可能出现一种颜色和其互补色同时增加的情况。另外，每一种颜色可以由它的相邻颜色混合得到。例如，绿色的互补色洋红色由绿色和红色混合而成，红色的互补色青色由蓝色和绿色混合而成。

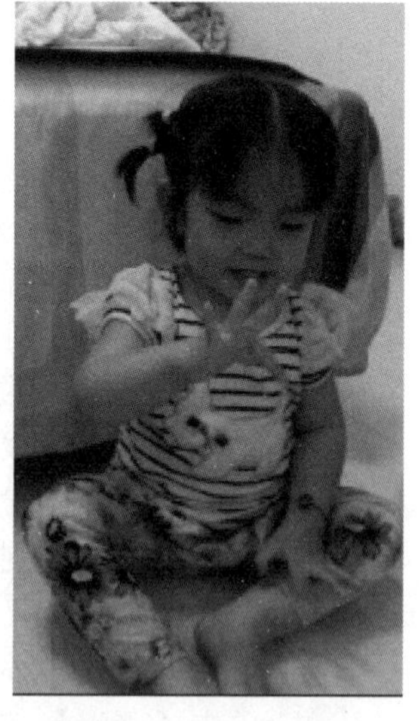
图 8.44　素材图像

1）在 Photoshop CS6 中，按 Ctrl+O 快捷键打开本章素材 8.44 图像文件，如图 8.44 所示。

2）按 Ctrl+B 快捷键打开【色彩平衡】对话框，如图 8.45 所示。选择【图像】|【调整】|【色彩平衡】命令，也可以打开“色彩平衡”对话框。【色彩平衡】对话框参数说明如下。

- 【色阶】选项：可将滑块拖向要增加的颜色方向，或将滑块拖离要减少的颜色。
- 【色调平衡】选项：通过选择阴影、中间调和高光可以控制图像不同色调区域的颜色平衡。
- 【保持明度】选项：勾选该选项，可以防止图像的亮度值随着颜色的更改而改变。

例如，拖动【青色/红色】色阶的滑块向【红色】移动，则使图像增加红色减少青色（也可以在【色阶】数值框中输入数值）。【色彩平衡】对话框如图 8.45 所示，中间调调整效果如图 8.46 所示。

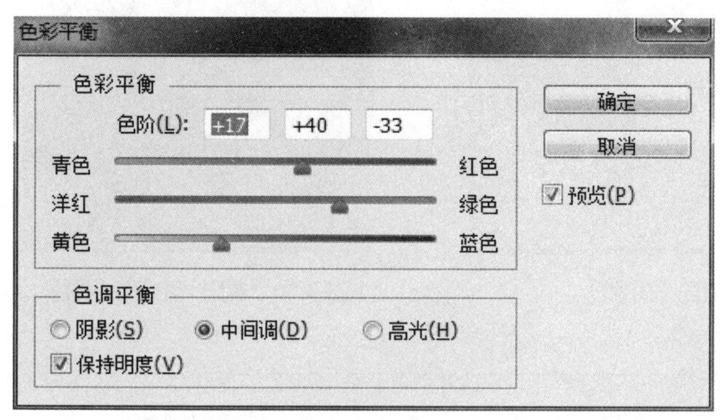

图 8.45 【色彩平衡】对话框（中间调）

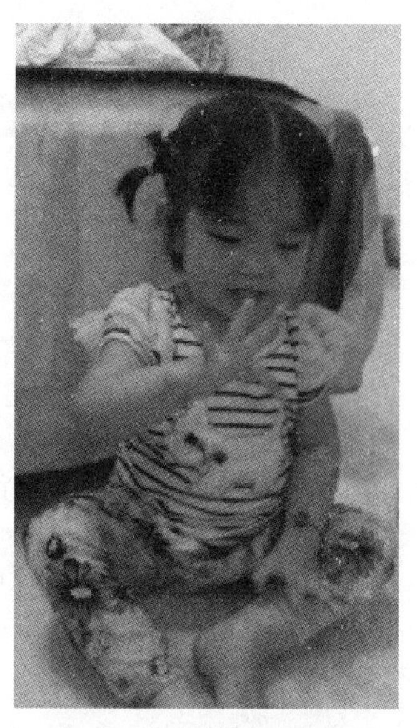

图 8.46 中间调调整效果

3）选中【色调平衡】选项组中的【高光】单选按钮，设置【高光】参数，如图 8.47 所示，高光调整效果如图 8.48 所示。

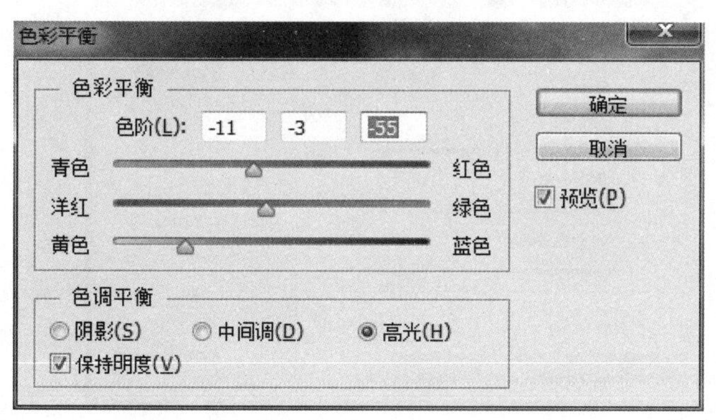

图 8.47 【色调平衡】对话框（高光）

图 8.48 高光调整效果

4）选中【色调平衡】选项组中的【阴影】单选按钮，设置【阴影】参数，如图 8.49 示，阴影调整效果如图 8.50 所示。

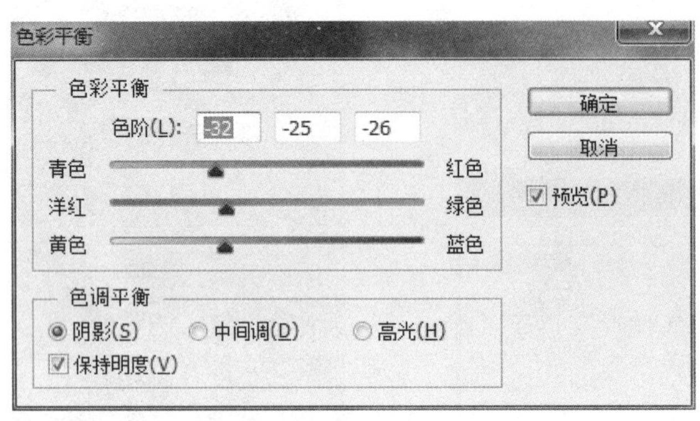

图 8.49 【色调平衡】对话框（阴影）

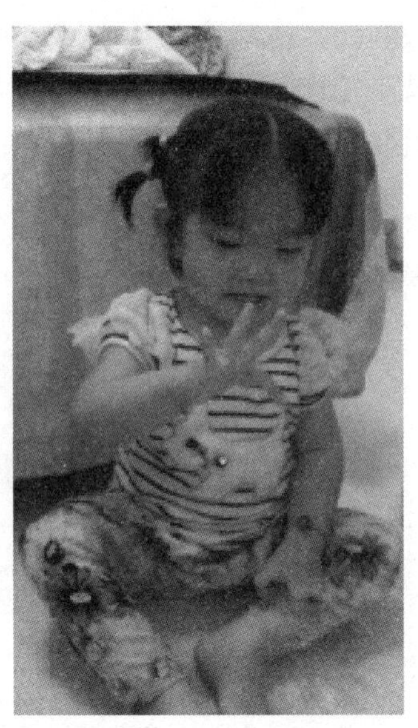

图 8.50 阴影调整效果图

> 小提示：
> 通过【色彩平衡】命令可以方便、直观地更改和添补颜色，调节照片的偏色问题。

8.4.4 色相/饱和度

图像色彩的调整不仅仅是色彩对比度的调整，它的另外一个重要方面是图像颜色属性的调整。【色相/饱和度】命令可以分别对图像的色相、饱和度和明度参数进行精确的控制。

在 Photoshop CS6 中，打开本章素材 8.51，选择【图像】|【调整】|【色相/饱和度】命令，打开【色相/饱和度】对话框，如图 8.51 所示。

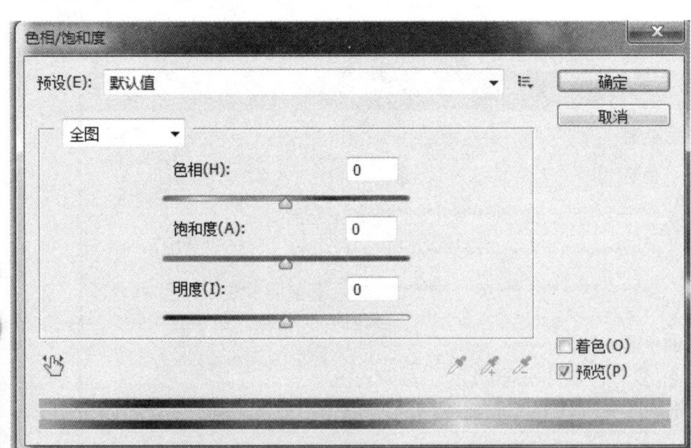

图 8.51 【色相/饱和度】对话框

调整色相/饱和度时通常先勾选【色相/饱和度】对话框右下角的【着色】复选框，这样可以将图像变为单一色相调整。随后分别拖动参数项下方的滑块或者在数值框中输入数值进行设置即可。图 8.52 所示是将一幅黑白图像调整为彩色图像后的效果。

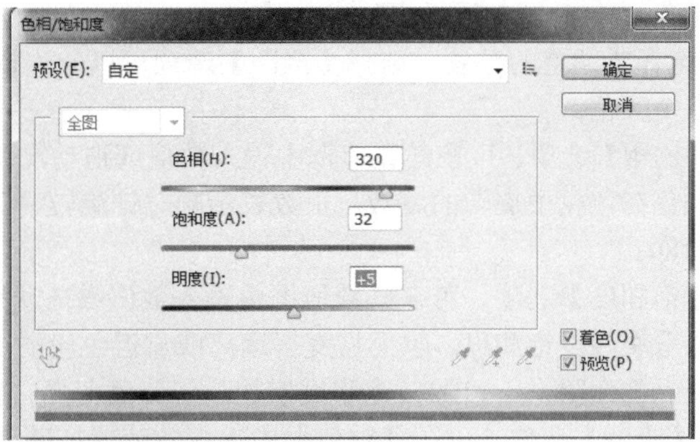

图 8.52　色相/饱和度调整效果

色相是色彩的首要特征，是区别各种不同色彩的最准确的标准。事实上，任何黑、白、灰以外的颜色都有色相属性，色相由原色、间色和复色组成。

拓展：

从光学意义上讲，色相差别是由光波波长的长短产生的。即便是同一类颜色，也能分为多种色相，如黄色可以分为中黄、土黄、柠檬黄等，灰色可以分为红灰、蓝灰、紫灰等。饱和度一般是指色彩的鲜艳程度，也称色彩的纯度。使用【色相/饱和度】命令可以纠正偏色，使照片的色彩更鲜艳。

使用【色相/饱和度】命令，可以精确地调整图像中单个颜色或整幅图像（所有颜色）的色相、饱和度和亮度。在 Photoshop CS6 中，此命令尤其适用于微调 CMYK 颜色模式下图像的颜色，以便使它们处在输出设备的色域内。

1）调整色相/饱和度可执行下列操作之一。

① 选择【图像】|【调整】|【色相/饱和度】命令。

② 选择【图层】|【新建调整图层】|【色相/饱和度】命令，打开【新建图层】对话框，如图 8.53 所示，单击【确定】按钮，出现【色相/饱和度】属性设置面板，如图 8.54 所示。

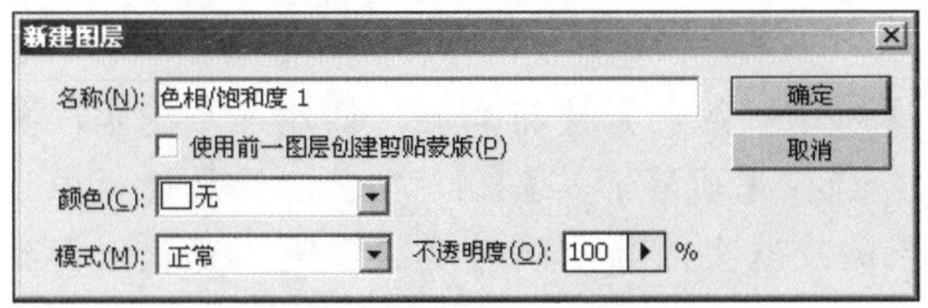

图 8.53　【新建图层】对话框

图 8.54　【色相/饱和度】属性面板

2）【色相/饱和度】面板上的参数。

① 选择要调整的颜色。选择【全图】选项可以一次调整整个图像，在下拉列表中也可以选择单个颜色。

②【色相】选项，可在其数值框中输入数值或拖动滑块，数值框中显示的数值反映像素原来的颜色在色轮中旋转的度数。正数表示顺时针旋转，负数表示逆时针旋转。数值范围为-180～+180。

③【饱和度】选项，可在其数值框中输入数值或拖动滑块，向右拖动滑块增加饱和度，向左拖动滑块减少饱和度，颜色将变得远离或靠近色轮的中心。数值的范围为-100（饱和度减少，使颜色变暗）～+100（饱和度增加，使颜色变亮）。

④ 【明度】选项。可在其数值框中输入数值或拖动滑块，向右拖动滑块增加亮度（向颜色中增加白色），向左拖动滑块降低亮度（向颜色中增加黑色）。数值的范围为-100（黑色）～+100（白色）。

小提示：

单击【复位到调整默认值】按钮可取消色相/饱和度的设置。

下面以“美女黑白照片变彩照”为例来对上述知识点进行应用。

启动 Photoshop CS6，打开本章素材文件 8.55，如图 8.55 所示，图 8.56 所示为上色后效果图。

图 8.55　原图

图 8.56　效果图

【步骤一】创建图层和蒙版。

1）在【图层】面板中，将【图层 1】拖动至【图层】面板下方的【创建新图层】按钮上，复制的图层重命名为“基础蒙版”。

2）单击【图层】面板下方的【添加图层蒙版】按钮，为名为“基础蒙版”的图层创建一个蒙版。前景色设为白色，背景色设为黑色，按 Ctrl+Delete 快捷键将蒙版填充为黑色。

【步骤二】为皮肤上色。

1）将名为“基础蒙版”的图层拖动至【创建新图层】按钮上，创建一个副本，并重命名为“皮肤”。前景色设为白色，并选择【画笔工具】，在其工具属性栏中设置合适的画笔大小，然后在图片中女孩的皮肤上涂画，同时观察蒙版的变化，得到如图 8.57 所示的结果。

2）在蒙版上画好人物皮肤后，单击【图层】，并按 Ctrl+U 快捷键，打开【色相/饱和度】

对话框，根据自己的需要来调节人物的肤色。

3）调节完人物肤色后，会发现有很多部分不是很理想，下面做细节上的调整。使用【缩放工具】，放大局部皮肤部分，查看皮肤与其他部分的衔接处，如果这里的皮肤没有着色，则使用【画笔工具】再涂一下；如果颜色超出了皮肤的范围，则需要将前景色设置为黑色后，再在这些地方涂画，直到满意为止，如图 8.58 所示。

图 8.57　操作界面

图 8.58　修饰效果图

【步骤三】为嘴唇上色。

1）将名为“基础蒙版”的图层拖至【创建新图层】按钮上，创建一个图层副本，并重命名为“嘴唇”。

2）然后用【钢笔工具】或【套索工具】把嘴唇轮廓勾画出来，用【油漆桶工具】在选区中填充白色，按 Ctrl+U 快捷键，打开【色相/饱和度】对话框来调节嘴唇的颜色。

【步骤四】为头发上色。

如果想设计带颜色的头发，方法类同嘴唇上色，细节部分利用蒙版特性修改，适当地调节画笔的不透明度会使上色达到意想不到的效果。

【步骤五】修改眼睛的颜色。

使用白色的画笔在【皮肤】图层中将眼睛应该是白色的地方修改为白色，最终效果如图 8.56 所示。

8.4.5　匹配颜色

使用【匹配颜色】命令可以将两个图像或图像中的两个图层的颜色和亮度相匹配，使其颜色色调和亮度协调一致。被调整修改的图像称为“目标图像”，而要采样的图像称为“源图像”。如果希望不同的照片中的颜色看上去一致，或者当一个图像中特定元素的颜色（如肤色）必须与另一个图像中某个元素的颜色相匹配时，该命令非常有用。

1）在 Photoshop CS6 中，按 Ctrl+O 快捷键分别打开本章素材 8.59 和 8.60，两幅花的图像如图 8.59 和图 8.60 所示。

我们将罂粟花图像中的颜色和亮度值应用到金莲花中，使两幅图片颜色色调和亮度一致。

图 8.59　罂粟花

图 8.60　金莲花

2）选择金莲花图像为当前图像窗口，选择【图像】|【调整】|【匹配颜色】命令，打开【匹配颜色】对话框。

3）在【源】下拉列表中选择“罂粟.jpg”文件（【匹配颜色】对话框中的【图层】选项的意义为如果所选的“源图像”有多个图层，选择图层的颜色和亮度值与“目标图像”匹配），并参照如图 8.61 所示设置【图像选项】中选项的参数，对图像进行调整。勾选【中和】复选框，移去图像上的色痕，使图像的颜色和亮度自然过渡。

4）设置完成后，单击【确定】按钮，得到最终图像效果如图 8.62 所示。

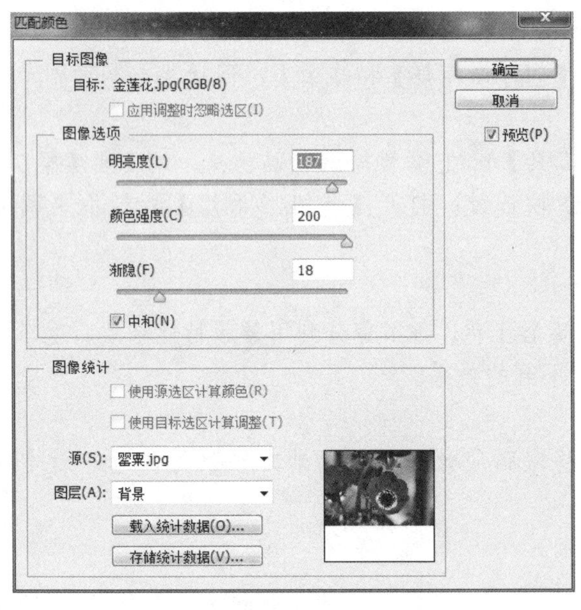

图 8.61　【匹配颜色】对话框

图 8.62　效果图

8.4.6　替换颜色

使用【替换颜色】命令，可以将图像中选中的颜色用其他颜色替换，并可以对选中颜色的色相、饱和度、亮度进行调整。

1）在 Photoshop CS6 中，按 Ctrl+O 快捷键打开本章素材 8.63 图像文件，如图 8.63 所示。

2）选择【图像】|【调整】|【替换颜色】命令，打开【替换颜色】对话框，如图 8.64 所示。默认状态下【吸管工具】为选中状态，在图像窗口中相应的位置单击，选取图像中要替换的颜色，如单击“草地”。

图 8.63 素材图像

图 8.64 【替换颜色】对话框

3）向右拖动【颜色容差】滑块，扩大颜色的区域，然后使用【添加到取样】工具，在图像上多次单击，选取图像颜色。

4）设置【替换】选项组中的选项，单击【结果】颜色块，打开【拾色器（结果颜色）】对话框，设置要替换颜色的结果色。

5）设置完成后，单击【确定】按钮，得到图像效果如图 8.65 所示。

图 8.65 效果图

8.4.7 可选颜色

【可选颜色】命令的作用是选择某种颜色范围进行有针对性的修改，在不影响其他原色的情况下修改图像中的某种彩色的数量，可以用来校正色彩不平衡问题和调整颜色。【可选颜色】命令可以有选择地对图像某一主色调增加或减少印刷颜色的含量，而不影响该印刷色在其他主色调中的表现，从而对颜色进行调整。

1）在 Photoshop CS6 中，按 Ctrl+O 快捷键打开本章素材 8.66，如图 8.66 所示。

2）选择【图像】|【调整】|【可选颜色】命令，打开【可选颜色】对话框，如图 8.67 所示。

图 8.66　素材图像

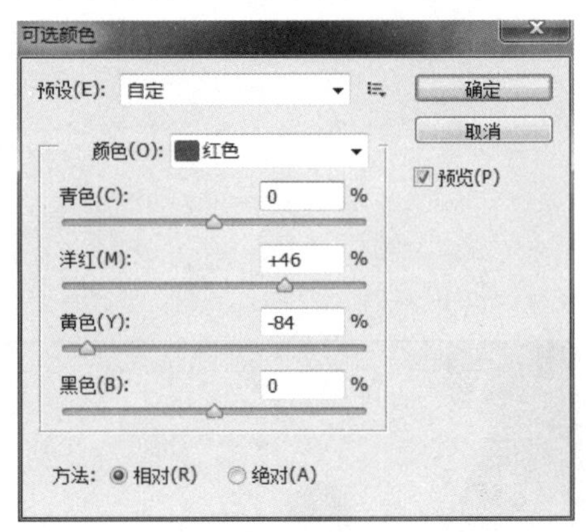

图 8.67　【可选颜色】对话框

在【颜色】下拉列表中选择【红色】选项，向右拖动【洋红】滑块，使图像红色中的洋红色增多；接着向左拖动【黄色】滑块，使图像红色中的黄色减少。

【可选颜色】对话框中的【颜色】选项用来设置图像中要改变的颜色，单击【颜色】下拉按钮，在弹出的下拉列表中选择要改变的颜色；参数越小，颜色越淡；参数越大，颜色越浓。

【可选颜色】对话框中的【方法】选项用来设置墨水的量，包括【相对】和【绝对】两个单选按钮。相对是指按照调整后总量的百分比来改变现有的青色、洋红、黄色或黑色的量，此功能不能调整纯反白光，因为它不包含颜色成分。【绝对】是指采用绝对值来调整颜色。

3）在【颜色】下拉列表中选择【黑色】选项，向右拖动【洋红】滑块，使图像黑色中的洋红色增多；接着向左拖动【黑色】滑块，使图像黑色中的黑色减少，如图 8.68 所示。

4）使用【可选颜色】命令调色效果如图 8.69 所示。

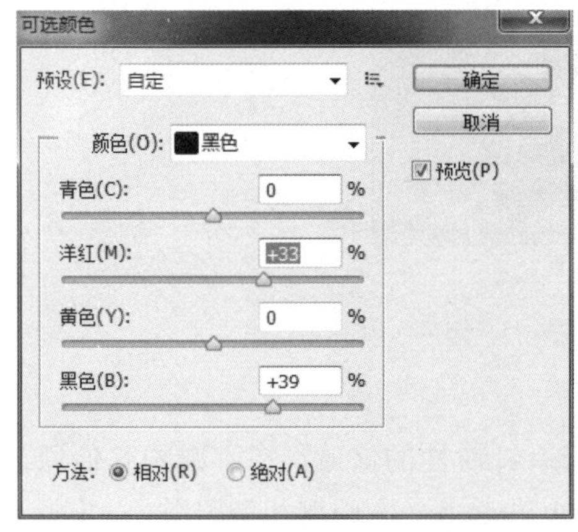

图 8.68　【可选颜色】对话框

图 8.69　效果图

拓展：

在对图像做调整时，一定要注意调整主体的背景部分等一些小区域是否被改变，或者是否被调整为预想效果。如需分开处理，一般首先需要在原图中确定选区。

8.4.8　通道混合器

使用【通道混合器】命令可以将图像中的颜色通道相互混合，对目标颜色通道有调整和修复的作用，颜色通道记录了图像中某种颜色的分布情况。例如，一幅 RGB 图像中的【红】（R）通道记录了该图像中红色的分布情况。对于一幅偏色的图像，通常是因为某种颜色过多或缺失造成的，此时可以执行【通道混合器】命令对问题通道进行调整。图 8.70 所示为图像原图，参数设置如图 8.71 和图 8.72 所示，调整后的图像效果如图 8.73 所示。

图 8.70　原图（绿叶，粉红色荷花）

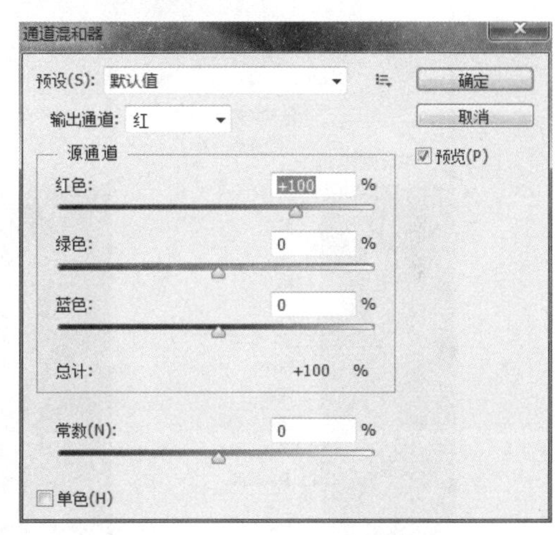

图 8.71　【通道混合器】对话框

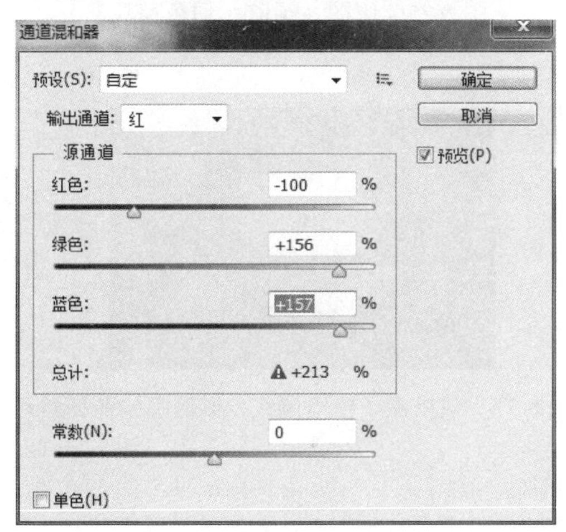

图 8.72　调整后的【通道混合器】对话框

图 8.73　效果图（泛黄的叶子，亮蓝色荷花）

8.4.9　照片滤镜

使用【照片滤镜】命令可以模拟一个有色的滤镜以调整色彩平衡，颜色程度透过镜片的光传输。

选择【图像】|【调整】|【照片滤镜】命令，打开【照片滤镜】对话框。单击【滤镜】下拉按钮，在弹出的下拉列表中选择一种预设颜色，如图 8.74 所示；也可以单击【颜色】颜色块，在打开的【拾色器】对话框中自定义一种颜色来调整图像。

【浓度】选项可以设置当前颜色应用到图像的总量，数值越大，应用的颜色就越浓、越重，反之，则越淡、越轻。

勾选【保留明度】复选框，在应用滤镜时可以保持图像原来的明度。

图 8.75 所示为图像原图，参数设置如图 8.76 所示，调整后的图像效果如图 8.77 所示。

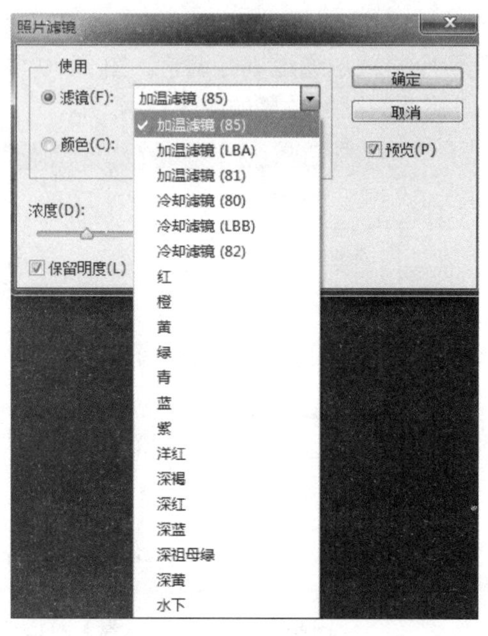

图 8.74 【滤镜】下拉列表

图 8.75 原图（绿叶，白色荷花）

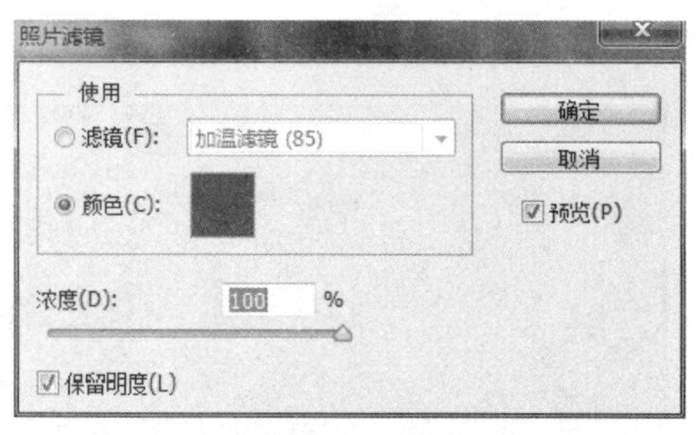

图 8.76 【照片滤镜】对话框（所选颜色为红色）

图 8.77 效果图（整体偏红，似傍晚的荷塘景色）

8.4.10 阴影/高光

使用【阴影/高光】命令可以校正由强逆光而形成阴影的照片，或者校正由于太接近照相机闪光灯而有些发白的焦点。在用其他方式采光的图像中，此命令也可使阴影区域变亮。【阴影/高光】命令不是简单地使图像变亮或变暗，它基于阴影或高光中的周围像素（局部相邻像素）变亮或变暗。正因为如此，暗调和高光都有各自的控制选项。默认值设置为修复具有逆光问题的图像的参数。勾选【显示更多选项】复选框，将显示【中间调对比度】选项、

【修剪黑色】选项和【修剪白色】选项，这些选项用于调整图像的整体对比度。

下面使用【阴影/高光】命令制作有通透感的照片。

1）在 Photoshop CS6 中，打开本章素材 8.78，图像原图如图 8.78 所示，在原图所在图层上复制一个图层。选择【图像】|【调整】|【阴影/高光】命令，打开【阴影/高光】对话框，并对参数进行如图 8.79 所示的设置。调整后照片的层次比原来明显了一些，如图 8.80 所示。

图 8.78　原图

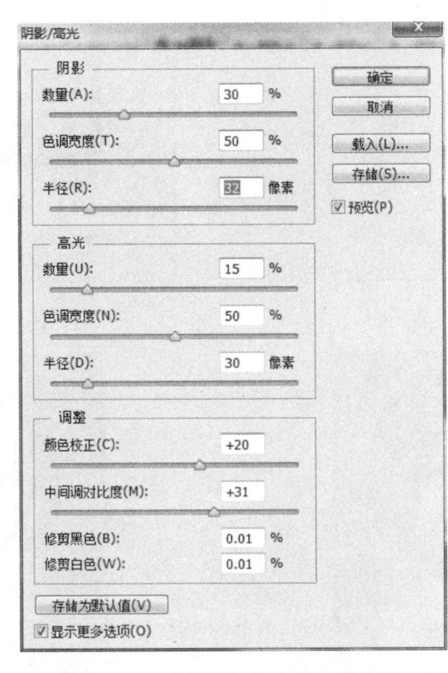

图 8.79　【阴影/高光】对话框

图 8.80　效果（一）

2）按 Ctrl+M 快捷键打开【曲线】对话框，参数设置如图 8.81 所示。使照片的高光和暗部反差增大，照片中的亮部会因为对比而显得更明亮。

3）设置曲线的【通道】选项，分别选择红色、绿色和蓝色，调整整体色调到合适为止。参数设置如图 8.82～图 8.84 所示，图像效果如图 8.85 所示。

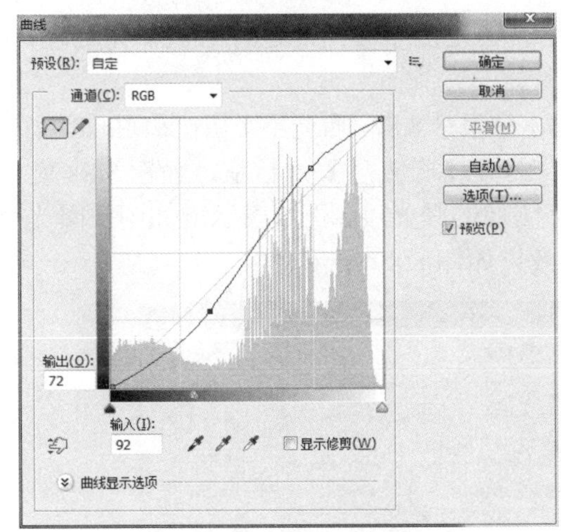

图 8.81　【曲线】对话框

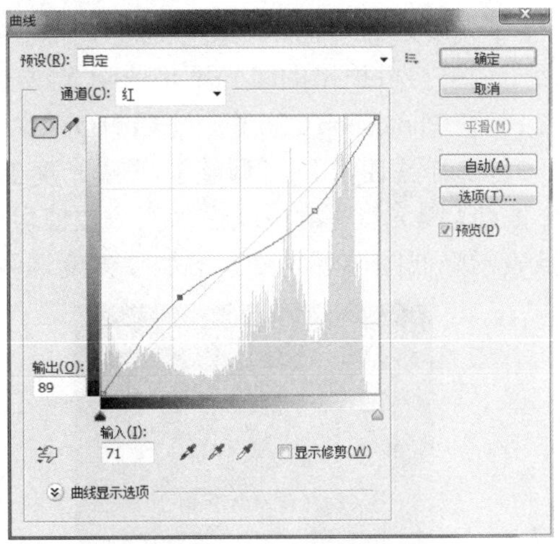

图 8.82　红色通道设置

4）选择【滤镜】|【锐化】|【锐化】命令加强效果。图 8.86 所示为最终效果图。

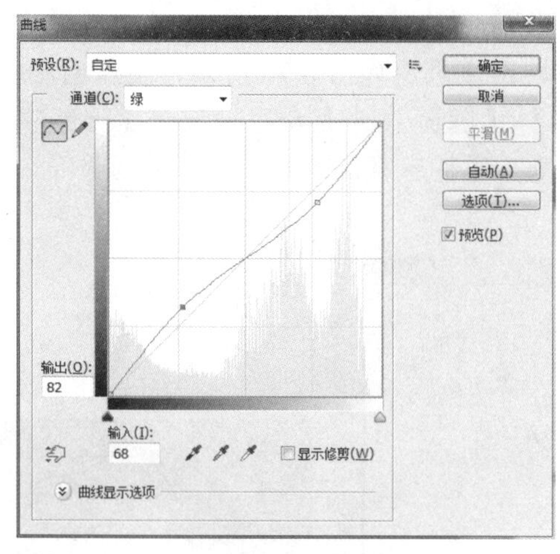

图 8.83　绿色通道设置

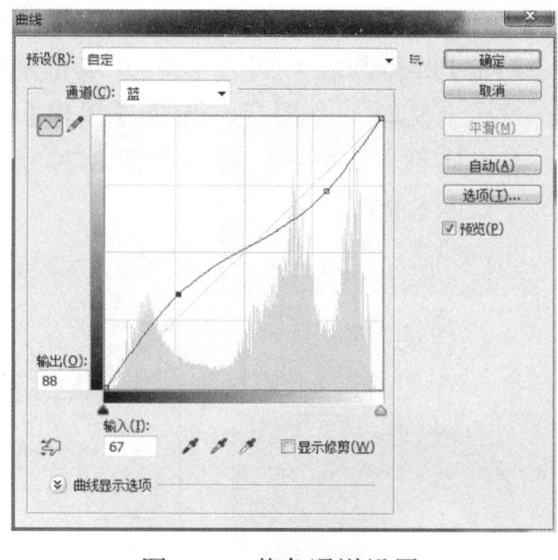

图 8.84　蓝色通道设置

图 8.85　效果（二）

图 8.86　最终效果图

8.4.11　曝光度

【曝光度】命令的原理是模拟数码照相机内部的曝光程序对图片进行二次曝光处理，一般用于调整相机拍摄的曝光不足或曝光过度的照片。

1）在 Photoshop CS6 中，按 Ctrl+O 快捷键打开本章素材 8.87，曝光不足图像如图 8.87 所示。

2）选择【图像】|【调整】|【曝光度】命令，打开【曝光度】对话框，如图 8.88 所示。

拖动【曝光度】滑块或输入相应数值可以调整图像的曝光度。正数表示增加图像曝光度，负数表示降低图像曝光度。增加曝光度调整后的效果如图 8.89 所示。

图 8.87　素材图像

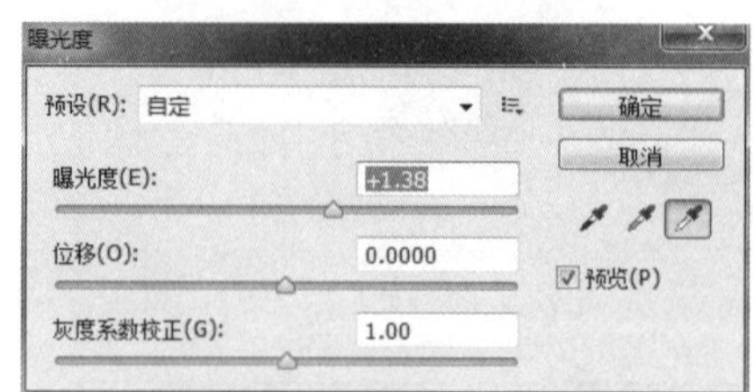

图 8.88　【曝光度】对话框

3)【位移】选项用于调整图像的阴影，对图像的高光区域影响较小。向右拖动滑块，使图像的阴影变亮，如图 8.90 所示。调整后的效果如图 8.91 所示。

图 8.89　应用【曝光度】后的效果

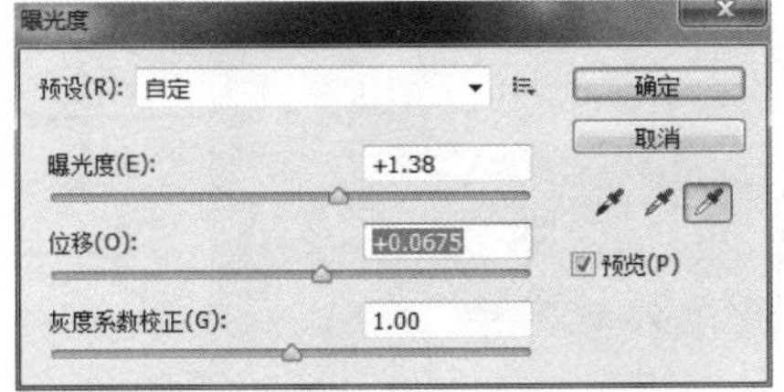

图 8.90　【曝光度】对话框

图 8.91　应用【位移】后的效果

4)【灰度系数校正】选项用于调整图像的中间调，对图像的阴影和高光区域影响小。向左拖动滑块，使图像的中间调变亮，参数设置如图 8.92 所示。调整后的效果如图 8.93 所示。

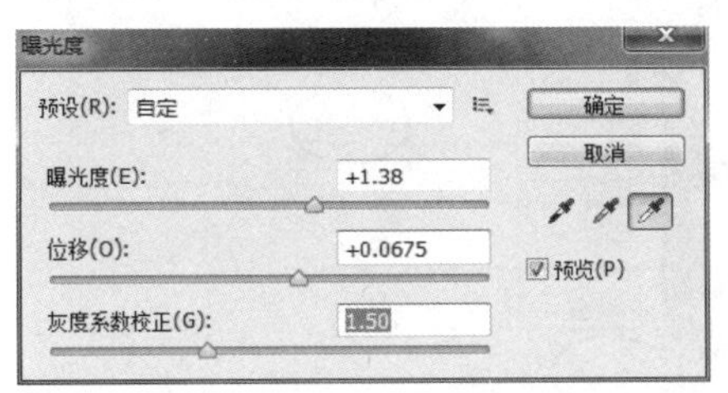

图 8.92　【曝光度】对话框

图 8.93　应用【灰度系数校正】后的效果

8.5　特殊效果的色调调整

8.5.1　黑白

使用【黑白】命令可将彩色图像转换为灰度图像，并且可以调整 RGB、CMYK 等颜色对应的亮度。默认状态下【黑白】对话框如图 8.94 所示。图 8.95 所示为图像原图，对原图像做如图 8.96、图 8.97 所示的调整，图像也相应地发生变化。

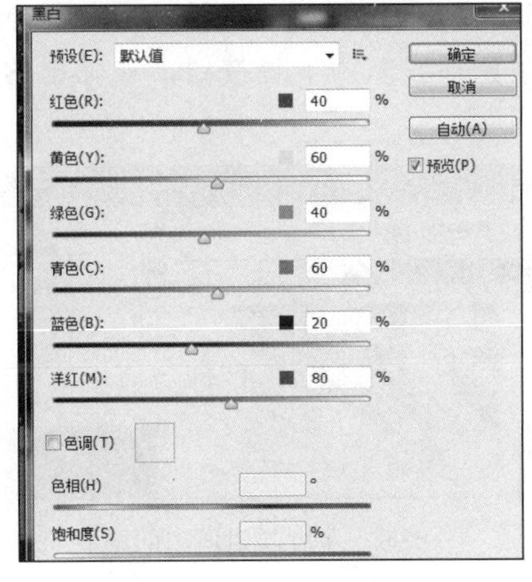

图 8.94　【黑白】对话框

图 8.95　原图

图 8.96 调整原图像绿色区域亮度

图 8.97 调整原图像变成单色图像

8.5.2 渐变映射

通过【渐变映射】命令可以使用渐变颜色对图像进行叠加，从而改变图像色彩，即将相等的图像灰度范围映射到指定的渐变填充色。如果指定双色渐变填充，图像中的阴影映射到渐变填充的一个端点颜色，高光映射到另一个端点颜色，而中间调映射到两个端点颜色之间的渐变色。

选择【图像】|【调整】|【渐变映射】命令，打开【渐变映射】对话框，如图 8.98 所示。

1）【灰度映射所用的渐变】选项。单击渐变颜色条右侧的下拉按钮，在弹出的下拉列表中选择一个预设的渐变，如图 8.99 所示。

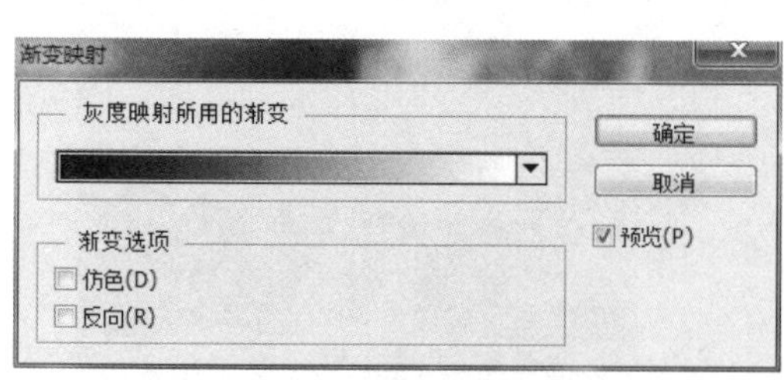

图 8.98 【渐变映射】对话框

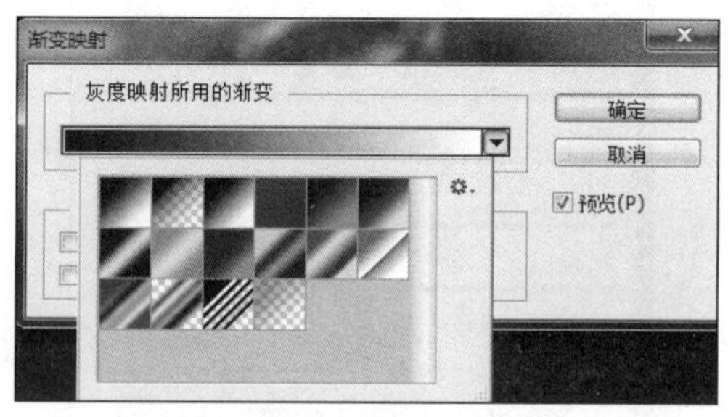

图 8.99 灰度映射所用的渐变

如果想创建自定义的渐变，则可以单击渐变颜色条，打开【渐变编辑器】窗口进行设置。

2)【仿色】选项。勾选该复选框，可以添加随机的杂色来平滑渐变填充的外观，减少带宽效应，使渐变效果更加平滑。

3)【反相】选项。勾选该复选框，可以将编辑的渐变前后颜色反转。如编辑的渐变为【黑、白渐变】，勾选该项后，将变成【白、黑渐变】。

图 8.101 所示是对图 8.100 所示的原图应用【渐变映射】后的效果。

图 8.100 原图

图 8.101 应用【渐变映射】后的效果

8.5.3 去色

使用【去色】命令可以将彩色图像转换为灰度图像，但图像的颜色模式保持不变。例如，使用【去色】命令为 RGB 颜色模式的图像中的每个像素指定相等的红色、绿色和蓝色值，每个像素的明度值不改变。此命令与在【色相/饱和度】对话框中将饱和度设置为-100 的效果相同。

如果正在处理多层图像，则利用【去色】命令仅转换所选图层。图 8.103 所示是对图 8.102 所示的原图应用【去色】后的效果图。

图 8.102 原图

图 8.103 去色效果

8.5.4 反相

使用【反相】命令可以将图像中的颜色和亮度全部翻转，转换为 256 级中相反的值。【反相】命令常用来制作一些反转效果的图像。【反相】命令的最大特点就是将所有颜色都以其相反的颜色显示，如将黄色转变为蓝色、红色转变为青色。

使用【反相】命令示例一。

1）在 Photoshop CS6 中，按 Ctrl+O 快捷键打开本章素材图像 8.104，如图 8.104 所示。

2）按 Ctrl+I 快捷键将图像反相，或选择【图像】|【调整】|【反相】命令，得到图像效果如图 8.105 所示。

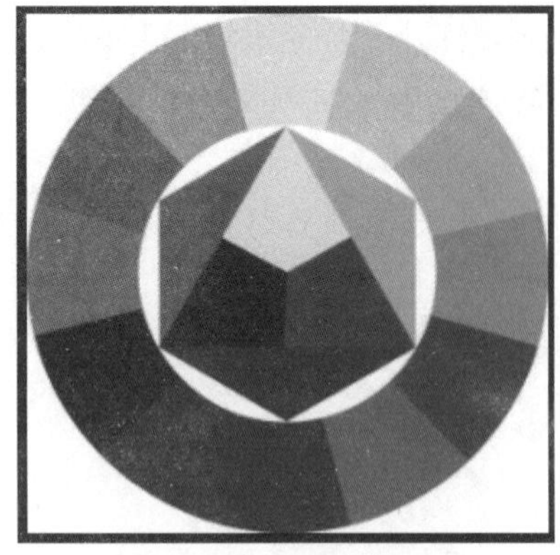

图 8.104　原图

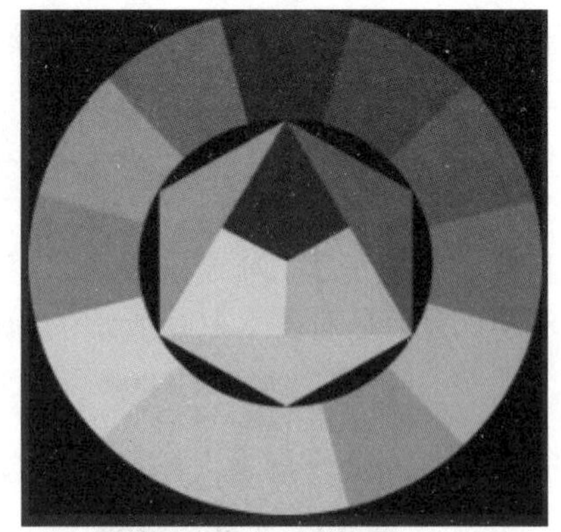

图 8.105　反相后的效果

使用【反相】命令示例二。

1）在 Photoshop CS6 中，按 Ctrl+O 快捷键打开本章素材图像 8.106，如图 8.106 所示。

2）按 Ctrl+I 快捷键将图像反相，得到图像效果如图 8.107 所示。

图 8.106　原图

图 8.107　反相后的效果

8.5.5 阈值

使用【阈值】命令可将彩色或灰阶的图像变成高对比度的黑白图。当指定某个色阶作为阈值时，所有比阈值暗的像素都转换为黑色，而所有比阈值亮的像素都转换为白色。

图 8.108　原图

下面以具体示例介绍【阈值】命令的使用方法。

1）在 Photoshop CS6 中，按 Ctrl+O 快捷键打开本章素材图像 8.108，如图 8.108 所示。

2）选择【图像】|【调整】|【阈值】命令，打开【阈值】对话框，设置阈值色阶参数值，单击【确定】按钮，如图 8.109 所示。

3）调整阈值后的效果图像如图 8.110 所示。

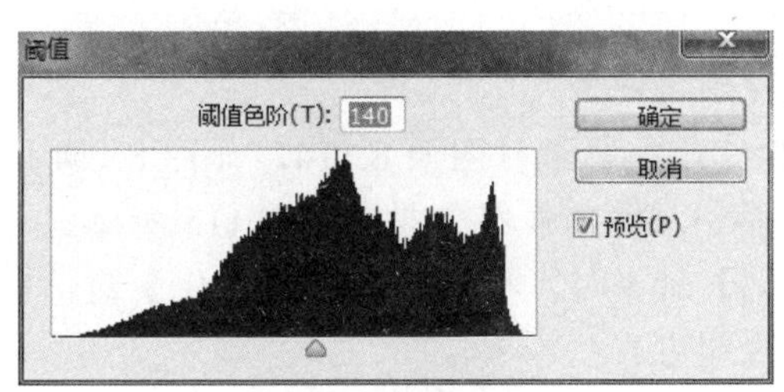

图 8.109　【阈值】对话框

图 8.110　调整【阈值】后的效果

8.5.6　色调分离

使用【色调分离】命令可以指定图像中每个通道的色调级（或亮度值）的数目，然后将像素映射为最接近的匹配级别。例如，在 RGB 颜色模式的图像中选择两个色调色阶将产生 6 种颜色：两种代表红色，两种代表绿色，另外两种代表蓝色。

在照片中创建特殊效果，如创建大的单调区域时，此命令非常有用。当减少灰色图像中的灰阶数量时，其效果最为明显。如果想在图像中使用特定数量的颜色，需将图像转换为灰度并指定需要的色阶数，然后将图像转换为以前的颜色模式，并使用想要的颜色替换不同的灰色调。

图 8.111　原图

下面以具体示例介绍【色调分离】命令的使用方法。

1）在 Photoshop CS6 中，按 Ctrl+O 快捷键打开本章素材图像 8.111，如图 8.111 所示。

2）选择【图像】|【调整】|【色调分离】命令，打开【色调分离】对话框，设置每个通道的色调数量。如图 8.112 所示，色阶设置为“4”，表示 RGB 通道中“红、绿、蓝”通道每个通道有 4 种颜色，3 个通道一共有 12 种颜色。单击【确定】按钮，原图像被打造出油画效果，如图 8.113 所示。

图 8.112　【色调分离】对话框

图 8.113　应用【色调分离】后的效果

8.5.7 色调均化

使用【色调均化】命令可以在图像过暗或过亮时，通过平均值调整图像的整体亮度。【色调均化】命令可以重新分布图像中像素的亮度值，使图像均匀地呈现所有范围的亮度值。

下面以具体示例介绍【色调均化】命令的使用方法。

1）在 Photoshop CS6 中，按 Ctrl+O 快捷键打开本章素材图像 8.114，如图 8.114 所示。

2）选择【图像】|【调整】|【色调均化】命令，得到最终效果如图 8.115 所示。

若在图像中有选区的情况下使用【色调均化】命令时，将打开【色调均化】对话框，此时在对话框中选择需要色调均化的区域进行设置即可。

图 8.114 原图

图 8.115 应用【色调均化】后的效果

案例实施

案例一 实施步骤

前面介绍了调整图像色调和色彩的方法，以及特殊色调和色彩的应用，下面利用所学知识完成案例一中的任务。

【步骤一】基础操作。

打开本案例的素材 8.1 照片，如图 8.1 所示。

【步骤二】调色。

1）单击【图层】面板下方【创建新的填充或调整图层】按钮，为其添加【曲线】调整图层，如图 8.116 所示。

2）选择【画笔工具】，调整好画笔的形状和大小，在【曲线】蒙版上涂抹出人像，参照图 8.124 所示图层，图像效果如图 8.117 所示。

3）单击【图层】面板下方【创建新的填充和调整图层】按钮，为其添加【色相/饱和度】调整图层，如图 8.118 所示。

4）选择【画笔工具】，调整好画笔的形状和大小，在【色相/饱和度】蒙版上涂抹，参照图 8.124 所示图层，效果如图 8.119 所示。

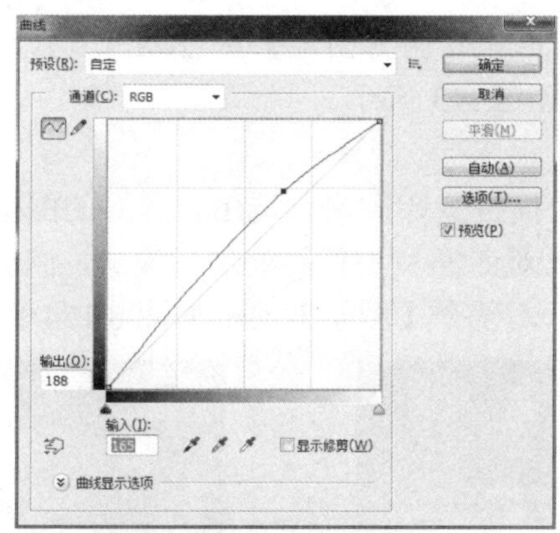

图 8.116　【曲线】对话框

图 8.117　效果（一）

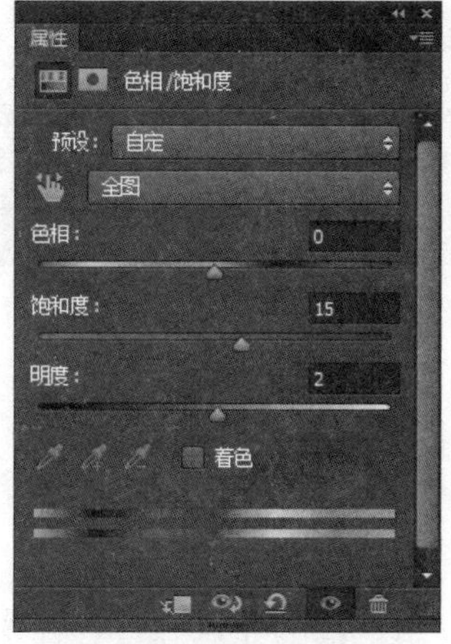

图 8.118　【色相/饱和度】面板

图 8.119　效果（二）

5）单击【图层】面板下方的【创建新的填充和调整图层】按钮，为其添加【色阶】调整图层，如图 8.120 所示。

6）选择【画笔工具】，调整好画笔的形状和大小，在【色阶】蒙版上涂抹，参照图 8.124 所示图层，效果如图 8.121 所示。

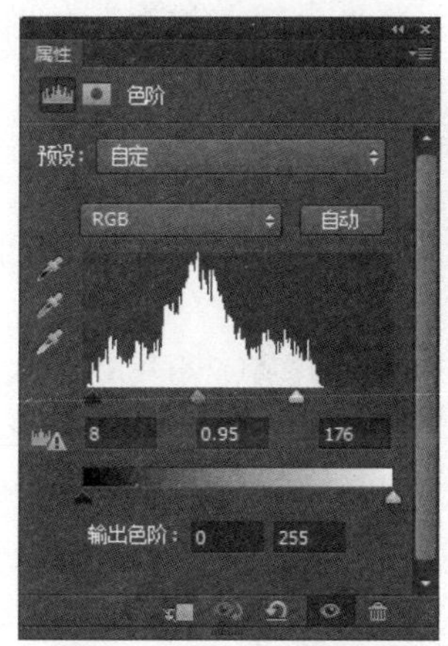

图 8.120　【色阶】面板

图 8.121　效果（三）

7）单击【图层】面板下方的【创建新的填充和调整图层】按钮，为其添加【色阶】调整图层，如图 8.122 所示，效果如图 8.123 所示。

【步骤三】瘦身。

将所有图层选中并按 Ctrl+Shift+Alt+E 快捷键盖印图层，选中合并好的图层后选择【滤镜】|【液化】命令，选择【向前变形工具】对面部及手臂等处进行瘦身，满意后单击【确定】按钮，美化的照片最终效果如图 8.2 所示，整个【图层】面板如图 8.124 所示。

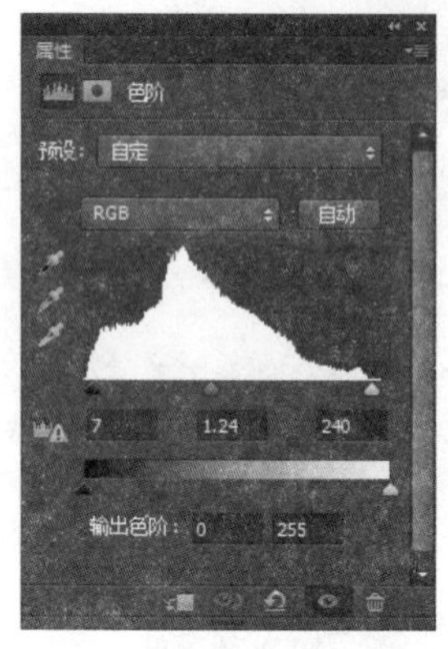

图 8.122 【色阶】面板

图 8.123 效果（四）

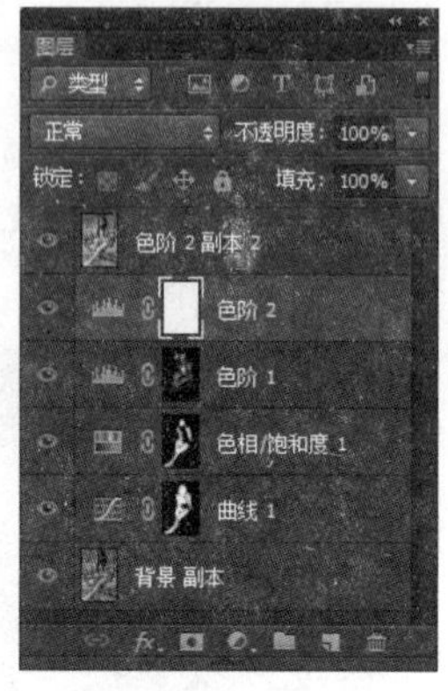

图 8.124 最终图层

【步骤四】保存文件。

把文件以 PSD 格式和 JPG 格式分别保存为“少女照片美化”。

案例二 实施步骤

通过对案例一的练习，了解了对人物形象美化的任务，练习了使用【色阶】命令和【亮度/对比度】命令来调整图像色调和色彩，下面利用所学知识完成案例二中的任务。

【步骤一】基础操作。

1）在 Photoshop CS6 中，新建一个尺寸为 20cm×15cm、分辨率为 150 像素/英寸、背景色为白色的文档。

2）打开本案例的素材 8.125，拖动至本文档中，调整好大小和位置，如图 8.125 所示。

3）打开本案例的另一张素材照片 8.126，用同样方法拖放到文档中，如图 8.126 所示。

图 8.125 素材图片

【步骤二】照片相融。

1）为当前的图片添加蒙版，选择【画笔工具】，调整好参数，在蒙版上涂抹，使两张照片的界限自然过渡，效果如图 8.126 所示。

2）新建一个图层放在【图层】面板顶部，填充颜色 RGB（170，102，13），调整其图层模式为【正片叠底】，效果如图 8.127 所示。

图 8.126　合成效果（一）

图 8.127　合成效果（二）

3）为当前添加图层模式的图层添加蒙版，选择【画笔工具】，调整好参数，在蒙版上涂抹，擦除新人面部及皮肤上的颜色，使其还原为原色。

4）新人的黑色衣服太黑，单击【图层】面板下方的【创建新的填空或调整图层】按钮，在弹出的下拉列表中，选择“色阶”选项，参数设置如图 8.128 所示，效果如图 8.129 所示。

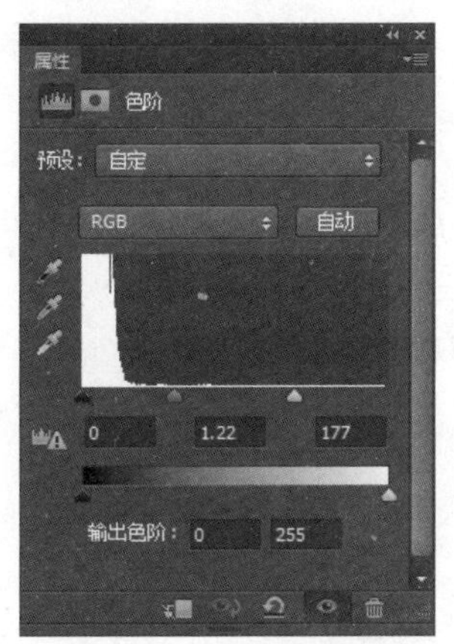

图 8.128　【色阶】对话框

图 8.129　合成效果（三）

5）设置完毕后衣服亮了，别的地方也曝光了。此时，还需选择色阶调整层的蒙版，选择【画笔工具】，对黑衣服之外的区域进行涂抹还原原色，效果如图 8.130 所示。

【步骤三】添加装饰。

1）选择【画笔工具】，调整好其参数与大小，在【图层】面板顶部新建图层，绘制小闪光效果，效果如图 8.131 所示。

2）打开本案例素材图片 8.132，拖动至画面中，调整好位置和大小，效果如图 8.132 所示。

图 8.130 合成效果（四）

图 8.131 合成效果（五）

图 8.132 合成效果（六）

3）选择【横排文字工具】，输入文字，设置文字格式，调整位置，最终效果如图 8.4 所示。

【步骤四】保存文件。

把文件以 PSD 格式和 JPG 格式分别保存为“婚纱照合成”。

工作实训营

1. 训练内容

对照片进行系列处理。

1）使黯淡肤色亮起来，给发黑的脸部美白，方法如下。

① 打开图片，创建一个空白图层。

② 进入通道，按住 Ctrl 键单击 RGB 通道，出现高光选区。

③ 返回空白图层，为选区填充白色。

④ 添加蒙版，设置前景色为黑色，用画笔涂掉不需增白的部分。

⑤ 如果脸部肤色太白，可适当降低透明度。

2）去除面部油光。

选择【修复画笔工具】，按 Alt 键在高光区单击，然后在高光区涂抹。

3）粗糙肌肤嫩起来。

照片中的皮肤看起来非常粗糙，没有光泽怎么办？方法如下。

① 打开图片，按 Ctrl+J 快捷键复制一层。

② 选择【滤镜】|【杂色】|【减少杂色】命令，打开【减少杂色】对话框，选中【高级】单选按钮，选择【每通道】选项卡，对红、绿、蓝 3 个通道的参数设置如下。

红：强度 10，保留细节为 100%。

绿：强度 10，保留细节为 6%。

蓝：强度 10，保留细节为 6%。

③ 选择【滤镜】|【锐化】|【USM 锐化】命令，在打开的【USM 锐化】对话框中设置数量为 80，半径为 1.5，阈值为 4 即可。

2. 训练要求

要基于原照片进行修复，力求自然，色彩的搭配要协调。

工作实践中常见问题解析

【常见问题 1】用铅笔在纸上绘制的漫画，用数码照相机拍下放到计算机里，现在想用 Photoshop CS6 为人物上色，具体做法是什么？怎样才可以让颜色过渡自然？

答：上色的时候新建一个图层，然后把新建图层的【混合模式】设置为【正片叠底】，这样涂上去的颜色不会把线稿覆盖住，【正片叠底】模式是很常用的，用【加深工具】或【减淡工具】修饰也可以。

【常见问题 2】什么是后期合成？

答：后期合成一般指将录制或渲染完成的影片进行再处理加工，使其达到需要的效果。合成的类型包括静态合成、三维动态特效合成、音效合成、虚拟和现实的合成等。后期合成技术衍生出的职业有后期合成师、特效合成师等。

【常见问题 3】照片被损，有什么简单方法进行修复？

答：使用【仿制图章工具】修复：在照片被损不是很严重时，在单张旧照片上使用【仿制图章工具】修复。有大面积相同花纹，以及眼、鼻、嘴等重要部分破损时，可以从别的图片上剪贴完整的眼、鼻、嘴来修补。

习　题

打开本章素材 8.133，如图 8.133 所示，将原图曝光过度的效果调整为正常效果（通过添加【曲线】、【色阶】和【曝光度】等调整图层实现），效果如图 8.134 所示。

图 8.133　原图

图 8.134　效果图

第9章

通道与蒙版的应用

本章要点

了解通道的概念。

掌握创建通道的方法。

熟练通道的应用。

了解蒙版概念。

熟练蒙版的应用。

技能目标

掌握利用通道处理图片的方法和技巧。

掌握蒙版的使用方法和技巧。

案例导入

【案例一】利用通道抠图。

利用通道对人物进行抠图，注意人物头发的处理，如图 9.1 所示。

图 9.1 对人物进行抠图

【案例二】黑白照上色。

使用 Photoshop 给黑白图片上色的方法有很多，可以使用填充色上色，也可以直接用调色工具调色。黑白照如图 9.2 所示，彩照如图 9.3 所示。

图 9.2 黑白照

图 9.3 彩照

引导问题

什么是通道？

通道的分类有哪些？

通道有哪些操作，如何操作？

什么是蒙版？

如何利用蒙版合成图片？

基础知识

9.1 通　　道

1. 通道的概念

在 Photoshop CS6 中，通道是图像文件的一种颜色数据信息储存形式，它与 Photoshop CS6 图像文件的颜色模式密切关联，多个分色通道叠加在一起可以组成一幅具有颜色层次的图像。

在某种意义上，通道就是选区，也可以说通道就是存储不同类型信息的灰度图像。一个通道层与一个图像层之间最根本的区别在于：Photoshop CS6 图像的各个像素点的属性是以红、绿、蓝三原色的数值来表示的，而通道层中的像素颜色是由一组原色的亮度值组成的。

利用通道，我们可以将选区存储起来，存储为一个独立的通道层，需要选区时，就可以方便地从通道中将其调出。

2. 【通道】面板

【通道】面板可用于创建和管理通道。该面板列出图像中的所有通道，包括颜色通道、Alpha 通道和专色通道。

选择 Photoshop CS6 菜单栏【窗口】|【通道】命令，即可打开【通道】面板。【通道】面板根据图像文件的颜色模式显示通道数量。

图 9.4、图 9.5 所示分别为 RGB 颜色模式通道和 CMYK 颜色模式通道。

图 9.4　RGB 颜色模式通道

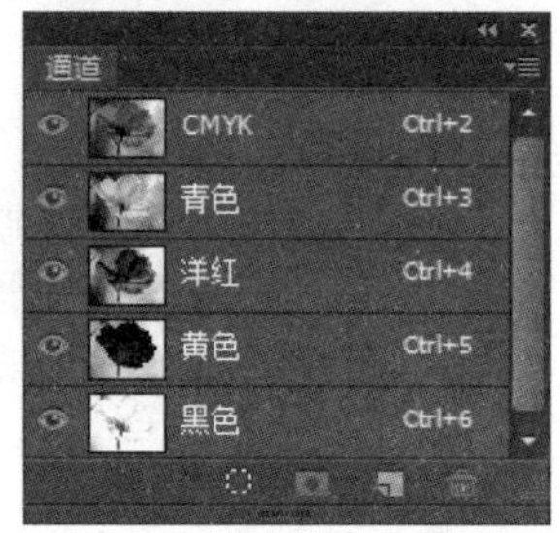

图 9.5　CMYK 颜色模式通道

下面以 RGB 颜色模式通道为例介绍【通道】面板，如图 9.6 所示。

1）复合通道。RGB 颜色模式通道为复合通道，用于显示各种通道颜色叠加后的整体画面效果。

2）原色通道。【红】、【绿】、【蓝】通道为原色通道，原色通道表示各色系在图像中的分布及浓度的大小。分别单击【红】、【绿】、【蓝】通道，对这些通道进行观察，在 RGB 颜色模式下暗色区域表示该颜色缺失，亮色区域表示该颜色存在。

3）【将通道作为选区载入】。单击该按钮，可以将通道中的图像内容转换为选区，按住 Ctrl 键单击通道缩览图也可将通道作为选区载入。

4）【将选区存储为通道】。单击该按钮，可以将当前图像中的选区以图像方式存储在自动创建的 Alpha 通道中。在按住 Alt 键的同时单击此按钮，会弹出是否把当前选区储存为蒙版的提示框。

5）【创建新通道】。单击该按钮，即可在【通道】面板中创建一个新通道。

6）【删除当前通道】。单击该按钮，可以删除当前用户所选择的通道，但不能删除图像的原色通道。

7）【指示通道可见性】。单击该按钮，使通道不显示，可以关闭这一通道在图像中的可见性，再次单击使其显示，可将可见性打开。当要显示或隐藏多个通道时，可在【指示通道可见性】按钮列按住鼠标左键上下拖动即可。

8）单击【通道】面板右上角的按钮，可打开【通道】面板菜单，选择相应的命令对通道进行操作，【通道】面板菜单包含了绝大多数通道操作的命令，如图 9.7 所示。

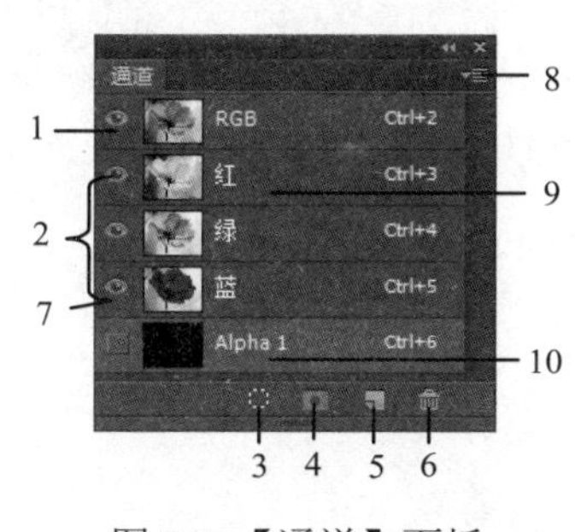

图 9.6 【通道】面板

新建通道...
复制通道...
删除通道
新建专色通道...
合并专色通道(G)
通道选项...
分离通道
合并通道...
面板选项...
关闭
关闭选项卡组

图 9.7 【通道】面板菜单

小提示：

只要以支持图像颜色模式的格式存储文件，就会保留颜色通道。只有当以 PSD、PDF、PICT、Pixar、TIFF 或 Raw 格式存储文件时，才会保留 Alpha 通道。

【通道缩览图】显示当前通道的内容，可以通过缩览图查看每一个通道的内容。在【通道】面板菜单中选择【面板选项】命令，可以打开【通道面板选项】对话框，如图 9.8 所示，在对话框中可以修改缩览图的大小。

9）通道名称。显示通道的名称。

10）新建的 Alpha 通道。在新建 Alpha 通道时，如果不为新通道命名，系统将会自动命名为 Alpha1、Alpha2……

在【通道】面板中，单击某个通道即可选择该通道，图像窗口中也会显示所选通道的灰度图像，如图 9.9 所示。

按住 Shift 键单击其他通道，可以选择多个通道，此时图像窗口中会显示所选颜色通道的复合信息，如图 9.10 所示。

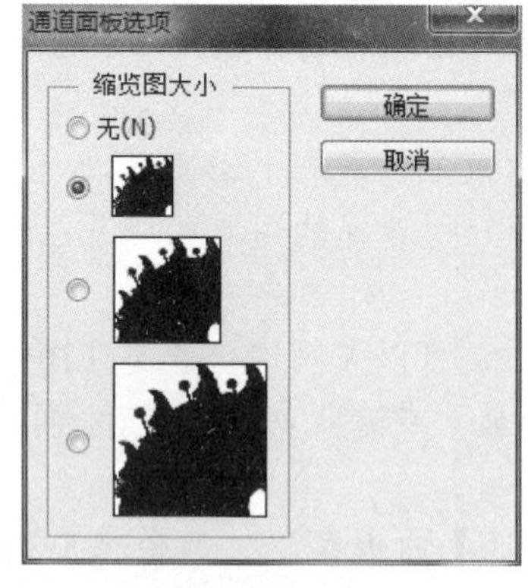

图 9.8 【通道面板选项】对话框

图 9.9 选择单通道及灰度图像

通道名称的左侧为通道内容的缩览图，在编辑通道时缩览图会自动更新。单击 RGB 复合通道可以重新显示其他颜色通道，如图 9.11 所示，此时可以同时预览和编辑所有颜色通道。

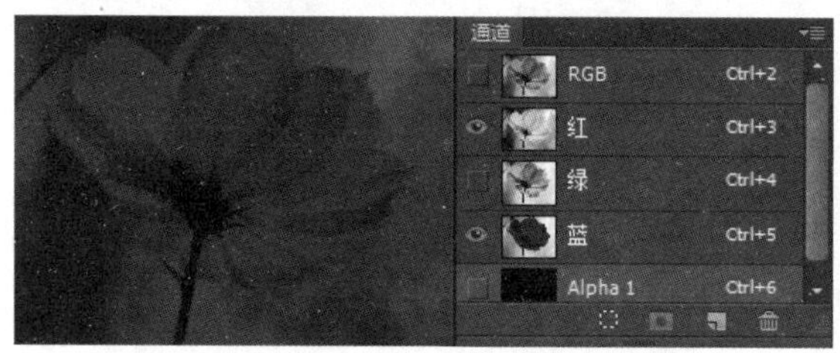

图 9.10 选择多个通道及复合信息

图 9.11 选择 RGB 复合通道及重新显示颜色

按 Ctrl+数字键可以快速选择通道。以 RGB 颜色模式通道为例，介绍如下。

按 Ctrl+3 快捷键可以选择红色通道。

按 Ctrl+4 快捷键可以选择绿色通道。

按 Ctrl+5 快捷键可以选择蓝色通道。

按 Ctrl+6 快捷键可以选择蓝色通道下面的 Alpha 通道。

如果要返回到 RGB 复合通道，可以按 Ctrl+2 快捷键。

3. 通道分类

Photoshop CS6 包含 4 种类型的通道，分别是颜色通道、Alpha 通道、专色通道和临时通道。

9.2 通道的基本操作

9.2.1 创建 Alpha 通道

Alpha 通道用于将选区存储为灰度图像。可以通过添加 Alpha 通道来创建和存储蒙版，这些蒙版用于处理或保护图像的某些部分。

1）在 Photoshop CS6 中，打开本章素材图像 9.12，如图 9.12 所示。

2）在【通道】面板菜单中选择【新建通道】选项，打开【新建通道】对话框，如图 9.13 所示。

图 9.12　图像文件

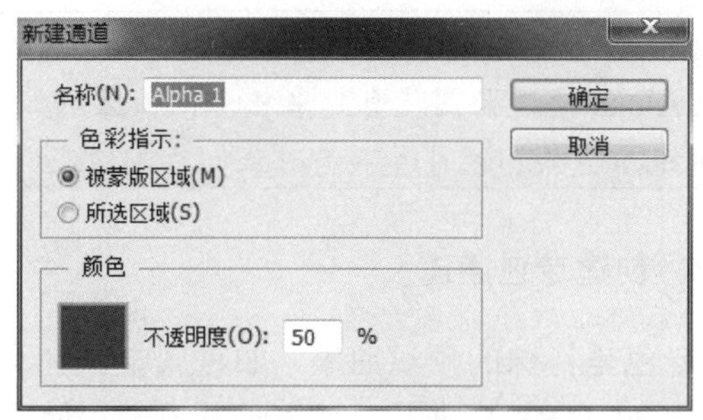

图 9.13　【新建通道】对话框

①【名称】。在右侧的文本框中输入通道的名称为通道命名。如果不输入，Photoshop CS6 会自动按顺序命名为 Alpha1、Alpha2……

②【被蒙版区域】。选中该单选按钮，可以使新建的通道中被蒙版区域显示为黑色，选择区域显示为白色。

③【所选区域】。选中该单选按钮，可以使新建的通道中被蒙版区域显示为白色，选择区域显示为黑色。

④【颜色】。单击下方的颜色块，可以打开【拾色器（通道颜色）】对话框，在该对话框中可以选择通道要显示的颜色；也可以单击该对话框中【颜色库】按钮，在打开的【颜色库】对话框中设置通道要显示的颜色。

⑤【不透明度】。在该文本框输入一个数值，可以设置蒙版颜色的不透明度。

如果单击【通道】面板底部的【创建新通道】按钮，则会直接创建 Alpha 通道，不出现【新建通道】对话框。

3）在【新建通道】对话框中设置好选项以后，单击【确定】按钮，即可创建一个 Alpha 通道，如图 9.14 所示。

将 RGB 通道设置为显示，可以显示全部图像内容，而将新建的 Alpha1 通道隐藏起来，则可以显示原始图像的效果。

4）将 Alpha1 通道设置为显示，颜色设置为红色，不透明度的值设置为 50%，图像效果如图 9.15 所示。

图 9.14　创建 Alpha 通道

图 9.15　Alpha1 通道设置后的效果图

双击 Alpha1 通道的缩览图，打开【通道选项】对话框，在该对话框中可以修改通道的各个参数。

小提示：

Alpha 通道与图层看起来相似，但区别非常大。Alpha 通道可以随意增减，这一点类似图层功能，但 Alpha 通道不是用来储存图像而是用来保存选取区域的。

9.2.2 创建专色通道

专色是特殊的预混油墨，如金属金银色油墨、荧光油墨等，它们用于替代或补充普通的印刷色（CMYK）油墨。专色通道用于存储印刷用的专色。通常情况下，专色通道是以专色的名称来命名的。

创建专色通道的方法有两种，一种是创建新的专色通道，一种是将现有的 Alpha 通道转换为专色通道。可以通过执行以下操作之一创建新的专色通道。

1）在【通道】面板菜单中选择【新建专色通道】命令，打开【新建专色通道】对话框，如图 9.16 所示。

按住 Ctrl 键的同时单击【通道】面板下方的【创建新通道】按钮，也可以打开【新建专色通道】对话框。

2）将 Alpha 通道转换为专色通道的方法比较简单，双击【通道】面板上要转换为专色通道的 Alpha 通道，在打开的【通道选项】对话框中进行设置即可，如图 9.17 所示。

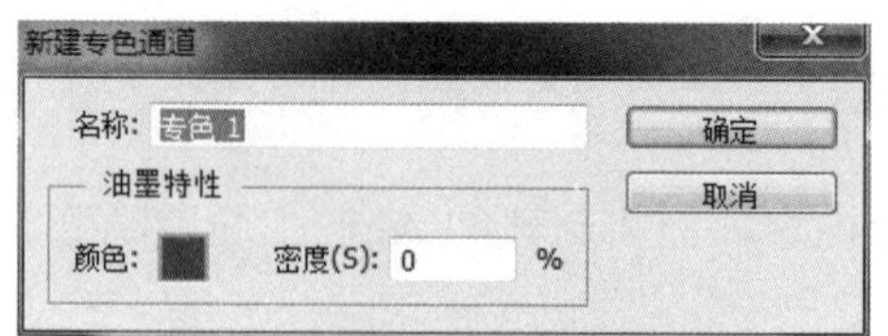

图 9.16 【新建专色通道】对话框

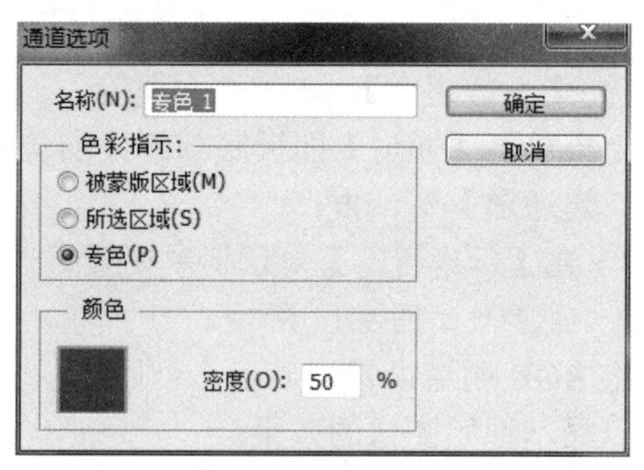

图 9.17 【通道选项】对话框

9.2.3 重命名、复制和删除通道

1. 重命名通道

双击【通道】面板中某个通道的名称，在显示的文本输入框中输入新的名称。如图 9.18 所示。

需要注意的是，复合通道和颜色通道不能重命名。

2. 复制通道

当保存了一个 Alpha 通道以后，即可以复制此通道。

1）利用拖动法复制通道。在【通道】面板中选中要复制的 Alpha 通道以后，按住鼠标左键将该通道拖动到面板底部的【创建新通道】按钮上，释放鼠标左键即可复制一个 Alpha 通道，如图 9.19 所示。

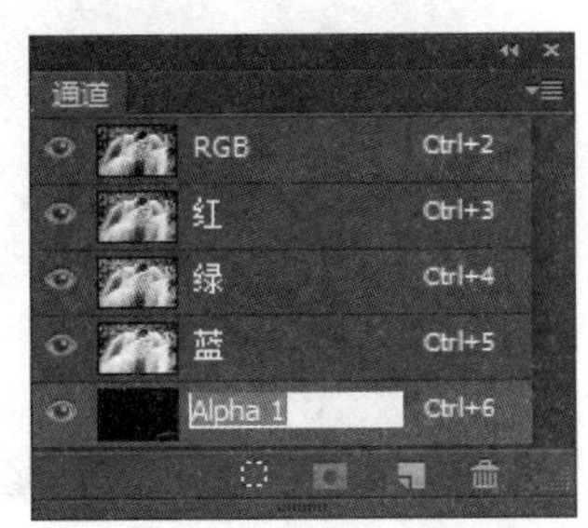

图 9.18　重命名通道

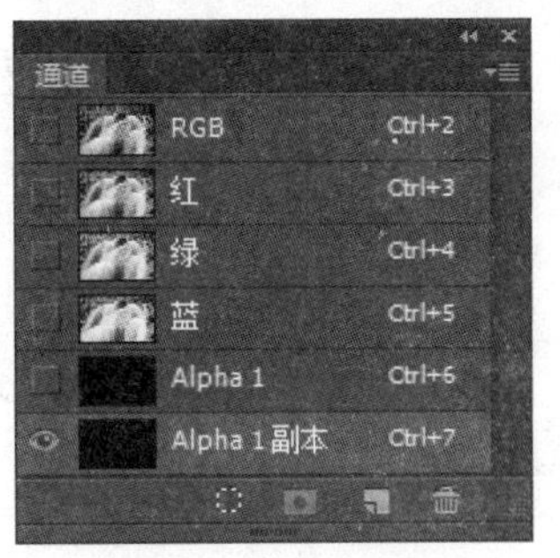

图 9.19　复制通道

默认的复制通道的名称为“原通道名称+副本”。双击通道名称，可以在文本框中输入新名称。

小提示：

一次可以拖动一个或多个通道进行复制。

2）利用菜单命令复制通道

① 在【通道】面板中选中要复制的通道，然后在【通道】面板菜单中选择【复制通道】命令，打开【复制通道】对话框，如图 9.20 所示。

- 【复制】选项：表示当前选择的通道名称，即要复制的通道名称。
- 【为】选项：在右侧的文本框中可以输入复制后的通道名称。
- 【文档】选项：选择复制后的通道要存放的目标文档。可以选择当前文档或新建文档。当选择“新建”命令后，可以创建一个新的文档并将复制的通道存放在该文档中，此时将激活其下方的【名称】选项，以设置新文档的名称。
- 【反相】选项：勾选该复选框，可以将复制的通道选区与非选区进行反相显示。

② 在对话框中设置好选项以后，单击【确定】按钮，即可复制 Alpha 通道。

3. 删除通道

通道有时只是辅助图像的设计制作，在最终保存成品设计时，可以将不需要的通道删除。

1）使用拖动法删除通道。在【通道】面板中选中要删除的通道以后，按住鼠标左键将其拖动到【通道】面板底部的【删除当前通道】按钮上，释放鼠标左键即可将该通道删除。一次可以拖动一个或多个通道进行删除。

2）使用右键菜单法删除通道。在【通道】面板中选中一个或多个通道，然后在面板中右击，在弹出的快捷菜单中选择【删除通道】命令，如图 9.21 所示，即可将选中的通道删除。

复合通道不能被复制，也不能删除；颜色通道可以复制，但是如果将其删除，图像就会自动转换为多通道模式。

默认状态下，【通道】面板中的颜色通道都显示为灰色，通过修改【首选项】命令可以使通道用彩色显示。

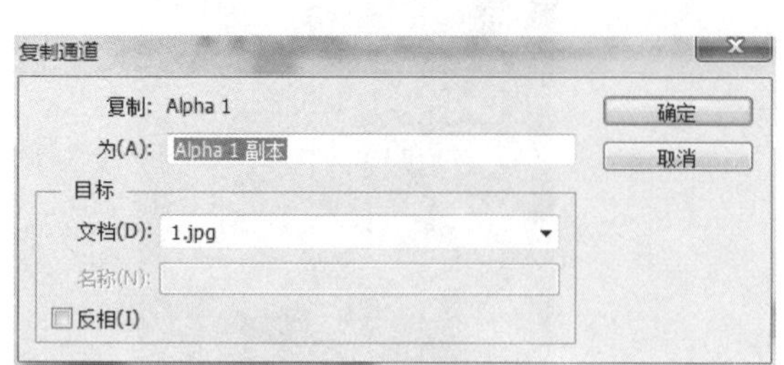

图 9.20 【复制通道】对话框

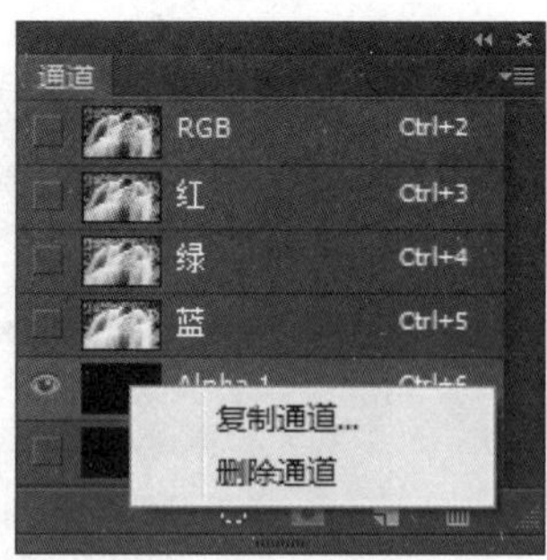

图 9.21 删除通道

9.2.4 通道的分离与合并

在【通道】面板的菜单中有【分离通道】和【合并通道】两个命令。

1. 分离通道

分离通道是指将图像的通道分离出来得到多个单独的灰度图像。

【分离通道】命令的使用有两大限制：①文件必须只有一个图层；②只有在 RGB 颜色、CMYK 颜色、Lab 颜色和多通道等模式下可以使用。单击通道右面的按钮可选择【分离通道】命令，操作结果如图 9.22 所示。【分离通道】命令可以将图像中的各个通道分离出来，使其各自作为一个单独的文件存在。该命令的执行要求是图像文件只含有一个图层，否则应先合并图层。分离后的图像都是灰度图像，不含任何色彩信息。

图 9.22 通道分离

2. 合并通道

在实际的图像编辑中，有时候为了制作出特殊的图像效果，需要将不同的通道合并起来。

在 Photoshop CS6 中，多个灰度图像可以合并为一个图像的通道，创建为彩色图像。但图像必须是灰度模式，具有相同的像素、尺寸且处于打开的状态。

在合并通道时，还要注意通道的模式，不同模式分离出来的通道是不能混合合并的，如从 CMYK 模式中分离出来的图像不能合并到 RGB 模式的图像中。

1）在 Photoshop CS6 中，打开图 9.22 所示的分离的三个灰度文件。

2）在【通道】面板菜单中选择【合并通道】命令，打开【合并通道】对话框，如图 9.23 所示。

- 【模式】选项：单击其右侧的下拉按钮在弹出的下拉列表中可以选择合并的通道模式，通道模式包括 RGB 颜色、CMYK 颜色、Lab 颜色和多通道等 4 种颜色模式。
- 【通道】选项：用于指定合并的通道数。该选项只在多通道时使用，如果要合并的图像中带有 Alpha 通道或专色通道，可以使用【多通道】模式来指定多个通道。

3）在【模式】下拉列表中选择【RGB 颜色】模式，如图 9.24 所示。

图 9.23　【合并通道】对话框

图 9.24　选择【RGB 颜色】模式

4）单击【确定】按钮，打开【合并 RGB 通道】对话框，如图 9.25 所示。

5）设置好各个颜色通道对应的图像文件以后，单击【确定】按钮，即可将它们合并为一个彩色的 RGB 图像，如图 9.26 所示。

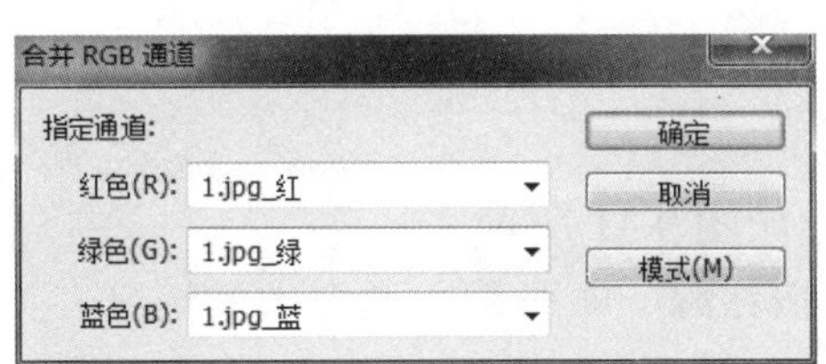

图 9.25　【合并 RGB 通道】对话框

图 9.26　合并后的 RGB 图像（夏天的景色）

6）如果在【合并 RGB 通道】对话框中改变通道所对应的图像，如图 9.27 所示，则合成后图像的颜色也不相同，如图 9.28 所示。

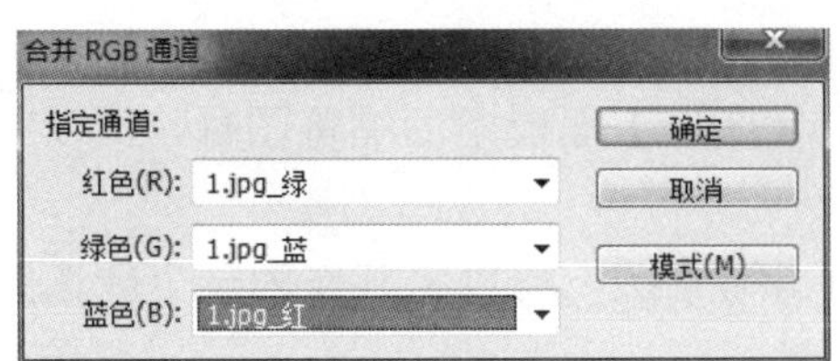

图 9.27　改变通道

图 9.28　改变通道后的 RGB 图像（秋天的景色）

9.3 通道与选区的互相转换

1. 选区转换为通道

在 Photoshop CS6 中，打开本章素材 9.29，并且在文档中创建选区，如图 9.29 所示。

在【通道】面板下方单击【将选区存储为通道】按钮，即可将选区保存到 Alpha 通道中，如图 9.30 所示。

图 9.29 创建选区

图 9.30 选区保存到 Alpha 通道中

2. 载入 Alpha 通道中的选区

在【通道】面板中选中要载入选区的 Alpha 通道，如图 9.31 所示。

在【通道】面板下单击【将通道作为选区载入】按钮，即可载入通道中的选区，如图 9.32 所示。

图 9.31 选择 Alpha 通道

图 9.32 载入选区

按住 Ctrl 键单击 Alpha 通道也可以载入选区，这样操作的好处是不必来回切换。如果当前图像中包含选区，按住 Ctrl 键单击【通道】、【路径】、【图层】面板中的缩览图时，可以通过按下列按键来进行选区运算。

① 按住 Ctrl 键，鼠标指针会变成形状，此时单击缩览图，可以将其作为一个新选区载入。

② 按住 Ctrl+Shift 快捷键，鼠标指针会变成形状，此时单击缩览图，可以将其添加到现有选区中。

③ 按住 Ctrl+Alt 快捷键，鼠标指针会变成形状，此时单击缩览图，可以从当前的选区中减去载入的选区。

④ 按住 Ctrl+Shift+Alt 快捷键，鼠标指针会变成形状，此时单击缩览图，可进行与当前选区相交的操作。

9.4 蒙　　版

Photoshop CS6 中的蒙版用于控制用户需要显示或者影响的图像区域，或者用于控制需要隐藏或不受影响的图像区域。蒙版是进行图像合成的重要手段，也是 Photoshop CS6 中极富魅力的功能之一，通过蒙版可以非破坏性地合成图像。

蒙版分为图层蒙版、矢量蒙版、剪切蒙版、快速蒙版 4 种。

9.4.1 图层蒙版

图层蒙版的理论在第 6 章已介绍过，如图 9.33 右边的图层所示，是在图层蒙版上绘制不同的矩形框，并填充不同灰度颜色，则与图层对应位置的像素呈现不同的透明程度。透明程度由涂色的灰度深浅决定，如图 9.33 左边所示的图像效果。

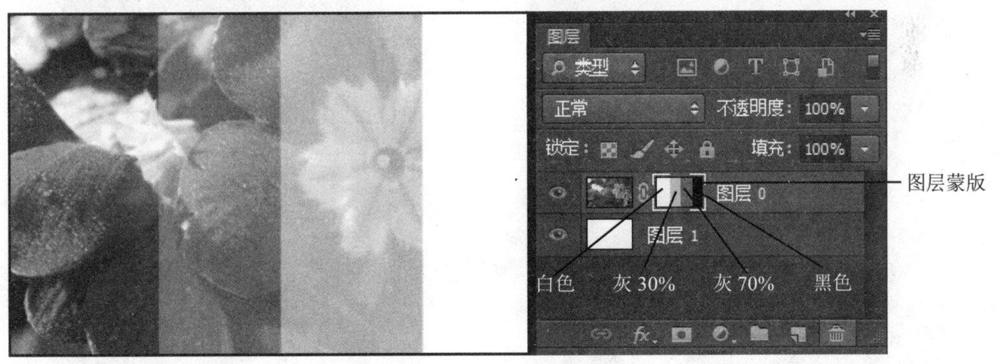

图 9.33　图层蒙版

下面以案例来复习图层蒙版的知识。

1）在 Photoshop CS6 中，按 Ctrl+O 快捷键打开本章素材图像 9.34，如图 9.34 所示。

2）在【图层】面板中选中要添加图层蒙版的图层，单击【添加图层蒙版】按钮，可以为所选图层创建图层蒙版（白色显示底层图像，黑色隐藏底层图像），如果按住 Alt 键同时单击【添加图层蒙版】按钮，则创建后的图层蒙版的填充色为黑色，如图 9.35 所示。

3）利用工具箱中【套索工具】在当前人物图层创建选区，如图 9.36 所示。

4）选择【图层】|【图层蒙版】命令，在弹出的子菜单中选择相应的命令。【图层蒙版】子菜单中有 5 种命令，分别为【显示全部】、【隐藏全部】、【显示选区】、【隐藏选区】和【从透明区域】命令。选择【显示选区】命令，创建的图层蒙版如图 9.37 所示，得到的图像效果如图 9.38 所示。

5）选择【画笔工具】，设置好画笔大小，设置前景色为白色，在图像窗口中的人物图像边缘进行涂抹，得到的图像效果如图 9.39 所示。

图 9.34　两幅素材图像

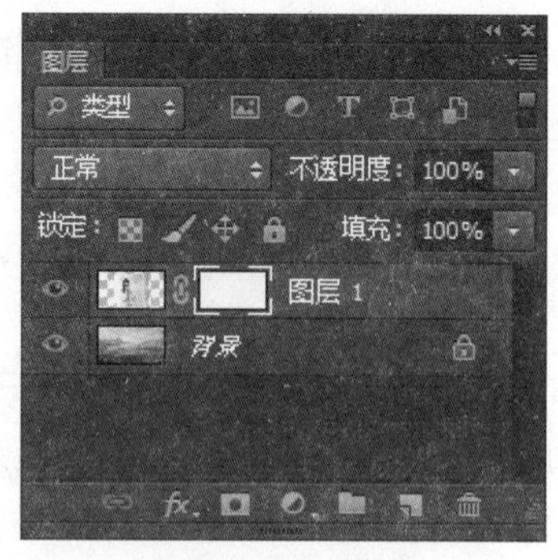

图 9.35　创建图层蒙版

图 9.36　创建选区

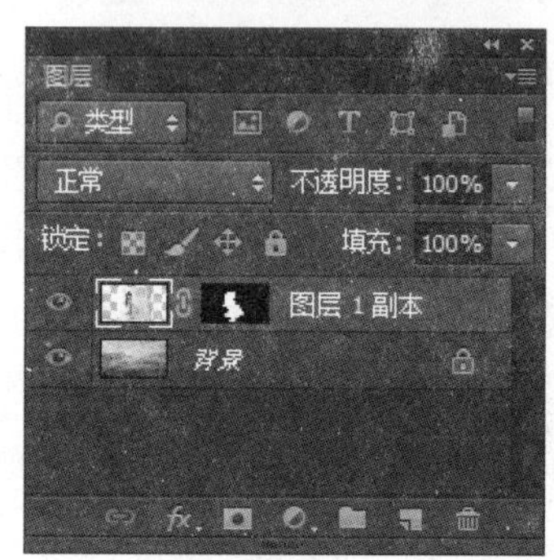

图 9.37　图层蒙版

图 9.38　效果图

图 9.39　效果图

9.4.2　矢量蒙版

矢量蒙版可在图层上创建锐边形状，因为矢量蒙版是依靠路径图形来定义图层中图像的显示区域。矢量蒙版使用【钢笔工具】或【自定义形状工具】对其路径进行编辑。由于矢量蒙版具有矢量特性，因此能够对其进行无限缩放。

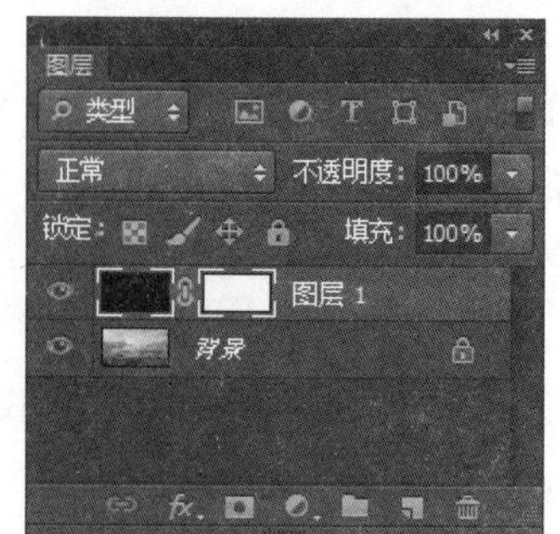

图 9.40　创建空白矢量蒙版

1）在 Photoshop CS6 中，打开本章素材图像 9.42，【图层 1】填充为黑色。

2）按住 Ctrl 键的同时单击【图层】面板下方的【添加图层蒙版】按钮，即可为所选图层添加矢量蒙版，或者选择【图层】|【矢量蒙版】|【显示全部】命令来创建矢量蒙版，如图 9.40 所示。

3）在【图层】面板中单击“矢量蒙版缩览图”，将其选中并激活。

4）选择【自定义形状工具】创建和编辑矢量蒙版，设置【自定义形状工具】属性栏为【路径】，如图 9.41 所示。在图像窗口的矢量中绘制形状路径，如图 9.42 所示。

图 9.41　【自定义形状工具】属性栏

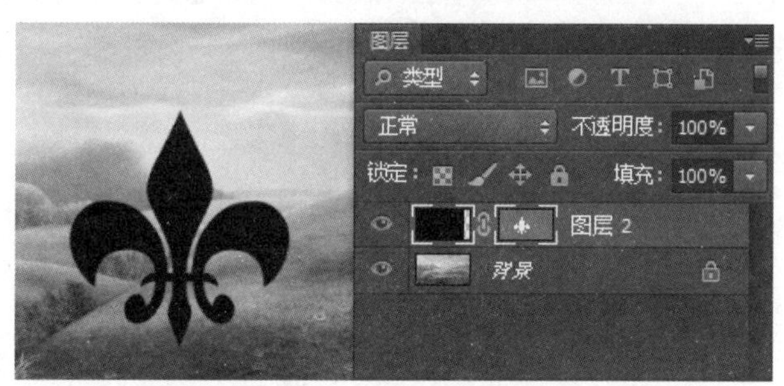

图 9.42　在矢量蒙版上绘制形状

5）在【图层】面板中可以看到，矢量蒙版与图层蒙版的显示方式非常接近，不同的是矢量蒙版右侧的缩览图内显示的是路径图形内容。路径内的部分为白色，表示该区域内的图层内容可见；路径外的部分为灰色，表示此区域的内容被蒙版遮蔽，图像不可见。

6）选择【直接选择工具】，选择路径，调整路径形状，如图 9.43 所示，矢量蒙版内容也随之发生变化，如图 9.44 所示。

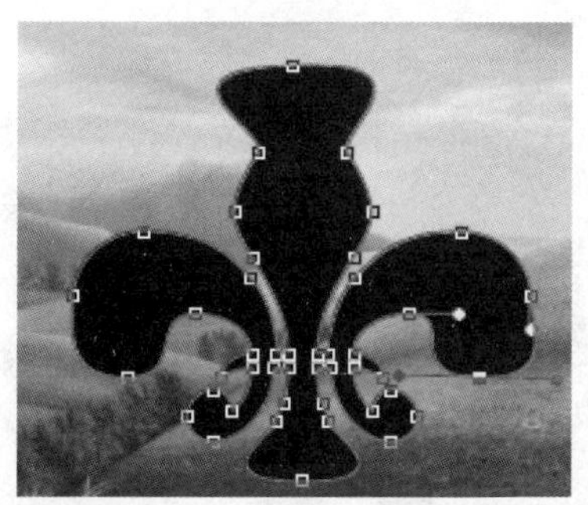

图 9.43　调整路径形状

图 9.44　效果图

7）将矢量蒙版转换为图层蒙版。Photoshop CS6 的矢量蒙版不能应用绘图工具和滤镜等功能，因此可以将矢量蒙版转换为图层蒙版再进行编辑。需要注意的是，一旦将矢量蒙版转换为图层蒙版，就无法再将其改回矢量蒙版。

在矢量蒙版缩览图上右击，在弹出的快捷菜单中选择【栅格化矢量蒙版】命令，即可将矢量蒙版转换为图层蒙版。也可以选择【图层】|【栅格化】|【矢量蒙版】命令将矢量蒙版转换为图层蒙版。

9.4.3　剪贴蒙版

剪贴蒙版是用一个图层的内容来遮盖其上方图层的内容，原理是利用此图的像素内容作为蒙版，决定其上方图层的显示形状。要创建剪贴蒙版必须要有两个以上图层，以两个图层为例，相邻的两个图层创建剪贴蒙版后，上面图层所显示的内容受下面图层形状的控制。需要注意的是，剪贴蒙版中只能包括连续图层。蒙版中的基底图层名称带下划线，上层图层的缩览图是缩进的。

下面给文字图层创建剪贴蒙版。

1）在 Photoshop CS6 中，新建一个空白文档，使用【横排文字工具】在图像窗口中输入文字，并设置格式，如图 9.45 所示。

图 9.45　输入文字

2）按 Ctrl+O 快捷键打开本章素材 9.46，使用【移动工具】将图像拖入文字图像窗口，并调整合适的位置，如图 9.46 所示。图层的位置如图 9.47 所示。

3）在【图层】面板中选择【图层 0】，按住 Alt 键，将鼠标指针置于分隔【图层 0】和【火红的花】文字图层这两个图层之间的线上，当鼠标指针变成【正方形】图标时单击即可创建剪贴蒙版，如图 9.48 所示。剪贴蒙版还可选择【图层】|【创建剪贴蒙版】命令或按 Alt+Ctrl+G 快捷键创建。创建剪贴蒙版后的图像效果如图 9.49 所示，可以看到文字中填充了图案。

4）取消剪贴蒙版的方法。

图 9.46　素材图像

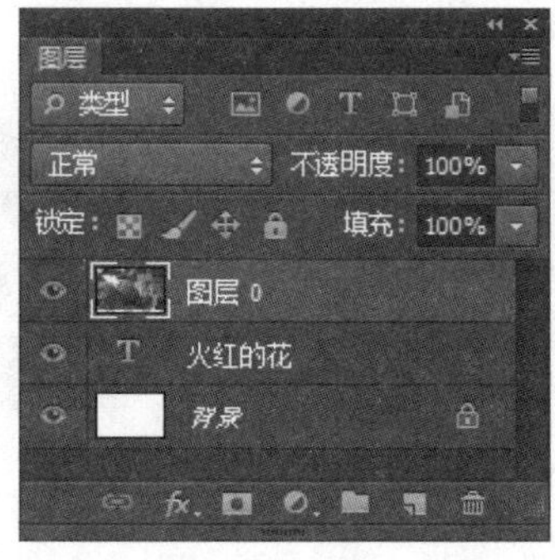

图 9.47　【图层】面板

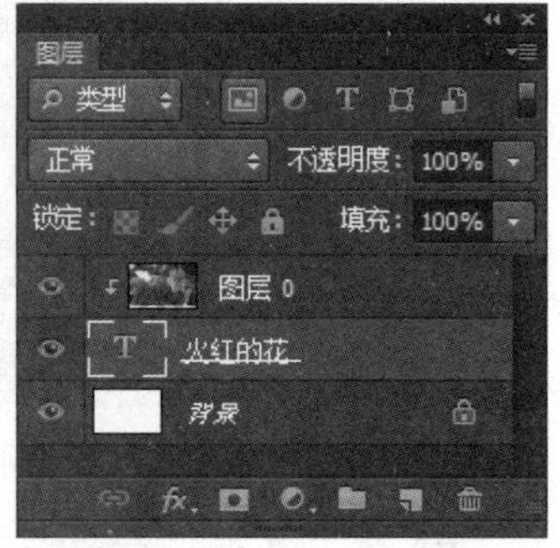

图 9.48　创建剪贴蒙版

图 9.49　效果图

① 在【图层】面板中选择【图层 0】，在按住 Alt 键的同时将鼠标指针置于【图层 0】

和【火红的花】文字图层这两个图层之间的线上，当指针变成【正方形】图标时单击，即可取消剪贴蒙版。

② 选择【图层】|【释放剪贴蒙版】命令。

③ 再次使用 Alt+Ctrl+G 快捷键。

9.4.4　快速蒙版

快速蒙版是一个编辑选区的临时环境，可以辅助用户创建选区。快速蒙版工具操作的时候不会影响图像，只会生成相应的选区。按 Q 键添加快速蒙版后，前景颜色、背景颜色会恢复到黑白状态，同时在通道面板生成一个快速通道。用画笔或橡皮工具等涂抹、擦除图像的时候，会留下一些红色透明的区域，这些区域就是需要的选区部分。再按 Q 键的时候，会把涂抹的部位变成反选的选区。

快速蒙版应用较为广泛，尤其在制作一些颓废效果或滤镜纹理的时候非常实用。对快速蒙版涂抹的区域执行滤镜操作，可以生成更为复杂的选区。

1）使用快速蒙版工具对图像中的部分内容进行选取。打开本章素材 9.50，将两幅图像放在一个文件中，如图 9.50 所示。

2）按 Ctrl+J 快捷键复制并新建一个图层，选择【以快速蒙版模式编辑】 或按 Q 键，进入【快速蒙版】模式，如图 9.51 所示。选择工具箱中的【画笔工具】，设置合适画笔大小，在需要选取的主题区域孩子身上进行涂抹。

图 9.50　素材图像

图 9.51　进入快速蒙版

3）红色所覆盖区域，即表示该区域图像为受保护状态，也就是选区以外的区域。在涂抹过程中，根据需要调整画笔大小。

4）涂抹完毕后，再次按 Q 键，或选择【以标准模式编辑】，进入【标准编辑】模式。在图像窗口中可以看到图像中产生了选区，涂抹区域为选区以外的区域，如图 9.52 所示。

小提示：

可反复按 Q 键，切换【以快速蒙版模式编辑】与【以标准模式编辑】编辑状态。当前景色设置为黑色时，在图像中涂抹，可增加蒙版选区；当前景色设置为白色时，在图像中涂抹，可减少蒙版选区。如此反复对快速蒙版选区进行调整，直到使用快速蒙版工具创建出合适选区。

5）按 Ctrl+Shift+I 快捷键反选，得到孩子选区，如图 9.53 所示。

图 9.52　涂抹得到的选区

图 9.53　孩子选区

6）这时可以对选区进行编辑等操作，按 Ctrl+J 快捷键复制选区内容，如图 9.54 所示。隐藏【图层 1】，按 Ctrl+T 快捷键，适当缩小孩子图像，合成了一幅孩子在野外游玩的照片，最后效果如图 9.55 所示。

图 9.54　复制选区

图 9.55　效果图

案 例 实 施

案例一　实施步骤

在介绍了通道与蒙版的使用之后，下面利用所学知识完成案例一中的任务。

【步骤一】选择合适的通道。

在 Photoshop CS6 中打开本章素材 9.56，在【通道】面板中查看通道，使【RGB】通道左侧的【指示图层可见性】按钮不可见，分别使【红】、【绿】、【蓝】通道的【指示图层可见性】按钮可见，通过 3 个通道的对比，从中找出一个人物与背景亮度对比度（反差）最高的一个通道。这里选择了【绿】通道（因为【绿】通道黑白对比最强烈，复制【绿】通道（不要直接在原通道上操作），效果如图 9.56 所示。

【步骤二】对通道进行操作，得到人物选区。

1）在【绿副本】通道上调整色阶（要看着图片调整，不能损失细节），增加前景色与背景色的反差，如图 9.57 所示。

图 9.56　选择并复制合适的通道

2）因为白色部分是需要的选区，因此选择【图像】|【调整】|【反相】命令，效果如图 9.58 所示。

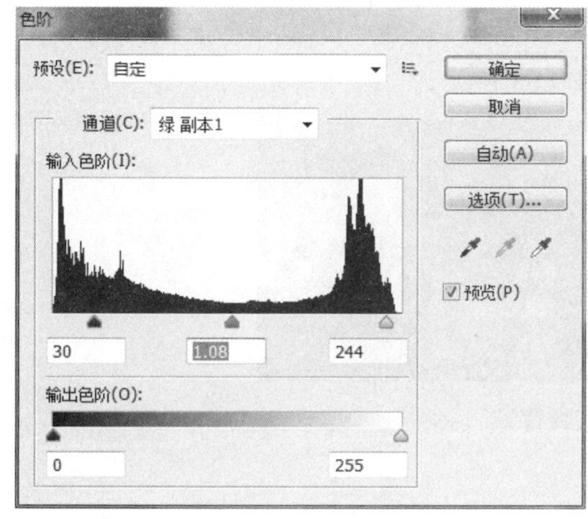

图 9.57　调整色阶

图 9.58　反相

3）用【套索工具】将人物主体勾选出来，并填充白色，如图 9.59 所示。

4）用白色画笔将人物中没勾选到的地方涂白，效果如图 9.60 所示。

图 9.59　将人物主体勾选出来

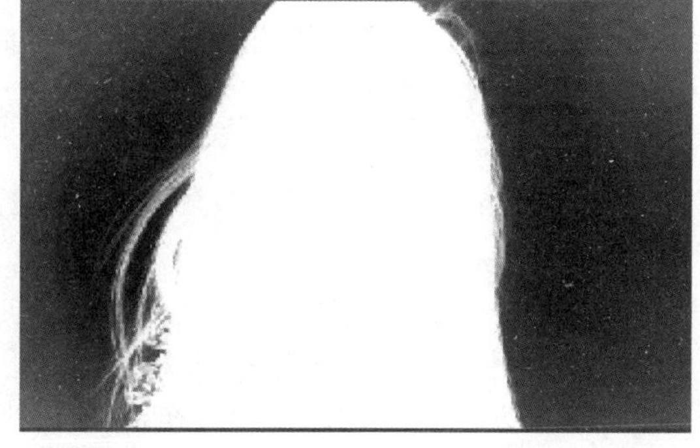

图 9.60　将选区填充为白色

5）用【减淡工具】在发丝部分涂抹，范围是高光，注意降低曝光度，如图 9.61 所示。

6）单击【将通道作为选区载入】按钮，出现选区后，回到【RGB】复合通道，如图 9.62 所示。

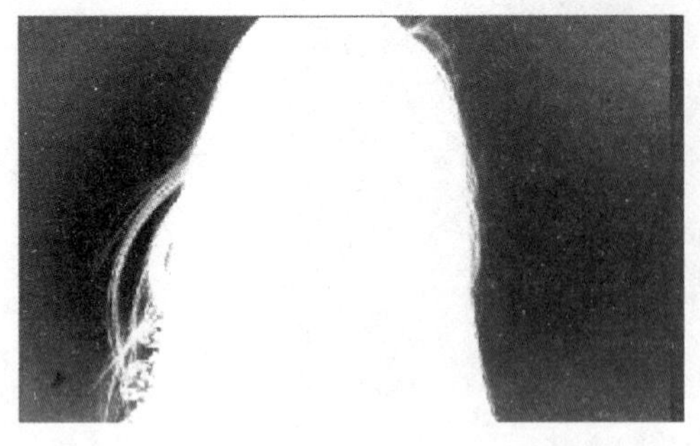

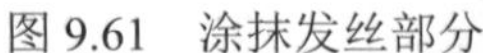

图 9.61 涂抹发丝部分

图 9.62 在复合通道中得到选区

【步骤三】回到图层操作，抠出人物。

1）回到【图层】面板，按 Ctrl+J 快捷键复制选区后，将其复制到新的图层，这样人物就被完美地抠出来，效果如图 9.1 所示。

2）为抠取的人物换一个背景图片，效果如图 9.63 所示。

图 9.63 更换人物背景

【步骤四】保存文件。

把文件以 PSD 格式和 JPG 格式各保存一份。

案例二 实施步骤

使用 Photoshop CS6 给黑白图片上色的方法有很多，可以使用填充色上色，也可以直接用调色工具调色。注意调色的时候一定要控制好范围，这样出来的效果才真实。下面利用所学知识完成案例二中的任务。

【步骤一】准备工作。

在 PhotoShop CS6 中打开本案例素材 9.2，如图 9.2 所示。

【步骤二】上色。

1）新建一个图层，图层混合模式改为颜色模式，把前景颜色设置为 RGB(168，129，112)，然后用【画笔工具】给人物皮肤上色，如图 9.64 所示。

2）调出肤色的选区，创建【色相/饱和度】调整图层，参数设置如图 9.65 所示。

3）新建一个图层，图层混合模式改为颜色模式，把前景颜色设置为 RGB(218，182，168)，用【画笔工具】再次涂抹皮肤，给皮肤上色，如图 9.66 所示。

4）新建一个图层，图层混合模式改为颜色模式，把前景颜色设置为 RGB(223，32，230)，用【画笔工具】涂抹衣服，给衣服上色，如图 9.67 所示。

图 9.64　效果（一）

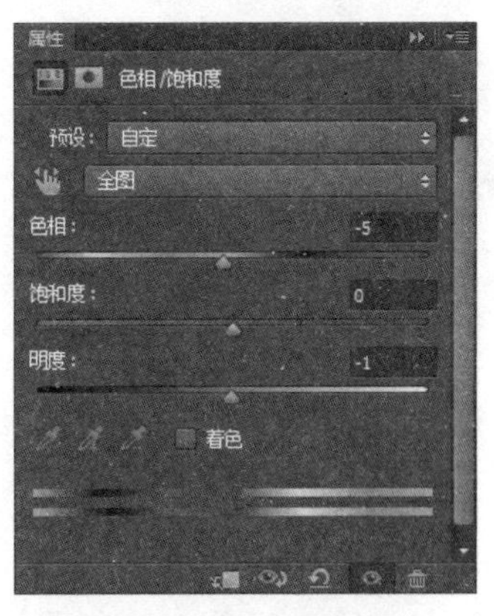

图 9.65　【色相/饱和度】面板

图 9.66　效果（二）

图 9.67　效果（三）

5）新建一个图层，图层混合模式改为颜色模式，把前景颜色设置为 RGB(136，96，60)，用【画笔工具】给头发上色，适当降低图层不透明度，如图 9.68 所示。

6）用同上的方法给嘴唇上色，颜色值为 RGB(246，20，52)，适当降低图层不透明度，如图 9.69 所示。

图 9.68　效果（四）

图 9.69　效果（五）

7）用如上所述的方法给饰物（耳钉）上色，颜色值为 RGB(173，181，255)，如图 9.70 所示。

8）新建一个图层，按 Ctrl + Alt + Shift + E 快捷键盖印图层，把盖印后的图层复制一层，对副本选择【滤镜】|【模糊】|【高斯模糊】命令，打开【高斯模糊】对话框，将半径设置为 8 像素，单击【确定】按钮。把图层混合模式改为柔光模式，单击【图层】面板下方的【添加图层蒙版】按钮，添加图层蒙版，设置前景色为黑色，用【画笔工具】在图层蒙版上涂抹衣服、头发、眼睛、嘴唇及眉毛等处，如图 9.71 所示。

图 9.70　效果（六）

图 9.71　效果（七）

9）按 Ctrl+J 快捷键复制盖印图层，得到副本 2，图层混合模式改为色相模式，添加图层蒙版，设置前景色为黑色，用画笔把人物衣服、头发、眼睛、嘴唇、眉毛等涂抹出来，如图 9.72 所示，图层的排列如图 9.73 所示。

图 9.72　效果（八）

图 9.73　【图层】面板中图层的排列

10）修饰细节部分，最终效果如图 9.3 所示。

【步骤三】保存文件。

把文件以 PSD 格式和 JPG 格式各保存一份。

工作实训营

1. 训练内容

利用蒙版进行图片合成，让蜻蜓落在花朵上，素材如图 9.74 和图 9.75 所示。

2. 训练要求

利用蒙版进行图片合成时注意图片色调的和谐。

图 9.74　素材（一）

图 9.75　素材（二）

工作实践中常见问题解析

【常见问题 1】 通道除了可以用来抠图，还可以做什么？

答：通过可以调整图像原色通道的灰度值，还可以对一个或多个通道应用特殊效果，从而改变颜色显示面貌。

【常见问题 2】 查看【红】通道时，如何看出哪儿有红色，哪儿红色多些？

答：在颜色通道中，通道是以黑白方式显示的。白色的地方表示有相应的颜色，黑色的地方表示没有该颜色，灰色表示有部分该颜色。选择【红】通道，【红】通道像一张黑白照片，有的地方白，有的地方黑，地方越白表示红色的量越多，地方越黑表示红色的量越少。

【常见问题 3】 灰色在通道中扮演什么样的角色？

答：灰色表示透明。不同的灰色代表不同程度的透明度。

【常见问题 4】 按什么键可以退出快速蒙版模式？

答：按 Q 键可退出快速蒙版模式，进入标准蒙版模式。

习　　题

利用通道进行抠图，并变换背景，素材如图 9.76 所示。

图 9.76　素材

第10章

应用滤镜

本章要点

了解滤镜的概念及分类。
掌握智能滤镜的应用。
掌握滤镜库中滤镜的用途与使用方法。
掌握特殊滤镜的应用。
掌握常用滤镜的用途与使用方法。
掌握外挂滤镜的安装与使用。

技能目标

掌握常用滤镜的应用技巧。
掌握外挂滤镜的使用。

案例导入

【案例一】制作逼真的水珠效果。
图 10.1 所示为原图，效果图如图 10.2 所示。

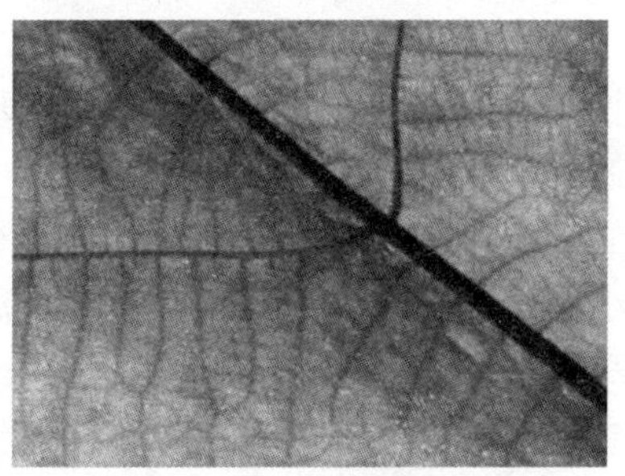
图 10.1 素材图片

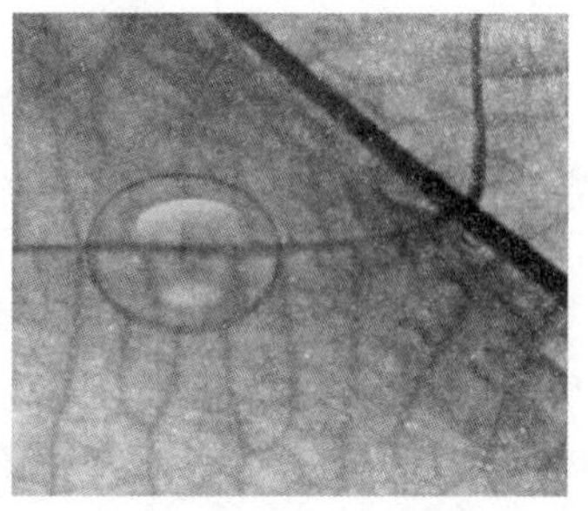
图 10.2 水珠效果

【案例二】利用滤镜制作露珠效果。
露珠效果如图 10.3 所示。

图 10.3 露珠效果

引导问题

什么是滤镜？
常用滤镜有哪些，怎么使用？
如何利用滤镜得到特殊效果？
如何加载外挂滤镜？

基础知识

10.1 滤镜的相关知识

为了丰富照片的效果，摄影师们在照相机的镜头前加了各种特殊镜片，这样拍摄得到的照片就包含了所加镜片的特殊效果，这种镜片即称为“滤色镜”。

特殊镜片的思想延伸到计算机图像处理技术中，便产生了“滤镜”（Filer），它是一种特殊图像效果处理技术。一般情况下，滤镜遵循一定的程序算法来对图像中像素的颜色、亮度、饱和度、对比度、色调、分布、排列等属性进行计算和变换处理，其结果便是使图像产生特殊效果。

Photoshop 的滤镜有内置滤镜（安装 Photoshop 时自带的）和外挂滤镜（安装相关的滤镜文件后才能使用）之分。

1. 滤镜的使用

滤镜可以作用于图层、图层的某一选区、某一单通道。应用滤镜前，先选定图层、图层的某一选区或某一单通道，再选择【滤镜】菜单下的相应滤镜。

2. 滤镜的使用方法

1）滤镜可以应用于选区、当前图层或通道，如果需要将滤镜应用于整个图层，则图层中不要有选区。

2）有些滤镜完全在内存中处理，因此处理高分辨率图像时非常消耗内存，如果内存不够，系统会给出一条错误提示消息。

3）有些滤镜只对 RGB 颜色模式的图像起作用，不能应用于位图模式或索引颜色模式图像，而有些滤镜只应用于 CMYK 颜色模式图像。

4）上次使用的滤镜将默认显示在【滤镜】菜单顶部，按 Ctrl+F 快捷键可以再次应用上次应用过的滤镜。

3. 混合滤镜的效果

选择【编辑】|【渐隐】命令，可将应用滤镜后的图像和原图像进行混合，即混合两个单独的图层，得到特殊效果。

滤镜菜单由 5 部分组成，如图 10.4 所示。

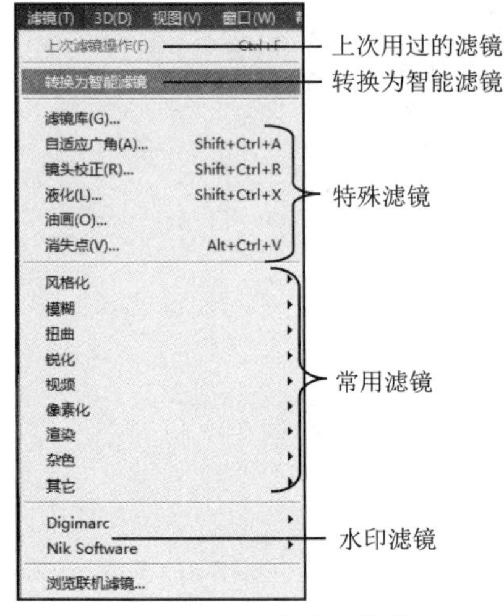

图 10.4 【滤镜】菜单

10.2 智能滤镜

智能滤镜只应用于智能对象。在【图层】面板中，用户可以把滤镜删除，或者重新修改滤镜参数，智能滤镜对图层中的图像是非破坏性的，而普通滤镜的功能一旦执行，原图层就应用了滤镜效果，如果效果不满意想恢复，只能还原或从【历史记录】面板里退回到执行前。

> **小提示：**
> 普通图像要转换为智能对象，选择【图层】|【智能对象】|【转换为智能对象】命令即可。

10.2.1 创建智能滤镜

只有把所选择的图层转换为智能对象后，才能应用智能滤镜。

1）在 Photoshop CS6 中打开本章素材 10.5，如图 10.5 所示。选择【滤镜】|【转换为智能滤镜】命令，弹出提示框，单击【确定】按钮，将【背景】图层转换为智能对象。

2）选择【滤镜】|【渲染】|【镜头光晕】命令，打开【镜头光晕】对话框，设置亮度为 129%，选中【50-300 毫米变焦】单选按钮，单击【确定】按钮，创建智能滤镜，如图 10.6 所示。

图 10.5　原图

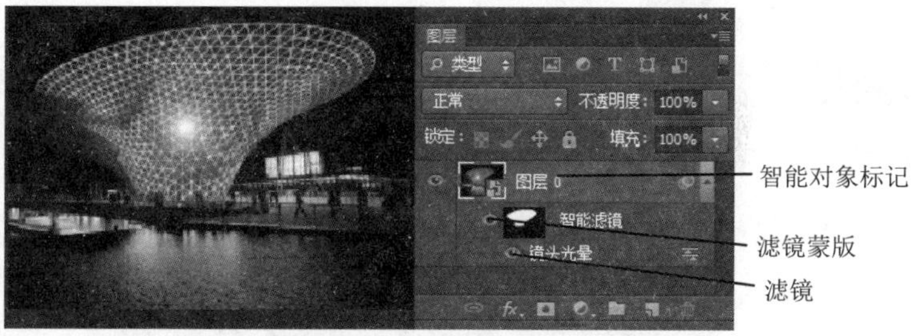

图 10.6　应用智能滤镜效果

3）直接应用【滤镜】|【渲染】|【镜头光晕】命令的滤镜效果如图 10.7 所示（在图层选区内使用滤镜）。

10.2.2 编辑智能滤镜

在【图层】面板中双击相应的智能滤镜名称，可以重新打开该滤镜的设置对话框，修改滤镜的选项，然后单击【确定】按钮。图 10.8 所示的是把【镜头光晕】命令中的【镜头类型】改为“105 毫米”聚焦的效果。

图 10.7　直接应用的滤镜效果

图 10.8　编辑智能滤镜后的效果

将智能滤镜应用于智能对象时，Photoshop CS6 会在【图层】面板中该智能对象下方显示一个空白（有选区除外）的蒙版缩览图，此蒙版可以用画笔进行编辑，具体操作类似图层蒙版。单击智能滤镜前的【指示图层可见性】按钮分别显示或隐藏图层，也可通过选择【图

层】|【智能滤镜】|【停用/启用智能滤镜】|【添加滤镜蒙版】|【停用滤镜蒙版】命令实现。拖动【智能滤镜】蒙版和具体的智能滤镜到【图层】面板下方的【删除图层】按钮中则可删除它们，也可选择【图层】|【智能滤镜】|【清除智能滤镜】命令实现删除。

10.3 滤 镜 库

滤镜库是将 Photoshop CS6 中提供的部分滤镜集中在一个易于操作的对话框中。在处理图像时，用户可以一次访问、控制和应用多个滤镜。

图 10.9 素材选区

1）启动 Photoshop CS6，打开本章素材文件 10.9，利用【磁性套索工具】选中瀑布区域，如图 10.9 所示。

2）选择【滤镜】|【滤镜库】命令，打开【滤镜库】对话框，对话框的左侧为预览窗口，中间为滤镜类别，右侧为被选择滤镜的选项参数和应用滤镜效果列表，如图 10.10 所示。单击展开【画笔描边】滤镜，单击【成角的线条】滤镜缩览图，对话框右侧出现该滤镜的参数设置选项。设置【方向平衡】为 19，【描边长度】为 30，【锐化程度】为 9，单击【确定】按钮后，应用该滤镜后的选区内的瀑布已变成了冰瀑效果，如图 10.11 所示。

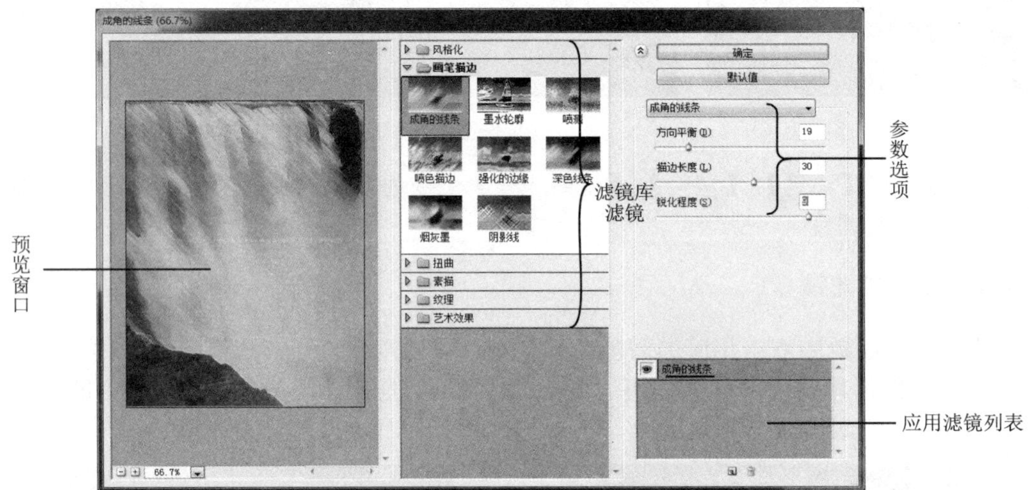

图 10.10 【滤镜库】对话框

3）单击展开【艺术效果】滤镜，单击【塑料包装】滤镜缩览图，参数设置如图 10.12 所示。单击【滤镜库】对话框中的【新建效果图层】按钮，创建同名的效果图层。新建效果图层后，滤镜效果将累积应用。单击【确定】按钮，累积应用滤镜的选区出现结成块的冰瀑效果，如图 10.13 所示。

4）单击效果图层前的【指示图层可见性】按钮，可以将效果图层隐藏或显示。选择效果图层，单击【图层】面板下方的【删除效果图层】按钮，即可将当前选择的效果图层删除。

图 10.11 【成角的线条】滤镜效果

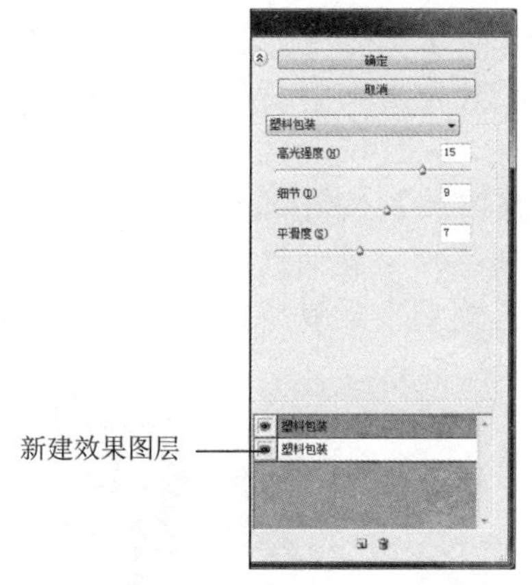

图 10.12 设置【塑料包装】

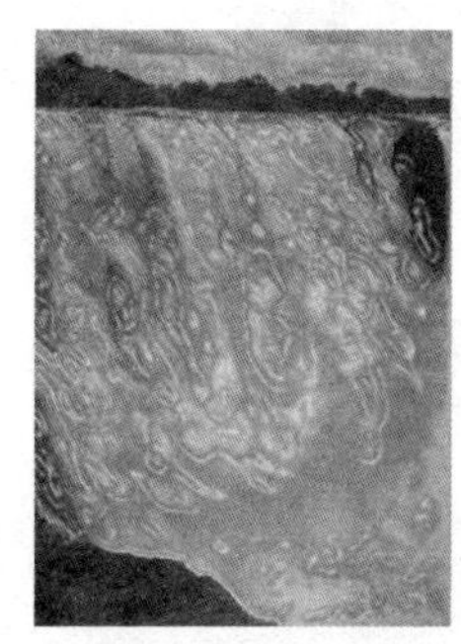

图 10.13 【塑料包装】滤镜效果

10.4 特殊滤镜

10.4.1 【液化】滤镜

【液化】滤镜可以对图像进行推、拉、旋转、反射、折叠和膨胀等操作，使图像画面产生特殊的艺术效果。

下面通过给模特瘦身，进一步讲解【液化】滤镜的应用。

1）在 Photoshop CS6 中打开本章素材文件 10.14，或把素材文件直接拖到 Photoshop CS6 中，复制背景层为【图层 1】，如图 10.14 所示。

2）选择【滤镜】|【液化】命令，打开【液化】对话框，选择【向前变形工具】，将模特身体凸出的部位往里推，把模特的身形修到满意为止，要注意大的透视关系，画笔大小要不断变换，大线条（如肚子）用大数值的笔刷，局部小（如腋下部位）的调整用小数值的笔刷，变形瘦身后的效果如图 10.15 所示。

图 10.14 复制图层

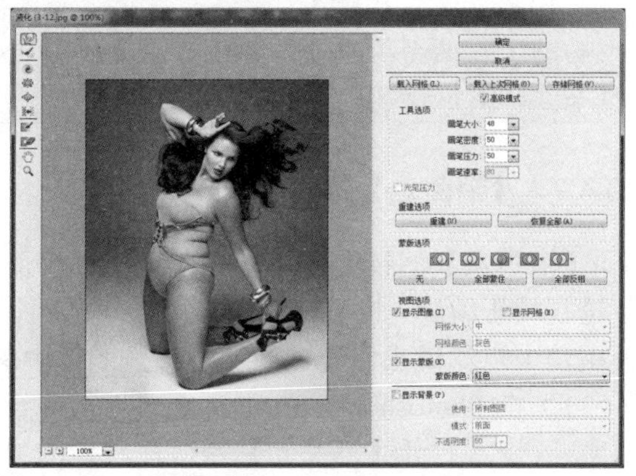

图 10.15 瘦身

3）拖动调整好的【图层 1】到【图层】面板下方的【创建新图层】按钮上，复制图层得到【图层 1 副本】，选择【修补工具】和【仿制图章工具】在【图层 1 副本】

上把模特身上的褶皱去掉。在运用【仿制图章工具】时注意把图章的透明度调整到20%左右，多次涂抹，以避免产生生硬的效果。处理后的模特腰部看上去皮肤更紧绷，如图 10.16 所示。

4）单击【图层】面板下方的【创建新的填充或调整图层】按钮，在弹出的快捷菜单中，选择【曲线】命令并略微调暗，在蒙版里调整模特腰间肤色，使之与整体肤色协调。如果一个调节层不够，可以多建几个，直到调出最满意的涂抹效果，最终效果如图 10.17 所示。

图 10.16　去褶皱

图 10.17　最终效果图

拓展：

【液化】对话框左侧的工具功能如下。

①【向前变形工具】。单击该选项按钮，像素随鼠标拖动的方向变形。

②【重建工具】。单击该选项按钮，用鼠标反方向拖动上一步中使用向前变形工具产生变形的部分，可使之恢复到原来的状态。

③【褶皱工具】。单击该选项按钮，在需要变形时长按鼠标左键，在画笔区域内的图像将向内侧缩小变形。

④【膨胀工具】。单击该选项按钮，在需要变形时长按鼠标左键，在画笔区域内的图像将向外侧扩大变形。

⑤【左推工具】。单击该选项按钮，垂直向上拖动鼠标时，在画笔区域内的图像向左移动（如果向下拖动，则图像向右移动）。围绕对象顺时针拖动鼠标增加幅度，逆时针拖动鼠标减小幅度。

10.4.2　【消失点】滤镜

【消失点】滤镜允许用户在包含透视平面（如建筑物侧面或任何矩形对象）的图像中进行透视校正编辑，也可以在图像中指定平面，对其进行绘画、仿制、复制或粘贴等编辑操作。使用消失点滤镜来修饰、添加或移去图像中的某对象时，结果将更加逼真。

1）在 Photoshop CS6 中新建图层，并给图层填充浅蓝色，选择【滤镜】|【消失点】命令，打开【消失点】对话框，如图 10.18 所示。

2）选择【创建平面工具】，在视图中单击，确定第一个角点，拖动鼠标，在角点附近单击，确定第二个角点，如图 10.19 所示。

3）接着分别将鼠标指针移动到其他两个角点位置，单击，绘制出一个透视框，如要删除当前绘制的线，按 BackSpace 键，如图 10.20 所示。

图 10.18 【消失点】对话框

图 10.19 创建角点

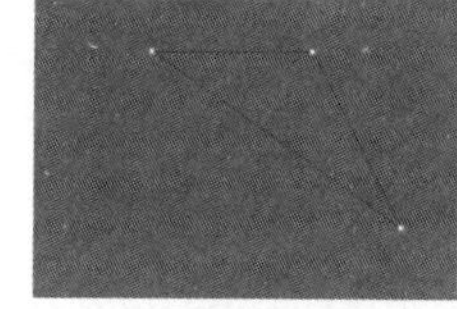
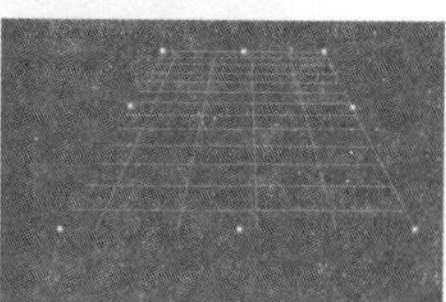

图 10.20 绘制透视框

4）选择【编辑平面工具】将鼠标指针移动到要调整的角点上，单击，并向所需方向拖动，调整透视框的形状，如图 10.21 所示。

5）当透视平面线条呈黄色时，说明角节点（平面四角上的白色节点）的位置有问题；当透视平面线条呈红色时，说明透视效果的长宽比例有问题，如图 10.22 所示。

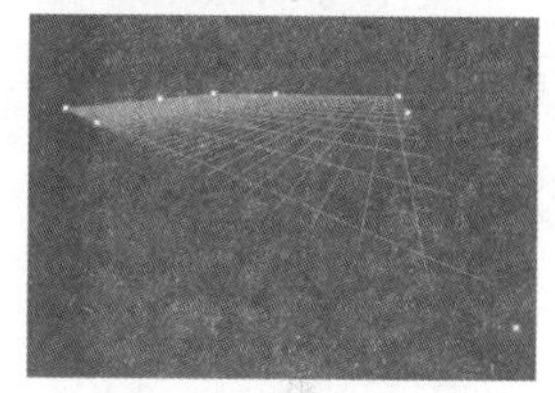

图 10.21 调整透视框

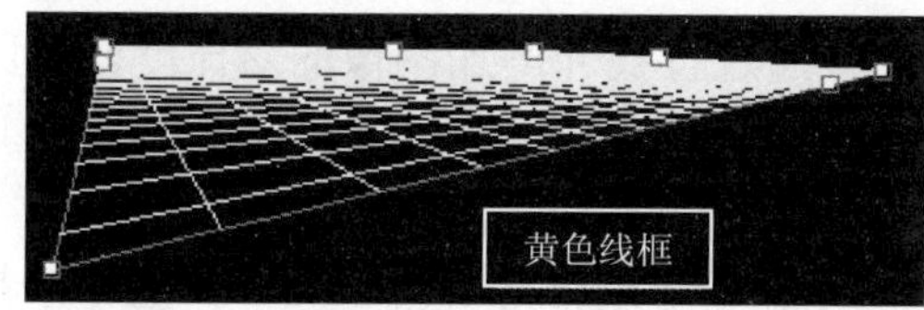

图 10.22 无效的平面

6）如图 10.23 所示的上平面（已绘好有效的透视框）的绘制方法为，选择【编辑平面工具】，将鼠标指针移动到平面右边缘，按住 Ctrl 键，鼠标指向平面上的白色节点，指针呈状态时，拖动鼠标拖出另一个平面，单击【确定】按钮，保存平面的绘制。

7）打开本章素材文件 10.24，按 Ctrl+A 快捷键全选图片，再按 Ctrl+C 快捷键复制图片，如图 10.24 所示。

8）切换到刚才新建的文档，新建【图层 1】。选择【滤镜】|【消失点】命令，打开【消失点】对话框，可看到刚才创建的透视平面，按 Ctrl+V 快捷键，将复制的图片粘贴

到【消失点】对话框中，如图 10.25 所示。

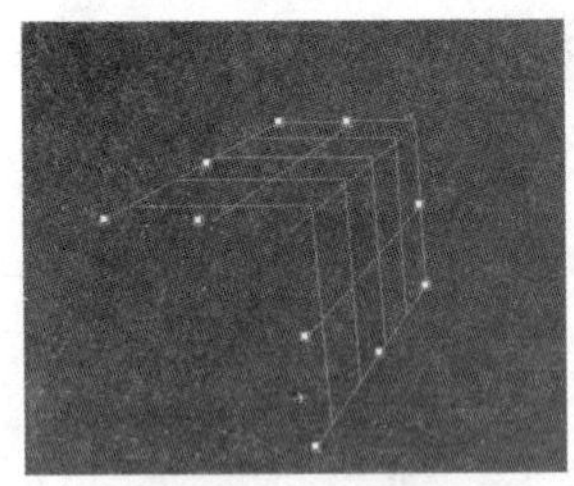

图 10.23　创建平面

图 10.24　复制图片

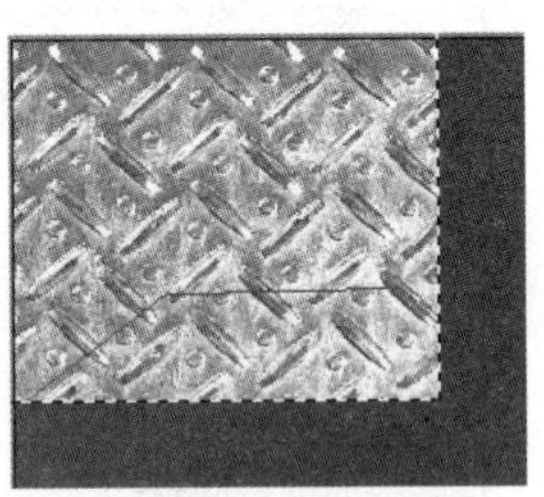

图 10.25　粘贴图片

9）选择【变换】，拖动粘贴的图片到绘制的平面中，图片会根据已绘制的透视平面进行变换，如图 10.26 所示。编辑完毕后，单击【确定】按钮，图片应用【消失点】滤镜后显现的透视效果如图 10.27 所示。

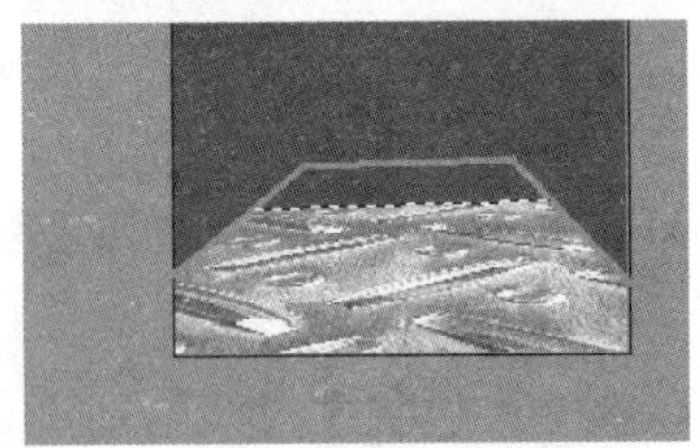

图 10.26　变换图片

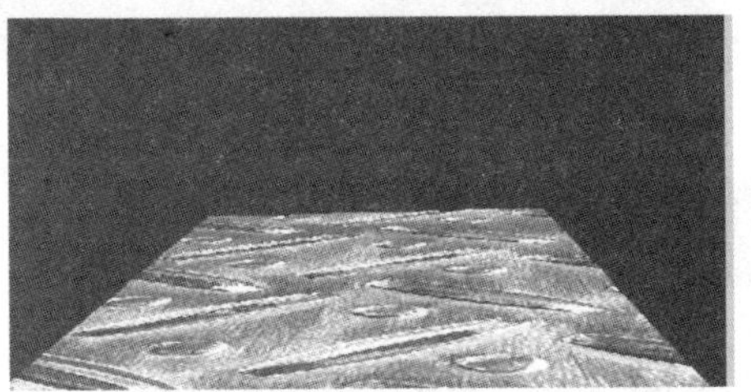

图 10.27　效果图

使用【消失点】滤镜，用户可以在透视的角度下编辑图像，也可以在包含透视平面的图像中进行透视校正编辑。

10.5　常用滤镜组

10.5.1　【风格化】滤镜组

【风格化】滤镜组的滤镜通过置换像素或通过查找并增加图像的对比度，使图像生成绘画或印象派的效果。

【风格化】滤镜组有以下滤镜效果。

1）【查找边缘】滤镜对图像明暗转变的边缘以暗线描绘进行强调，其他部分都以白色淡化，产生彩色铅笔勾描图像轮廓的效果，如图 10.28 所示。

（a）原图

（b）应用【查找边缘】滤镜效果图

图 10.28　【查找边缘】滤镜效果

2)【等高线】滤镜是在图像中围绕每个通道的亮区和暗区边缘勾画轮廓线，从而产生三原色的细窄线条，使图像产生类似等高线图中线条的效果。【色阶】选项设置的是对画面进行勾画的颜色亮度级,【边缘】列表框用于设置线条显示的方法。设置【色阶】为 128，选中【较低】单选按钮将勾画图像中较暗的区域的线条，如图 10.29（b）所示，而选中【较高】单选按钮则勾画较亮的区域的线条，如图 10.29（c）所示。

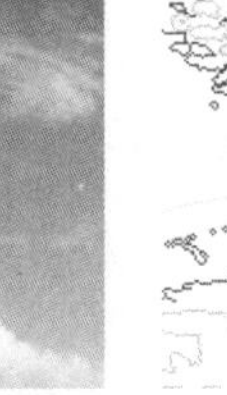

（a）原图　　（b）选中【较高】单选按钮效果图　　（c）选中【较低】单选按钮效果图

图 10.29　【等高线】滤镜效果

3)【风】滤镜是按图像边缘中的像素颜色增加一些小的水平线，使图像产生起风的效果。【风】滤镜不具有模糊图像的效果，只影响图像的边缘，如图 10.30 所示。

（a)【风】、方向【从左】效果图　　（b)【大风】、方向【从左】效果图　　（c)【飓风】、方向【从左】效果图　　（d)【风】、方向【从右】效果图

图 10.30　【风】滤镜效果图

4)【浮雕效果】滤镜通过降低图像的色值，并用原填充色勾画图像的轮廓，使图像产生浮雕的效果。【角度】选项用于设置光照的角度；【高度】选项用于设置图像凸起的程度；【数量】选项决定原图像细节和颜色的保留程度，该值越大，图像的边缘越明显，如图 10.31 所示。

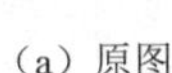
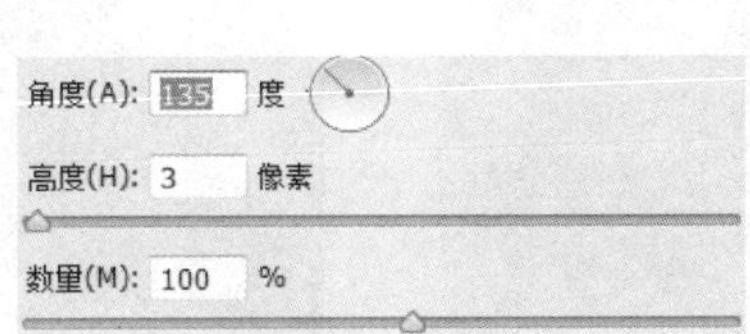

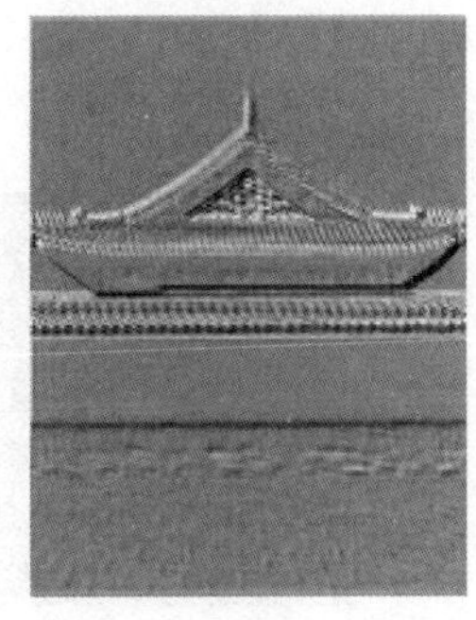

（a）原图　　（b）参数设置　　（c）效果图

图 10.31　【浮雕效果】滤镜设置及效果图

5)【扩散】滤镜分散临近像素的位置，实现分散图像的效果。【正常】模式下像素随机移动（忽略颜色值）;【变暗优先】模式下用较暗的像素替换亮的像素;【变亮优先】模式下用较亮的像素替换暗的像素;【各向异性】模式下在颜色变化最小的方向上搅乱像素，【正常】模式下的图像效果如图 10.32 所示。

（a）原图

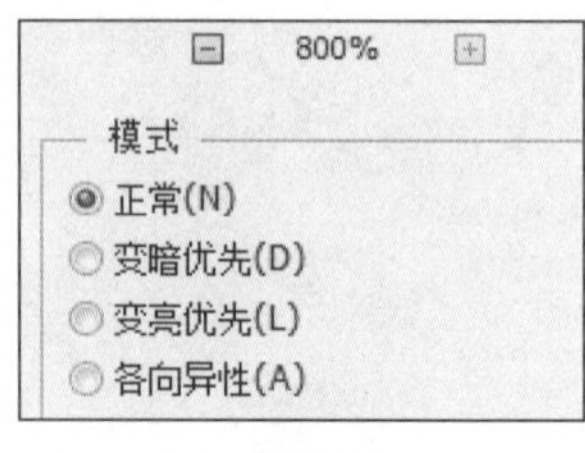

（b）参数设置

（c）效果图

图 10.32　【扩散】滤镜设置及效果图

6)【拼贴】滤镜是将图像分裂成指定数目的方块，并将这些方块移动一定的距离。【拼贴数】选项用于调整当前拼贴的数量;【最大位移】选项用于设置方块移动的位置最大距离是宽度的百分之几。【填充空白区域】选项组用于设置方块移动后空白区域图像填充的方法，选中【背景色】单选按钮，将使用背景色填充空白区域；选中【前景颜色】单选按钮，则使用前景色填充空白区域；选中【反向图像】单选按钮，使用原图像的负像填充空白处；选中【未改变的图像】单选按钮，将以原图像填充空白处，如图 10.33 所示。

（a）原图

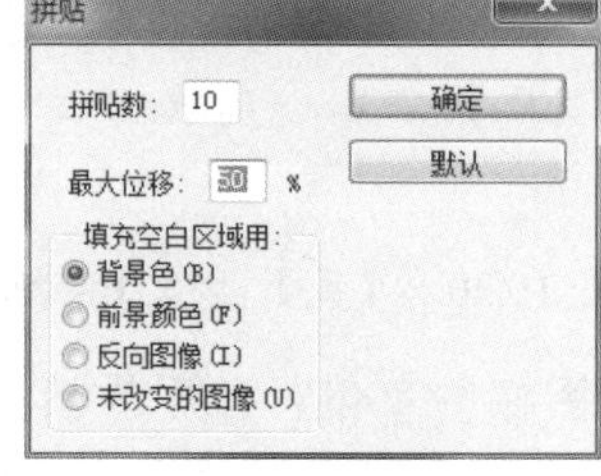

（b）参数设置

（c）效果图

图 10.33　【拼贴】滤镜设置及效果图

7)【曝光过度】滤镜产生图像正片和负片混合的效果，类似于将摄影照片短暂曝光，如图 10.34 所示。

（a）原图

（b）效果图

图 10.34　【曝光过度】滤镜效果图

8)【凸出】滤镜是将图像附着在一系列的三维立方体或锥体上，使图像呈现一种 3D 纹理效果。【类型】选项用于设置生成立体图像的造型。选中【块】单选按钮，将生成立方体造型；选中【金字塔】选项，生成的是锥体造型。【大小】选项用于设置立体图像的大小。【深度】选项用于设置立体图像的高度。选中【随机】单选按钮，可以使每个立体图像的高度都发生变化；选中【基于色阶】单选按钮，则只有图像较亮区域的立体造型较高。【立方体正面】选项只有生成立方体时才有效，该选项为每个方块填充该区域的平均色。【蒙版不完整块】选项用于删除不完整的立体图像。【凸出】滤镜设置及效果如图 10.35 所示。

(a) 原图

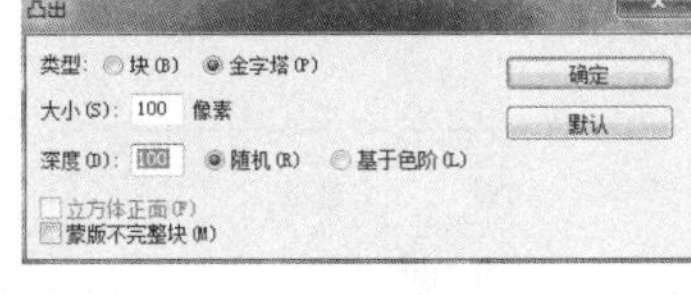

(b) 参数设置

(c) 效果图

图 10.35 【凸出】滤镜设置及效果图

10.5.2 【模糊】滤镜组

【模糊】滤镜组可以将图像边缘过于清晰或对比度过于强烈的区域进行模糊，产生各种不同的模糊效果，起到柔化图像的作用。

1)【表面模糊】滤镜可以在保留边缘的同时模糊图像。【半径】选项用于指定模糊程度的大小，【阈值】选项用于设置模糊范围的大小，如图 10.36 所示。

(a) 原图

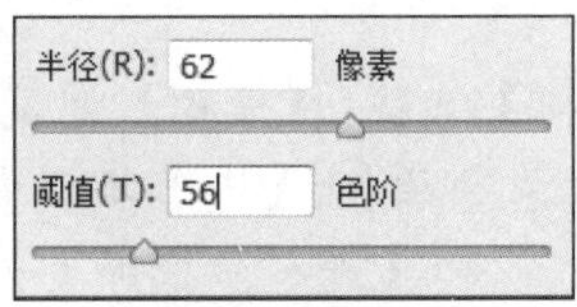

(b) 参数设置

(c) 效果图

图 10.36 【表面模糊】滤镜设置及效果图

2)【动感模糊】滤镜在单一方向上对图像像素进行模糊处理，模仿物体快速运动时曝光的摄影手法来表现速度感。因此该滤镜经常用于运动物体的图像对画面背景的处理。【动感模糊】滤镜的【角度】选项用于指定模糊的方向；【距离】选项用于指定模糊的强度，如图 10.37 所示。

3)【方框模糊】滤镜基于相邻像素的平均颜色值来模糊图像，如图 10.38 所示。

4)【高斯模糊】滤镜通过设置数值快速地模糊图像，产生很好的朦胧效果。“高斯”是指对像素进行加权平均所产生的钟形曲线，如图 10.39 所示。

（a）原图

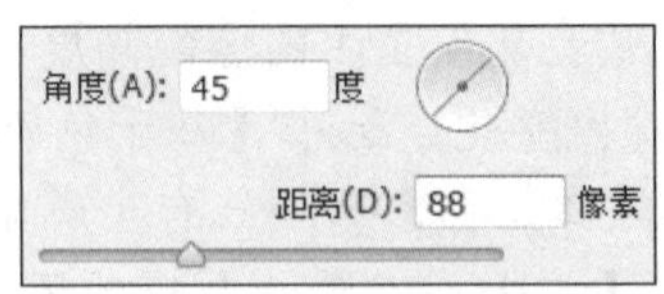

（b）参数设置

（c）效果图

图 10.37 【动感模糊】滤镜设置及效果图

（a）原图

（b）参数设置

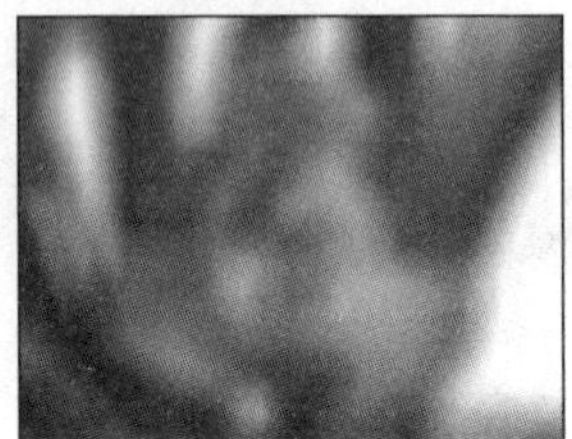

（c）效果图

图 10.38 【方框模糊】滤镜设置及效果图

（a）原图

（b）参数设置

（c）效果图

图 10.39 【高斯模糊】滤镜设置及效果图

5)【模糊】滤镜和【进一步模糊】滤镜，【模糊】滤镜使图像产生一些轻微的模糊效果，使图像变得柔和，可以用来消除杂色；【进一步模糊】滤镜的模糊程度大约是【模糊】滤镜的 3～4 倍。【模糊】滤镜和【进一步模糊】滤镜效果如图 10.40 所示。

（a）原图选区

（b）【模糊】滤镜效果图

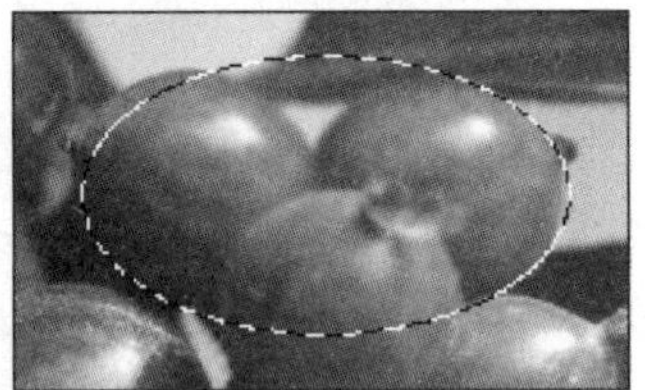

（c）【进一步模糊】滤镜效果图

图 10.40 “模糊”和“进一步模糊”滤镜效果图

6)【径向模糊】滤镜使图像产生一种旋转或放射的模糊效果，该滤镜的模糊中心可以在对话框中进行调整，【径向模糊】滤镜设置及效果如图 10.41 所示。

（a）原图

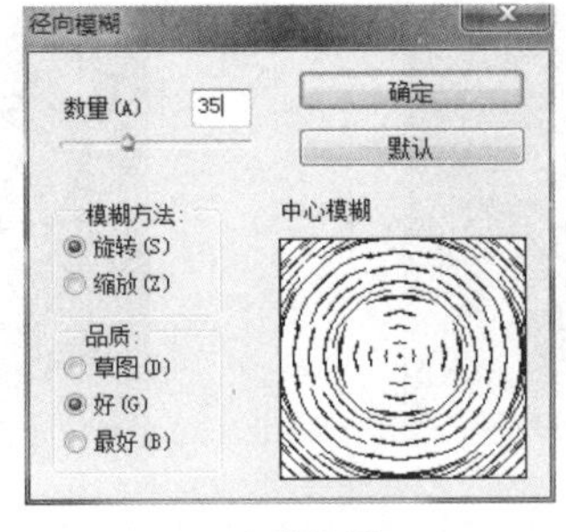

（b）参数设置

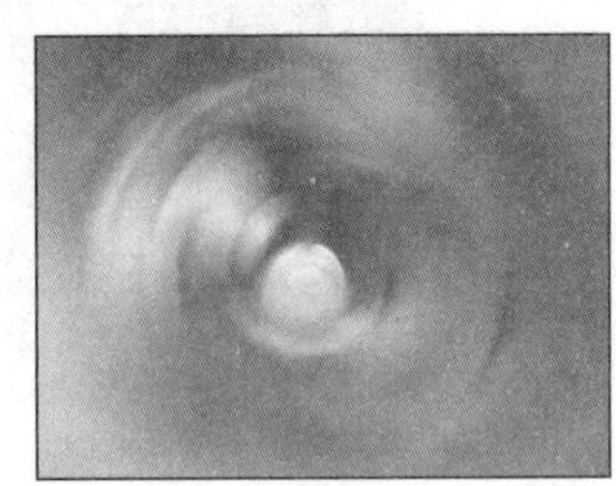

（c）效果图

图 10.41 【径向模糊】滤镜设置及效果图

7)【镜头模糊】滤镜向图像中添加模糊以产生更窄的景深效果，以便使图像中的一些对象在焦点内，而使另一些区域变模糊。当图像内存在选区时，执行该滤镜命令将只模糊选区内的图像。可以使用 Alpha 通道创建深度映射，Alpha 通道中的白色区域被视为远处的图像并对图像进行模糊，黑色区域被视为近处的图像，【镜头模糊】滤镜设置及效果如图 10.42 所示。

8)【平均】滤镜用于找出图像或选区的平均颜色，然后使用该颜色填充图像，以创建平滑的外观，如图 10.43 所示。

（a）原图

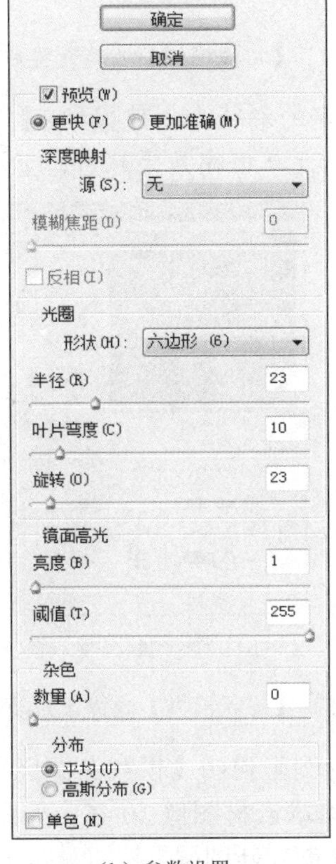

（b）参数设置

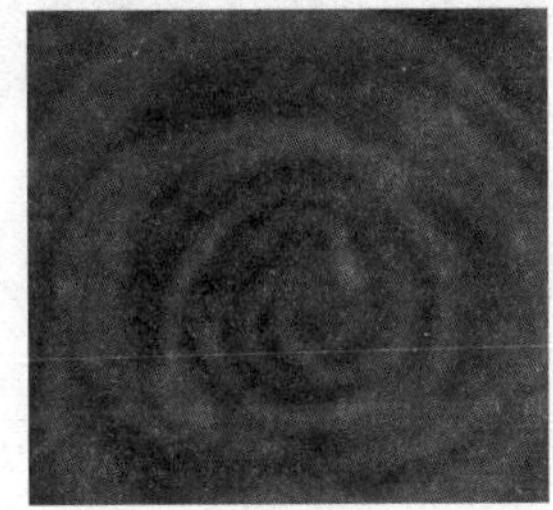

（c）效果图

图 10.42 【镜头模糊】滤镜设置及效果图

（a）原图

（b）效果图

图 10.43 【平均】滤镜效果图

9）【特殊模糊】滤镜可以只对颜色相近的区域进行精确的模糊。也就是说，可以使图像中模糊的区域更模糊，而清晰的区域不变，如图 10.44 所示。

（a）原图

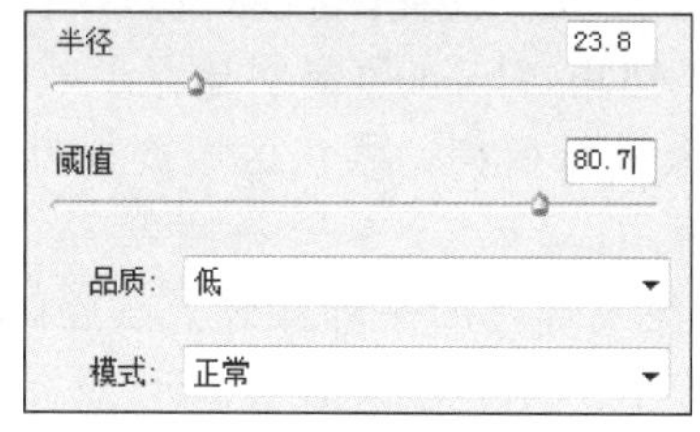

（b）参数设置

（c）效果图

图 10.44 【特殊模糊】滤镜设置及效果图

10）【形状模糊】滤镜依据指定的形状来创建模糊。【形状模糊】滤镜的【半径】选项决定了形状的大小，形状越大，模糊效果越好，如图 10.45 所示。

（a）原图

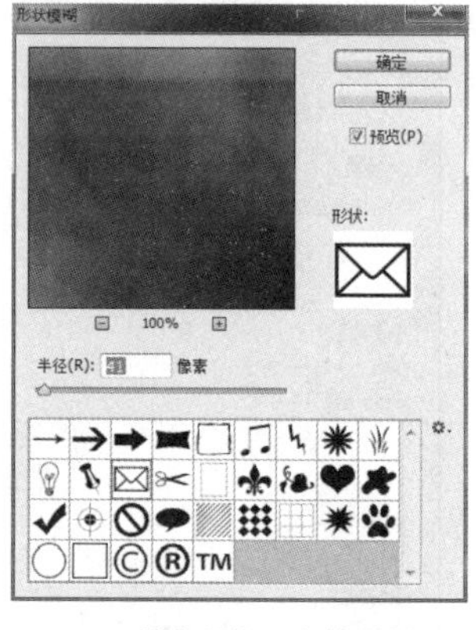

（b）所选形状及参数设置

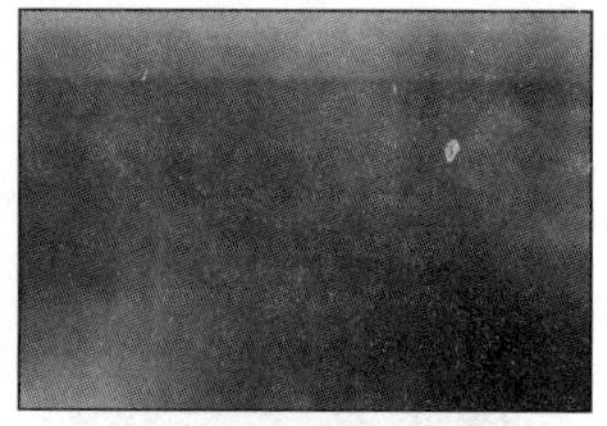
（c）效果图

图 10.45 【形状模糊】滤镜设置及效果图

下面以制作逼真的下雪效果为例来说明【模糊】滤镜组的使用。

① 在 Photoshop CS6 中打开本章素材图像 10.46，如图 10.46 所示。

② 单击【图层】面板下方的【创建新图层】按钮创建【图层 1】，按 D 键，恢复系统默认的前景/背景色（黑/白），按 Alt+Delete 快捷键填充黑色。选择【滤镜】|【杂色】|【添加杂色】命令，打开【添加杂色】对话框，设置添加杂色的【数量】为 150，选中【高斯分布】单选按钮，勾选【单色】复选框，【图层 1】的效果如图 10.47 所示。

图 10.46 原图

图 10.47 效果（一）

③ 选择【滤镜】|【模糊】|【模糊】命令，再选择【滤镜】|【模糊】|【进一步模糊】命令，然后选择【图像】|【调整】|【色阶】命令，打开【色阶】对话框，三个色阶属性值分别设为 162、1、204，效果如图 10.48 所示。

④ 将【图层 1】的混合模式设为滤色模式，效果如图 10.49 所示。

⑤ 选择【滤镜】|【模糊】|【动感模糊】命令，打开【动感模糊】对话框，设置动感模糊的【角度】为-65，【距离】为 3，效果如图 10.50 所示。

⑥ 拖动【图层 1】到【图层】面板下方的【创建新图层】按钮上，复制图层得到【图层 1 副本】，选择【编辑】|【变换】|【旋转 180 度】命令，再选择【滤镜】|【像素化】|【晶格化】命令，打开【晶格化】对话框，设置【单元格大小】为 4，效果如图 10.51 所示。

图 10.48 效果（二）

图 10.49 效果（三）

图 10.50 效果（四）

图 10.51 效果（五）

⑦ 选择【滤镜】|【模糊】|【动感模糊】命令，打开【动感模糊】对话框，设置动感模糊的【角度】为-65，【距离】为 6，效果如图 10.52 所示。

⑧ 按 Ctrl + E 快捷键合并【图层 1】和【图层 1 副本】，再按 Ctrl + J 快捷键将合并的图层复制一层，将复制的图层【不透明度】设为 40%，如图 10.53 所示，浪漫的下雪氛围就营造成功了。

图 10.52　效果（六）

图 10.53　效果（七）

小提示：

可以将滤镜应用于单个图层或多个连续图层以加强效果。要使滤镜影响图层，图层必须是可见的，并且必须包含像素（不是透明图层）。

10.5.3　【扭曲】滤镜组

【扭曲】滤镜组中的滤镜是通过移动、扩展或缩小构成图像的像素，从而创建 3D 效果或各种各样的扭曲变形效果。

1）【波浪】滤镜使图像产生波状的效果。该滤镜可以由用户来控制波动扭曲图像的效果，是【扭曲】滤镜中最复杂、最精确的滤镜。【波浪】滤镜的【生成器数】选项用于设置图像中波纹的数量；【波长】选项用于设置波纹的宽度范围；【波幅】选项用于设置波纹的长度范围；【比例】选项用于通过拖动滑块调整波纹在水平和垂直方向上的缩放比例；【类型】选项组提供了 3 种波纹形态；单击【随机化】按钮，可以得到随机效果。【波浪】滤镜设置及效果如图 10.54 所示。

（a）原图

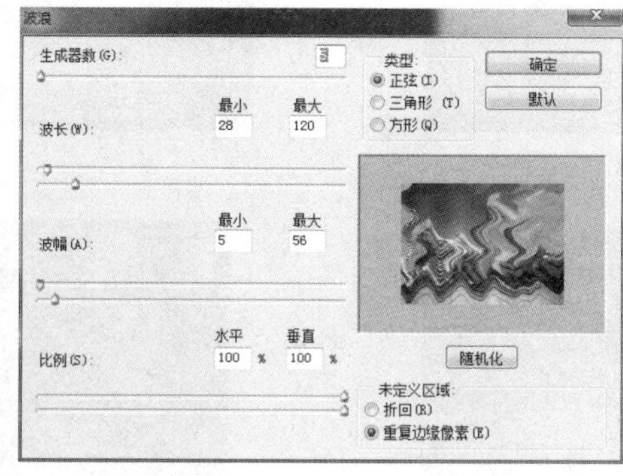

（b）参数设置

（c）效果图

图 10.54　【波浪】滤镜设置及效果图

2）【波纹】滤镜模拟水池表面的波纹，使图像产生波浪起伏的效果。【波纹】滤镜的【数量】选项调整图像中波纹密度，【大小】选项调整扭曲范围的大小，如图 10.55 所示。

3）【极坐标】滤镜以坐标轴为基准扭曲图像，表现出好像地球的极坐标效果。选中【极坐标】滤镜的【平面坐标到极坐标】单选按钮，可以将一个平面图像完全包裹到地球仪上，使图像产生一种变形效果；选中【极坐标到平面坐标】单选按钮则好像将包裹在地球仪上的图像展开。需要注意的是，这两个过程正好相反，但在使用【极

（a）原图

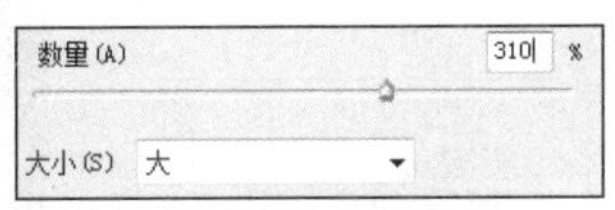

（b）参数设置

（c）效果图

图 10.55 【波纹】滤镜设置及效果图

坐标】滤镜两次以后会使图像质量产生一些损失，因此展开后的图像没有原图像那么清晰，如图 10.56 所示。

（a）原图

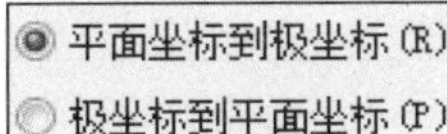

（b）参数设置

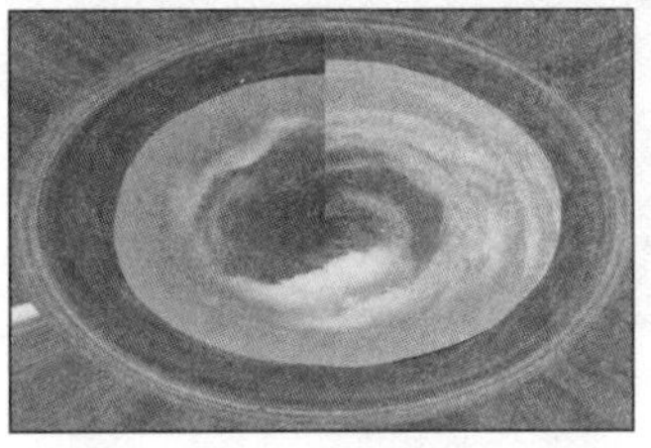
（c）效果图

图 10.56 【极坐标】滤镜设置及效果图

4)【挤压】滤镜以图像的中心为基准，使图像产生向内或向外的凹凸效果。【挤压】滤镜的【数量】选项为正值时，图像向内凹；为负值时，图像向外凸；为 0 时，图像不产生变化，如图 10.57 所示。

（a）原图

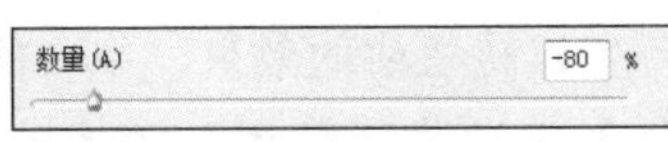

（b）参数设置

（c）效果图

图 10.57 “挤压”滤镜设置及效果图

5)【切变】滤镜沿对话框中的曲线，对图像进行扭曲。【切变】滤镜的【折回】选项可以将一侧的像素移动至图像的另一侧；【重复边缘像素】选项可以使用附近的颜色填充图像移置后的空白部分，如图 10.58 所示。

6)【球面化】滤镜将图像最大限度的扭曲为一个球形，并且该滤镜可以在水平或垂直方向上进行单向球化。【球面化】滤镜的【数量】选项可以调整球化的程度，【模式】选项可以设置图像扭曲的方向，如图 10.59 所示。

7)【水波】滤镜根据图像中像素的半径将选区径向扭曲，使图像产生旋转波纹的效果。【水波】滤镜的【数量】选项用于设置波纹起伏的程度；【起伏】选项设置波纹的数量；【样式】选项用于设置波纹的形态，如图 10.60 所示。

（a）原图

（b）参数设置

（c）效果图

图 10.58 【切变】滤镜设置及效果图

（a）原图

（b）参数设置

（c）效果图

图 10.59 【球面化】滤镜设置及效果图

（a）原图

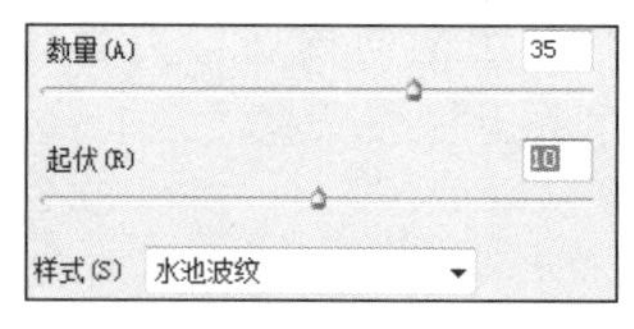

（b）参数设置

（c）效果图

图 10.60 【水波】滤镜设置及效果图

8）【旋转扭曲】滤镜使图像产生旋转扭曲的效果，中心的扭曲程度比边缘的扭曲程度大。【旋转扭曲】滤镜的【角度】选项为正数时，图像顺时针旋转扭曲；为负数时，图像逆时针旋转扭曲，如图 10.61 所示。

（a）原图

（b）参数设置

（c）效果图

图 10.61 【旋转扭曲】滤镜设置及效果图

9）【置换】滤镜可以通过一个 PSD 格式图像的明暗度对当前图像进行扭曲，使图像产生变形效果。【置换】滤镜的【水平比例】、【垂直比例】选项用于设置图像像素在水平方向和垂直方向上移动的距离。选中【伸展以适合】单选按钮，可以将应用的 PSD 格式图像的大小设置为当前图像的大小；选中【拼贴】单选按钮，将直接按照 PSD 文件的尺寸使用，如图 10.62 所示。

（a）当前文件（PSD）

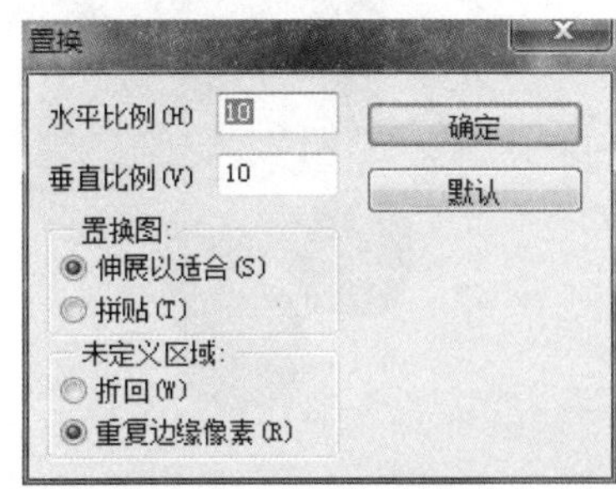

（b）参数设置

（c）置换文件（PSD）

（d）效果图

图 10.62 【置换】滤镜设置及效果图

10.5.4 【锐化】滤镜组

【锐化】滤镜组中的滤镜，通过增加相邻像素的对比度将图像画面调整清晰、鲜明。

1）【USM 锐化】滤镜通过查找图像中颜色发生显著变化的区域，调整其对比度，并在每侧生成一条亮线和一条暗线，使图像的边缘突出，图像更加清晰。【数量】选项用于调整锐化的程度，数值越大，锐化越明显；【半径】选项用于设置像素的平均范围；【阈值】选项设置应用在平均颜色上的范围，如图 10.63 所示。

（a）原图

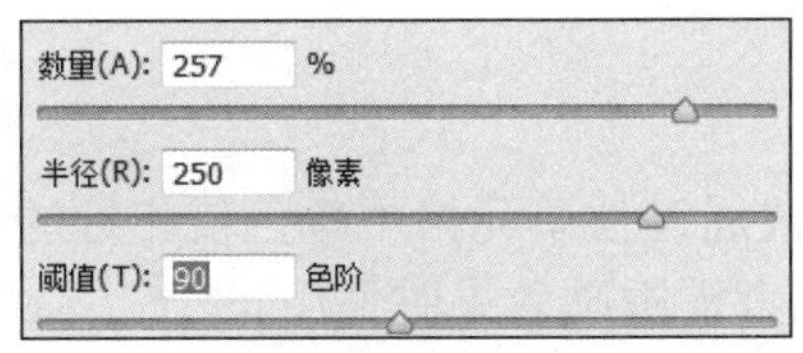

（b）参数设置

（c）效果图

图 10.63 【USM 锐化】滤镜设置及效果图

2）【锐化】滤镜和【进一步锐化】滤镜。【锐化】滤镜作用于图像中的全部像素，提高像素的颜色对比，增加图像清晰度；而【进一步锐化】滤镜的效果类似于执行多次【锐化】滤镜的效果。

3）【锐化边缘】滤镜只锐化图像的边缘，同时保留图像总体的平滑度，如图 10.64 所示。

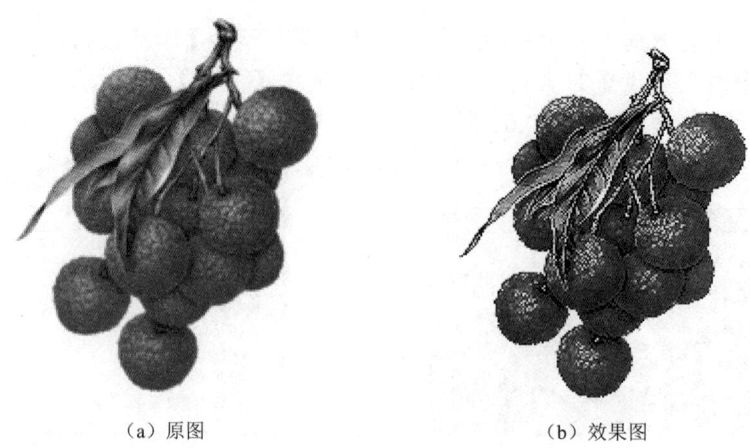

（a）原图　　（b）效果图

图 10.64　【锐化边缘】滤镜效果图

4）【智能锐化】滤镜通过设置锐化算法来锐化图像，使图像的锐化效果控制得更加精确，并且可以分别控制阴影和高光中的锐化量。【智能锐化】滤镜的【数量】选项用于调整锐化的程度；【半径】选项用于设置边缘像素受锐化影响的像素数量，半径值越大，受影响的边缘就越宽，锐化的效果也就越明显；【移去】选项用于设置对图像进行锐化的算法；【更加准确】选项可以更精确地锐化图像，图 10.65 所示为【智能锐化】滤镜对话框。

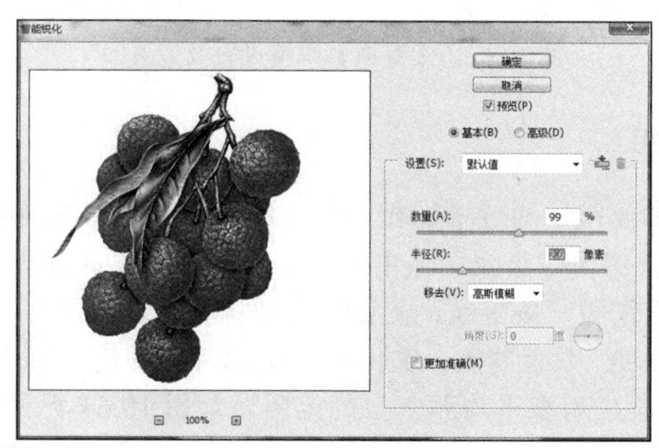

图 10.65　【智能锐化】滤镜对话框

10.5.5　【像素化】滤镜组

【像素化】滤镜组中的滤镜通过使单元格中颜色值相近的像素结成块来清晰地定义一个选区。一般在表现图像网点或者铜版画效果时使用。

1）【彩块化】滤镜使图像中相近颜色的像素结成颜色块，使照片图像产生手绘效果或抽象派绘画效果。当【彩块化】滤镜效果不明显时，可以多次按 Ctrl+F 快捷键，重复执行该滤镜，如图 10.66 所示。

2）【彩色半调】滤镜用于模拟在图像的每个通道上使用放大的半调网屏效果，从而使图像产生如放大显示的彩色印刷品一样的效果。【最大半径】选项用于设置网点的大小；【网角】选项用于设置每个颜色通道指定的网屏角度，不同模式的图像其颜色通道也不同，如图 10.67 所示。

(a) 原图

(b) 效果图

图 10.66 【彩块化】滤镜效果图

(a) 原图

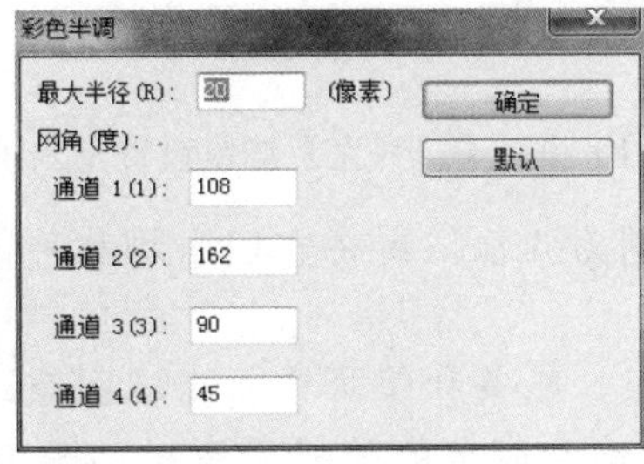

(b) 参数设置

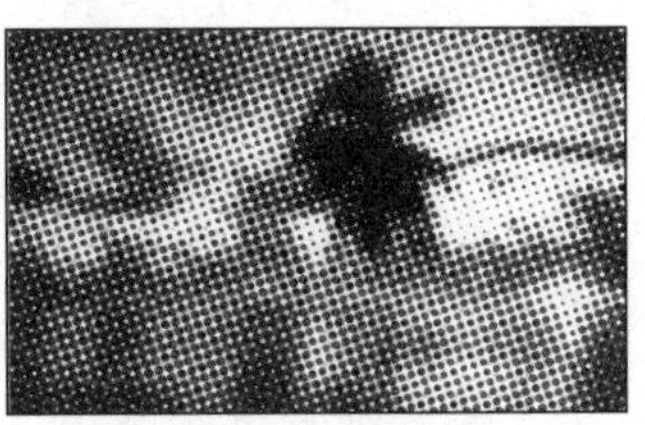

(c) 效果图

图 10.67 【彩色半调】滤镜设置及效果图

3)【点状化】滤镜使图像产生随机分布的彩色斑点，空白部分使用背景色填充。【单元格大小】选项用于调整斑点的大小，如图 10.68 所示。

(a) 原图

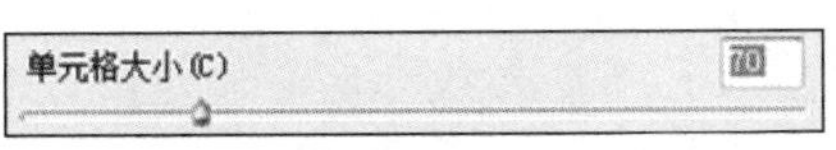

(b) 参数设置

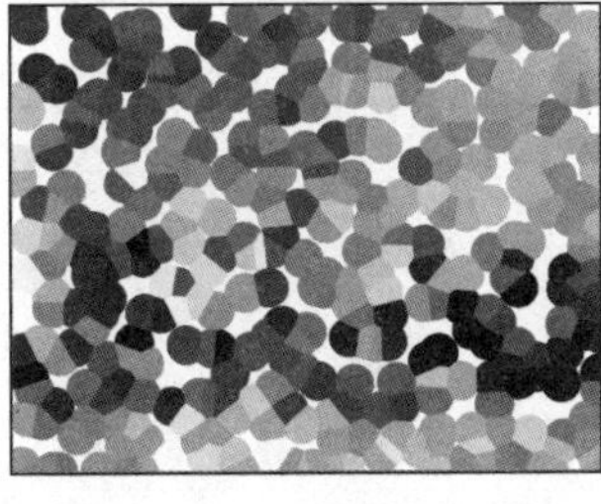

(c) 效果图

图 10.68 【点状化】滤镜设置及效果图

4)【晶格化】滤镜使图像中的像素结成多边形纯色块。【单元格大小】选项用于调整多边形的大小，如图 10.69 所示。

(a) 原图

(b) 参数设置

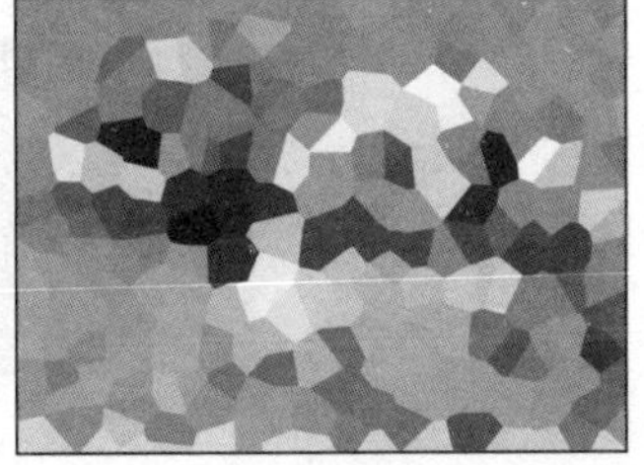

(c) 效果图

图 10.69 【晶格化】滤镜设置及效果图

5)【马赛克】滤镜通过将一定范围内单元格的像素统一颜色来产生马赛克的效果，【单元格大小】选项用于设置相同像素范围的大小，如图 10.70 所示。

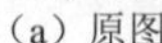

（a）原图

（b）参数设置

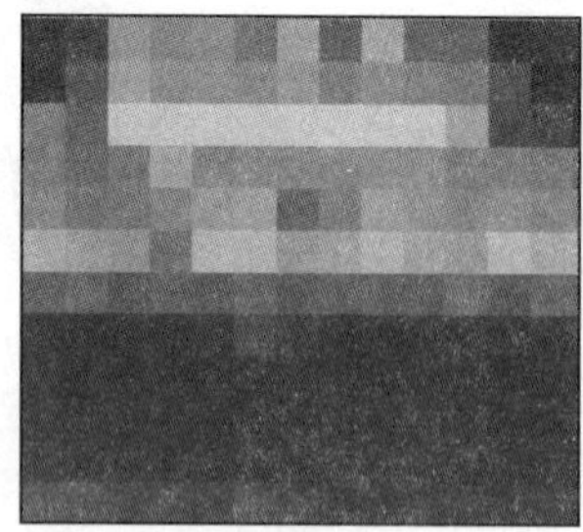

（c）效果图

图 10.70 【马赛克】滤镜设置及效果图

6)【碎片】滤镜将图像复制为 4 份，再将它们平均和移位，使图像产生好像拍照时相机晃动后的重影图像效果。

7)【铜板雕刻】滤镜使用点、线条和笔画重新生成图像，使图像转换为黑白区域的随机图案或彩色图像中完全饱和颜色的随机图案，如图 10.71 所示。

（a）原图

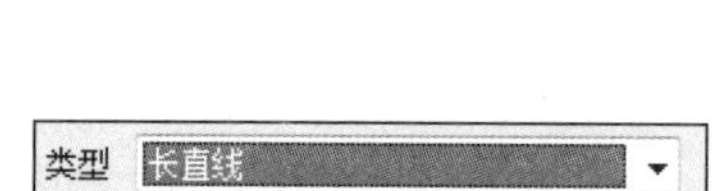

（b）参数设置

（c）效果图

图 10.71 【铜板雕刻】滤镜设置及效果图

10.5.6 【渲染】滤镜组

【渲染】滤镜组中的滤镜能够在图像中创建云彩图案、折射图案和模拟的光反射效果。

1)【分层云彩】滤镜使用随机生成的介于前景色与背景色之间的值，生成云彩图案。第一次选择此滤镜时，图像的某些部分被反相为云彩图案。应用此滤镜几次之后，能够创建出与大理石的纹理相似的凸缘与叶脉图案，效果如图 10.72 所示。

（a）原图

（b）效果图

图 10.72 【分层云彩】滤镜效果图

2)【光照效果】滤镜可以在图像上添加特定的光源（17 种光照样式、3 种光照类型和 4 套光照属性），在 RGB 图像上产生无数种光照效果，并可以使用灰度文件的纹理，使图像产生立体效果，如图 10.73 所示。

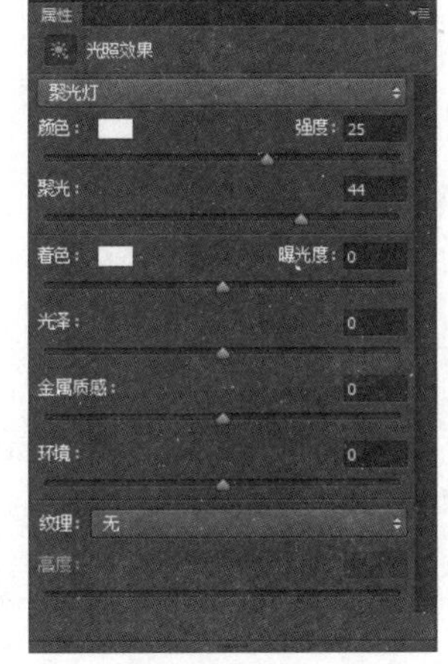

（a）原图　（b）参数设置　（c）效果图

图 10.73　【光照效果】滤镜设置及效果图

3）【镜头光晕】滤镜模拟亮光照射到相机镜头所产生的折射效果，通过单击图像缩览图的任一位置或拖动其十字线，指定光晕中心的位置。【亮度】选项用于设置折射效果的程度；【镜头类型】选项组用于选择镜头的种类，如图 10.74 所示。

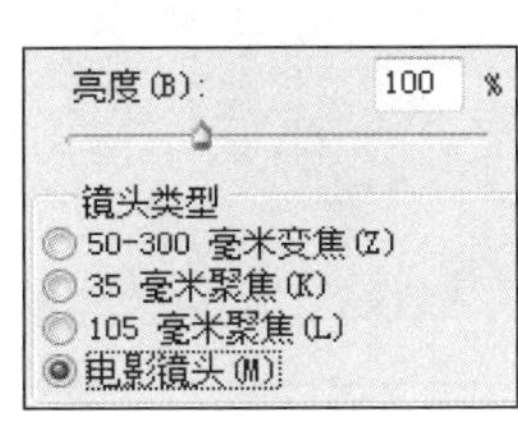

（a）原图　（b）参数设置　（c）效果图

图 10.74　【镜头光晕】滤镜设置及效果图

4）【纤维】滤镜使用前景色和背景色为图像填充编织纤维的外观效果。【差异】选项用于调整前景色和背景色的对比度，数值越小，产生的纹理长度越长，而较大的数值会产生非常短且颜色分布变化更多的纤维；【强度】选项用于调整纤维纹理的外观，数值越大，纤维纹理越细；单击【随机化】按钮将随机设置纤维图案。前景色和背景色为系统默认颜色下【纤维】滤镜效果，如图 10.75 所示。

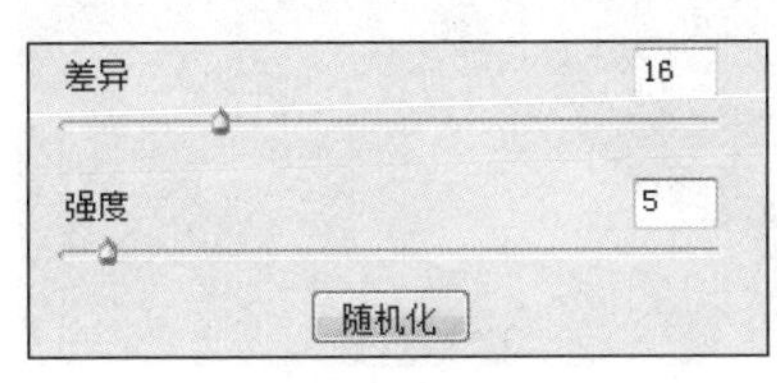

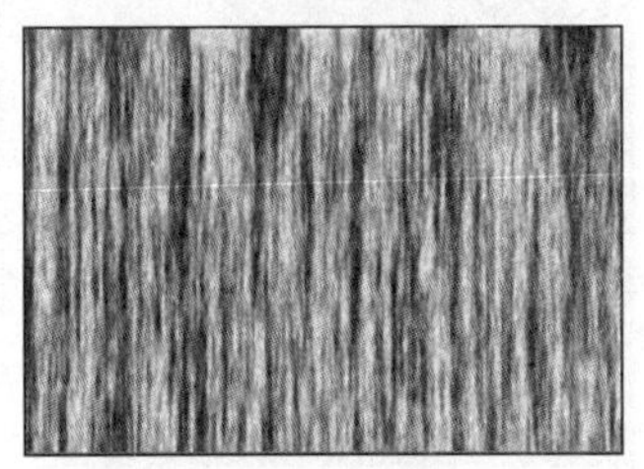

（a）参数设置　（b）效果图

图 10.75　【纤维】滤镜设置及效果图

图 10.76 【云彩】滤镜效果图

5)【云彩】滤镜使用介于前景色与背景色之间的随机值，为图像或选区填充柔和的云彩图案。例如，制作乌云密布的云彩图案，按 D 键，设置【前景/背景色】为默认值，选择【滤镜】|【渲染】|【云彩】命令，即可生成乌云密布云彩图案，若云层分布不理想，可以按 Ctrl+F 快捷键，多次应用【云彩】滤镜，如图 10.76 所示。

拓展：

在 Photoshop CS6 中，滤镜是一个很庞大的工具，Photoshop CS6 中自带的滤镜很少，网上有很多特效滤镜提供给用户下载。一般的滤镜以.8bf 为扩展名，只要把滤镜文件复制到 Photoshop CS6 的 Plug-Ins 目录下即可使用。

10.5.7 【杂色】滤镜组

1)【减少杂色】滤镜可以通过对整个图像或各个通道的设置，减少图像中的杂色效果。如图 10.77 所示为【减少杂色】滤镜对话框。

图 10.77 【减少杂色】滤镜对话框

2)【蒙尘与划痕】滤镜可以捕捉图像或选区中相异的像素，并将其融入周围的图像中去，如图 10.78 所示。【半径】选项用于控制捕捉相异像素的范围；【阈值】选项用于确定像素的差异达到多少时才被消除。

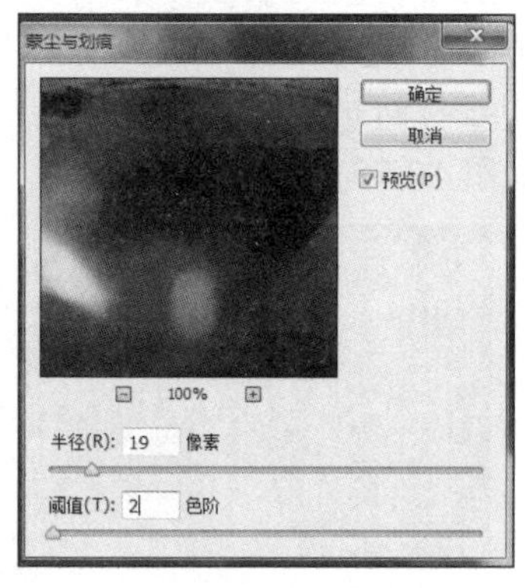

(a) 参数设置

(b) 效果图

图 10.78 【蒙尘与划痕】设置及效果图

3)【去斑】滤镜检测图像边缘颜色变化较大的区域，通过模糊除边缘以外的其他部分以起到消除杂色的作用，但不损失图像的细节，无调节参数。

4)【添加杂色】滤镜将添入的杂色与图像相混合，如图 10.79 所示。【数量】选项用于控制添加杂色的百分比；【平均分布】单选按钮可以使用随机分布产生杂色；【高斯分布】单选按钮根据高斯钟形曲线进行分布，产生的杂色效果更明显；勾选【单色】复选框，添加的杂色将只影响图像的色调，而不会改变图像的颜色。

5)【中间值】滤镜通过混合像素的亮度来减少杂色，如图 10.80 所示。【半径】选项设置将用规定半径内像素的平均亮度值来取代半径中心像素的亮度值。

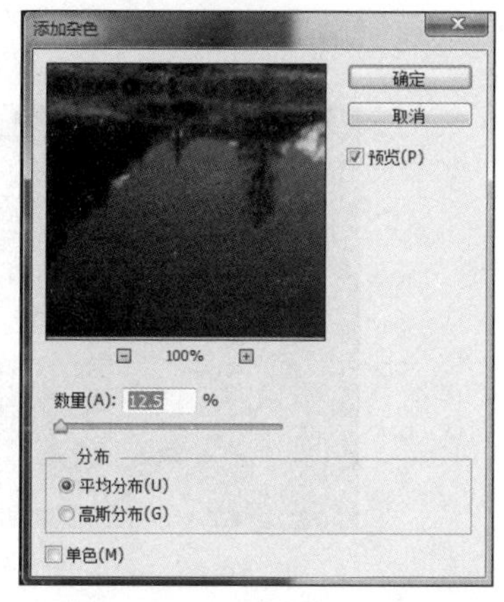

(a) 参数设置

(b) 效果图

图 10.79 【添加杂色】设置及效果图

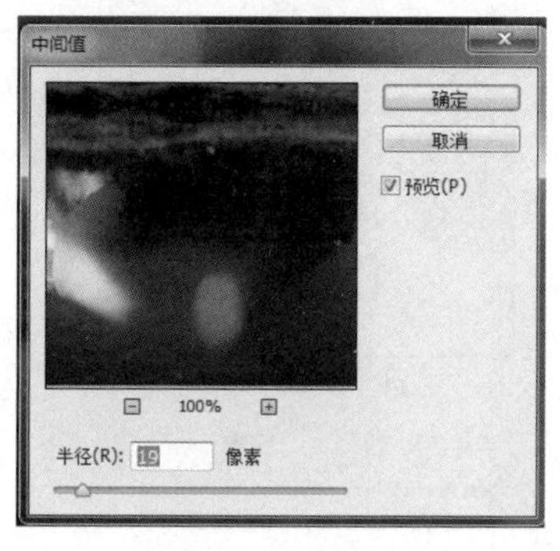

(a) 参数设置

(b) 效果图

图 10.80 【中间值】设置及效果图

案 例 实 施

案例一 实施步骤

前面介绍了滤镜的作用、参数的定义及使用，下面利用所学知识完成案例一中的任务。

【步骤一】准备工作。

在 Photoshop CS6 中打开本案例素材 10.1，如图 10.1 所示。

【步骤二】制作水珠。

1）在图像窗口中用【椭圆选框工具】绘制一个椭圆选区（也可以用【钢笔工具】画不规则椭圆再变成选区），如图 10.81 所示。

2）按 Ctrl+J 快捷键将选区内的图像复制到新建图层，如图 10.82 所示。

3）选择【滤镜】|【扭曲】|【球面化】命令（模拟水珠折射的放大的效果）（图 10.83），以及【滤镜】|【模糊】|【高斯模糊】命令（只能模糊一点点），如图 10.84 所示，效果如图 10.85 所示。

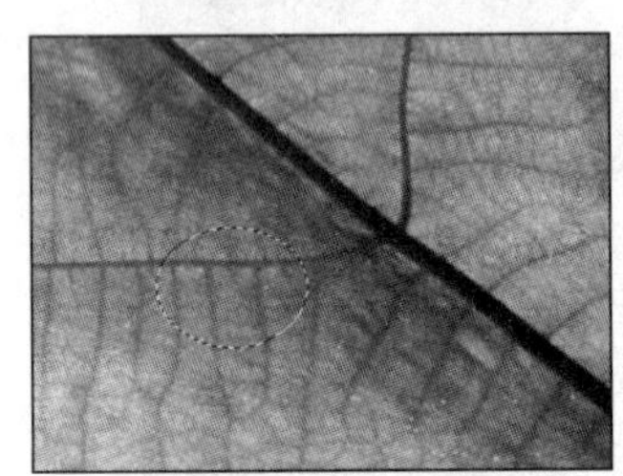

图 10.81 建立选区

图 10.82 复制图像

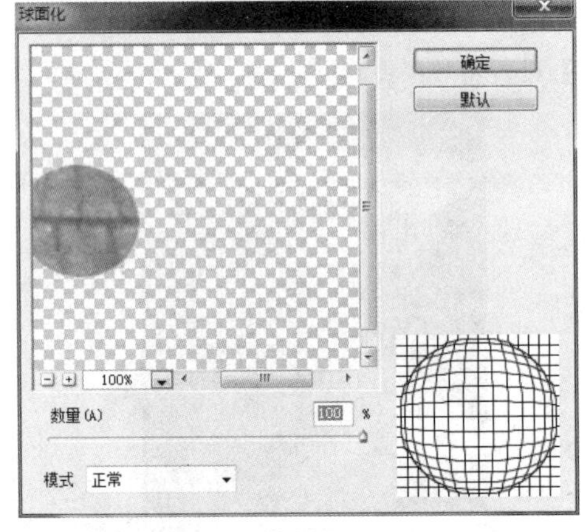

图 10.83 【球面化】对话框

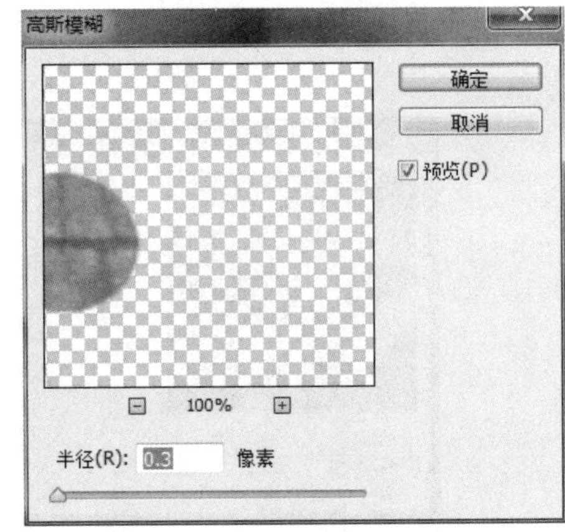

图 10.84 【高斯模糊】对话框

4）给【图层 1】添加【内阴影】图层样式，如图 10.86 所示，效果如图 10.87 所示。

5）按住 Ctrl 键，单击【图层 1】，得到图层 1 选区。新建【图层 2】，填充黑色，拖动【图层 2】到【图层 1】的下方，做一层阴影放在水珠下面，稍微往下移一点，如图 10.88 所示。再降低透明度，看上去效果自然，效果如图 10.89 所示。

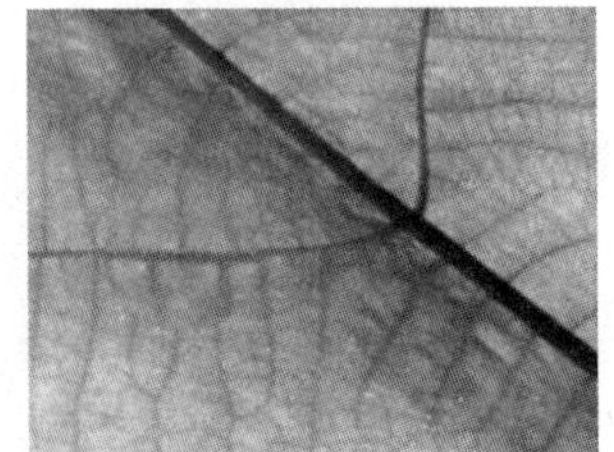

图 10.85 效果（一）

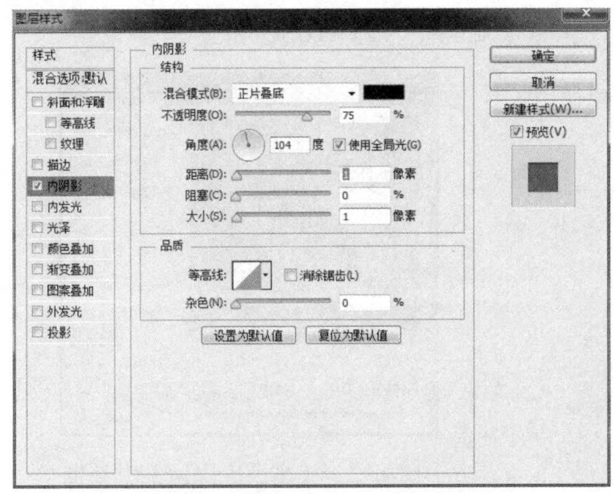

图 10.86 【内阴影】图层样式面板

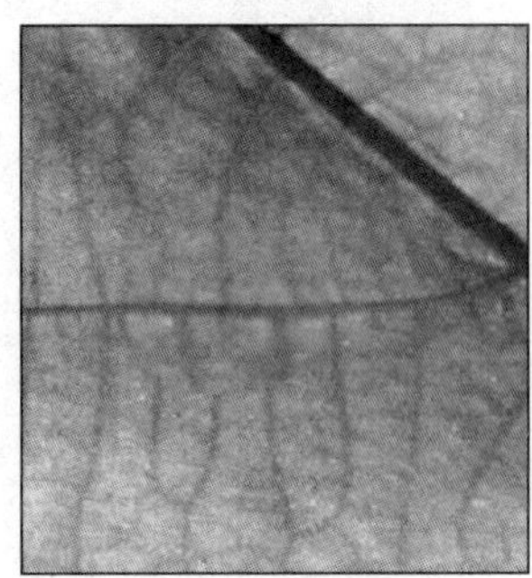

图 10.87 效果（二）

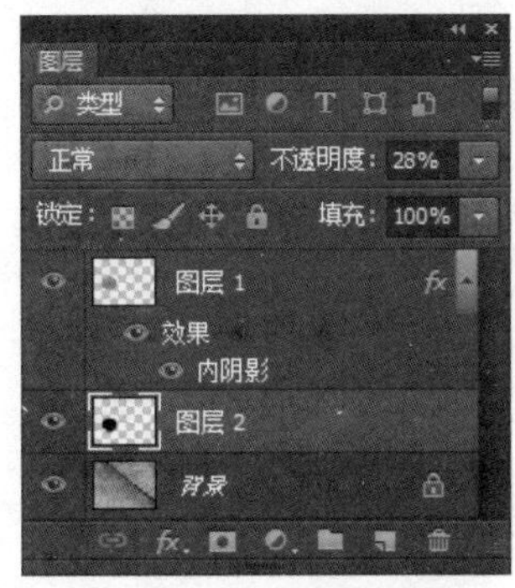

图 10.88 添加阴影层

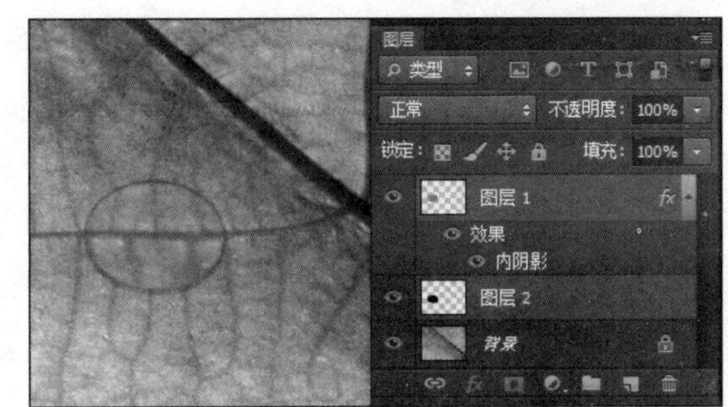

图 10.89 效果（三）

【步骤三】制作水珠高光。

新建【图层 3】，用【椭圆选框工具】在水珠上方绘制一小椭圆选区，使用【渐变工具】，填充白色到透明渐变色。再新建【图层 4】，在下面再绘制一个小扁椭圆选区，选择【选择】|【修改】|【羽化】命令，在打开的【羽化】对话框中设置羽化半径为 2，填充白色，适当降低不透明度，制作水珠的高光部分，最终效果如图 10.2 所示，图层如图 10.90 所示。

【步骤四】保存文件。

把文件以 PSD 格式和 JPG 格式分别保存为“露珠”。

图 10.90 最终图层

案例二 实施步骤

案例一练习了滤镜图层样式的使用，下面利用所学知识完成案例二中的任务

【步骤一】基础操作。

1）新建 400px×400px 新文档，按 D 键，设置前景色为黑色，背景色为白色。选择【滤镜】|【渲染】|【云彩】命令，如图 10.91 所示。

2）选择【滤镜】|【其他】|【高反差保留】命令，如图 10.92 所示。

图 10.91 【云彩】效果

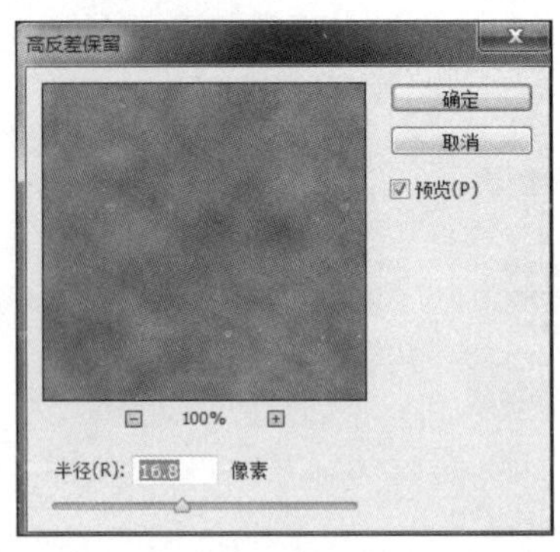

图 10.92 【高反差保留】对话框

3）选择【滤镜】|【滤镜库】|【素描】|【图章】命令，打开【图章】滤镜对话框，参数设置如图 10.93 所示。

图 10.93 【图章】滤镜参数设置

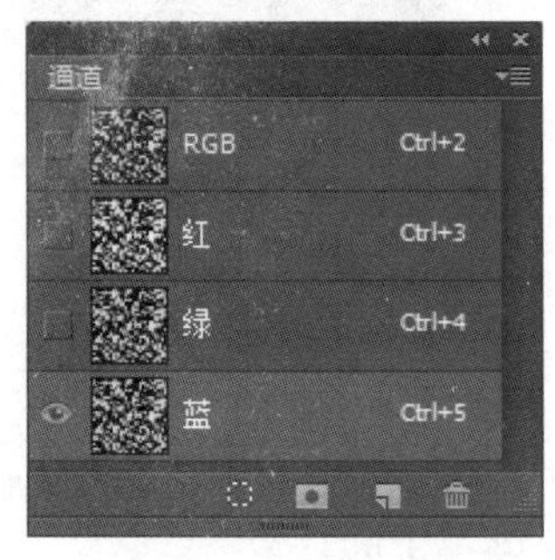

图 10.94 通道面板

【步骤二】设计高光、内阴影效果。

1）在通道面板（图 10.94）中，按 Ctrl 键的同时单击蓝通道缩览图，载入选区。按 Ctrl+Shift+I 快捷键反选，新建图层，为图层填充任意颜色，填充透明度调整为 0，按 Ctrl+D 快捷键取消选区。按两次 Ctrl+J 快捷键复制两层图层：一层做内阴影投影效果，另一层做高光效果，给图层分别命名为“高光”层、“阴影”层。

2）投影设置默认，内阴影的颜色设置为白色。

3）“高光”层选择【半透明玻璃】样式，如图 10.95 所示。在【图层样式】对话框中去掉其他样式，只保留【斜面和浮雕】样式，如图 10.96 和图 10.97 所示。

图 10.95 【半透明玻璃】样式

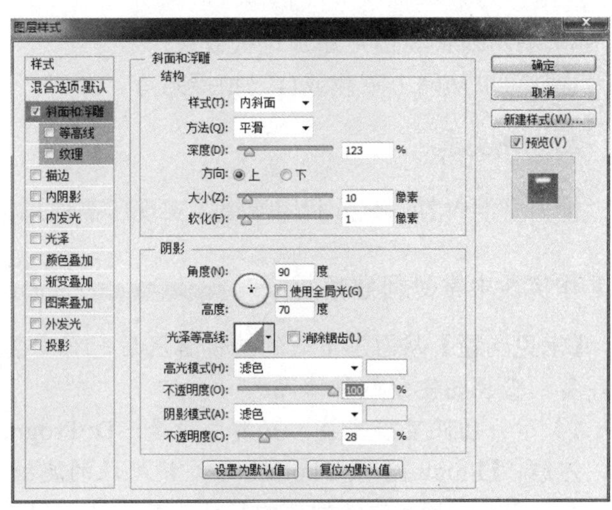

图 10.96 【斜面和浮雕】图层样式

4）把高光层内容向下移动一点，再加一个背景树叶，完成如图 10.3 所示的效果。整个【图层】面板如图 10.98 所示。

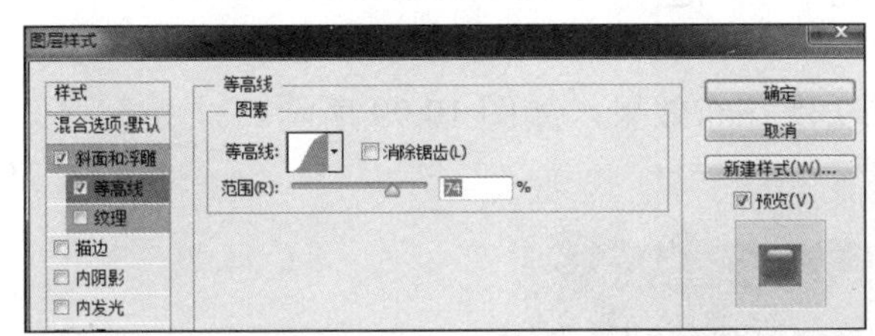

图 10.97 【等高线】图层样式

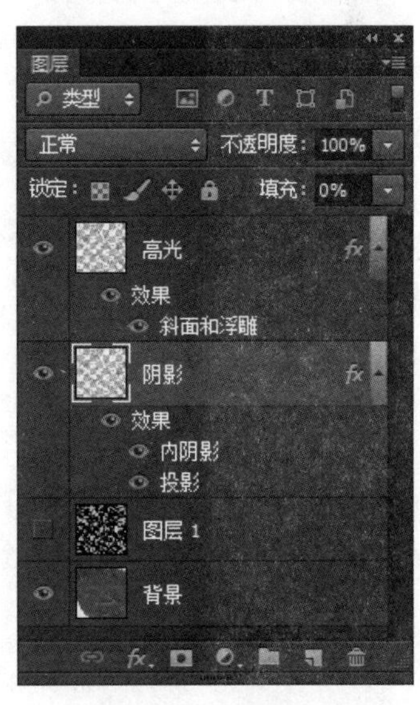

图 10.98 【图层】面板

【步骤三】保存文件。

把文件以 PSD 格式和 JPG 格式分别保存为“水珠”。

工作实训营

1. 训练内容

1）利用滤镜制作下雪效果。

2）利用滤镜将图片处理成素描效果。

3）利用滤镜为图片添加边框效果。

素材可以从网上下载或自己拍摄照片。

2. 训练要求

根据所学内容，充分利用滤镜，实现所需效果。

工作实践中常见问题解析

【常见问题】从网上下载的滤镜解压后怎么安装？

答：安装滤镜分两种情况。

1）运行插件直接安装，安装目录是：D:\Program Files\Photoshop CS6\Plugins。

注意：【Plugins】是 Photoshop 滤镜默认的滤镜文件夹。

这是 Photoshop 软件插件的默认安装方法，但效果不是很好，如果对插件质量有把握，则没有问题。

2）新建一个文件夹，把想要安装的文件复制到这个文件夹里，运行 Photoshop 软件，选择【编辑】|【首选项】|【增效工具】命令，选择【附加的增效工具文件夹】，将目标文件夹指定到所安装插件的那个文件夹中。这种安装方法的好处是可以在不想用该滤镜的时候，取消该选项。

这两种安装方法都需安装之后重新启动 Photoshop，所安装的滤镜可以在滤镜菜单下发现。

注意：和 Photoshop 自带的滤镜一样，有的滤镜是不支持 CMYK 模式的，大多数的滤镜都支持 RGB 模式。

习　　题

利用滤镜和【自定义形状工具】实现花布效果，如图 10.99 所示。

图 10.99　花布效果

第11章

动作、动画与图像的打印与输出

本章要点

掌握动作的基本操作。

掌握批处理的运用。

掌握动画的设计。

了解文件的存储格式和分辨率设置。

掌握图像的打印前处理要求。

掌握图像的打印和输出方法。

技能目标

掌握动作的基本用法，以及批处理图片的基本操作。

掌握动作的操作方法和技巧。

掌握动画的设计与应用。

掌握如何将图片输出为需要的格式。

学会如何运用打印机打印出满意的图像效果。

案例导入

【案例一】渐变的文字动画。

用动画等命令制作渐变的文字动画，效果如图 11.1 所示。

图 11.1　渐变的文字动画

【案例二】热闹的海洋世界。

热闹的海洋世界，制作完成后的动画效果如图 11.2 所示。

图 11.2　热闹的海洋世界

引导问题

什么是动作？
如何创建和编辑动作？
如何使用批处理命令处理图片？
如何进行色彩校准？
如何根据不同的打印方式设置图片的分辨率及图片大小？
如何进行打印设置？
如何进行分色？

基础知识

11.1　动作的使用

“动作”（Action）是 Photoshop CS6 中非常重要的一项功能，可以详细记录处理图像的全过程，并且可以在其他的图像中使用，这对于需要重复进行的操作非常实用，而且功能强大。

选择【窗口】|【动作】命令，或按 Alt+F9 快捷键，打开【动作】面板，如图 11.3 所示。在 Photoshop CS6 中默认安装的是【默认动作】序列，此序列包含很多动作。单击每个动作前的按钮，列出每个动作的所有命令，动作的实现由这些命令完成；面板下方的动作按钮有【停止播放/记录】、【开始记录】、【播放选定的动作】、【创建新组】、【创建新动作】、【删除】等。

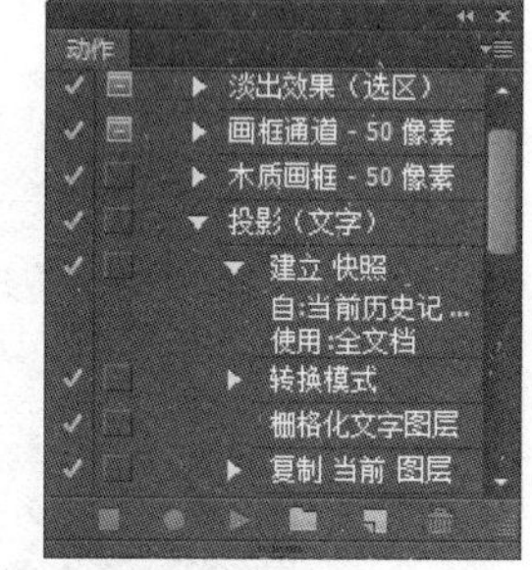

图 11.3　【动作】面板

下面通过案例来介绍动作的创建、使用、载入、批处理等知识。

11.1.1　动作的创建及应用

1. 录制新动作

【动作】面板中除了 Photoshop CS6 自带的默认动作外，用户可以自己录制新动作。以处理照片曝光过度为例介绍动作的录制过程，具体步骤如下。

1）打开要处理的照片。在 Photoshop CS6 中打开本章素材 11.4 照片，这张照片是晴好的中午拍摄的，画面太亮，如图 11.4 所示。

2）创建新组。单击【动作】面板右上角按钮，弹出快捷功能菜单，选择【新建组】命令，或单击面板下方的【创建新组】按钮，打开【新建组】对话框，输入组名称为“图像处理”，单击【确定】按钮。

3）创建新动作。在【动作】面板快捷功能菜单中选择【新建动作】命令或单击面板上的【创建新动作】按钮，打开【新建动作】对话框，输入动作的名称为“曝光过度”，选择动作所在的组名为“图像处理”，设置动作的功能键，这样可直接按快捷功能键执行该动作，最后设置颜色，如图 11.5 所示。单击【记录】按钮，退出对话框。默认情况下，已进入录制状态。

图 11.4　素材照片

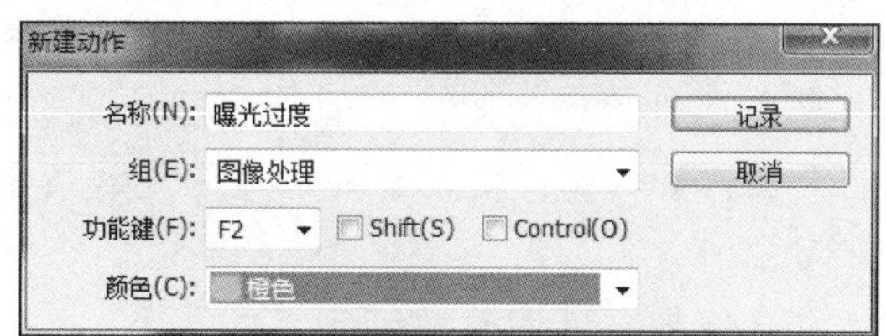

图 11.5　【新建动作】对话框

4）自动色调。按 Shift+Ctrl+L 快捷键选择【自动色调】工具调整照片的色阶。

5）调整曲线。按 Ctrl+M 快捷键选择【曲线】工具调整照片亮度。

6）调整自然饱和度。选择【自然饱和度】工具调整照片饱和度。

7）停止记录。效果调好后，单击【停止播放/记录】按钮■，处理曝光过度照片的动作即录制成功，如图 11.6 所示。

8）播放动作。打开另外要处理的图片，选择【动作】面板中的【曝光过度】动作，单击【播放选定的动作】按钮▶即可。这样照片很快就会自动处理完成。

9）存储动作。在【动作】面板功能菜单中选择【存储动作】命令即可保存新建的动作，命名为“图像处理.atn”，如图 11.7 所示。

图 11.6 录制的动作

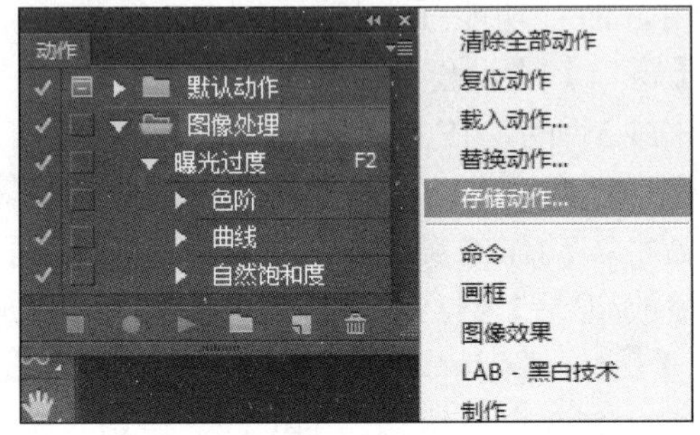

图 11.7 选择【存储动作】命令

10）载入动作。如果想在其他计算机上应用保存的动作，则需要复制动作文件“图像处理.atn”到本机上，并在 Photoshop CS6【动作】面板的快捷菜单中选择【载入动作】命令即可载入复制的动作。

11）删除动作。在【动作】面板的功能菜单中选择【删除】命令或拖动动作到面板下方的【删除】按钮🗑上即可。

2. 添加下载动作

用户还可以从网络上下载其他 Photoshop 用户录制的动作集，大多数为免费资源，这些动作集以文件形式存在，扩展名为.atn。用户可以通过以下方法载入这些动作集。

1）在 Windows 中将动作文件（扩展名为.atn）拖动到 Photoshop【动作】面板中。

2）通过选择【动作】面板快捷菜单中的【载入动作】命令将该.atn 文件载入【动作】面板中。

11.1.2 批处理

如果需要对一组图片做同样的调整，则可以通过批处理来完成。

1）在 Photoshop CS6 中，新建一个动作，如图 11.8 所示。

2）打开需要批处理的图片中的一张图片。

3）打开图片后，选择之前新建的【曝光过度】动作，单击【播放选定的动作】按钮▶，播放动作。

4）保存文件后，关闭打开的图片。

5）一个从打开到关闭的过程完成后，单击【停止播放/记录】按钮■。录制的动作如图 11.9 所示。

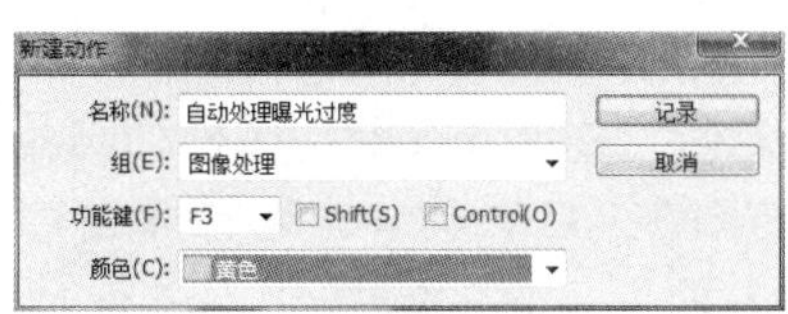

图 11.8　【新建动作】对话框

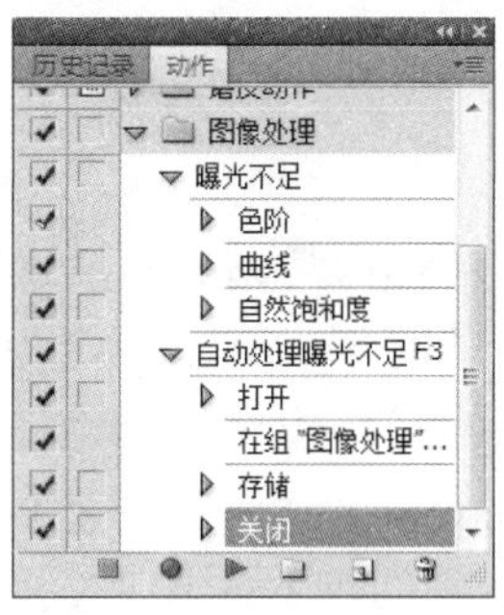

图 11.9　录制的动作

6）选择【文件】|【自动】|【批处理】命令，打开【批处理】对话框，具体参数设置如图 11.10 所示。

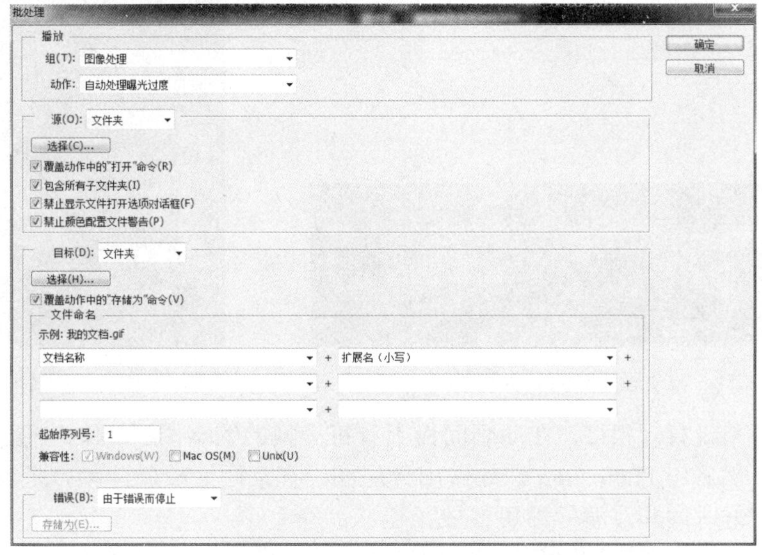

图 11.10　【批处理】对话框

① 在【源】下拉列表中选择【文件夹】选项（指需要处理的照片所在的文件夹）。

② 单击【选择】按钮，在打开的【浏览文件夹】对话框中选择待处理的图片所在的文件夹，并单击【确定】按钮。勾选【包含所有子文件夹】（指不显示文件打开对话框）和【禁止颜色配置警告】（指不显示颜色配置文件设置警告）这两个复选框。

③ 在【目标】下拉列表中选择【文件夹】选项，单击【选择】按钮，在打开的【浏览文件夹】对话框中选择准备放置处理好的图片的文件夹，单击【确定】按钮。

④ 在【文件命名】选项组的第一个文本框的下拉列表中选择【1 位数序号】选项，在第二个文本框的下拉列表中选择【扩展名（小写）】选项。

⑤ 在【错误】下拉列表中选择【将错误记录到文件】选项，单击【存储为】按钮，在打开的对话框中选择一个文件夹。若批处理中途出现问题，计算机会记录错误的细节，并以记事本形式存储于选好的文件夹中。

⑥ 设置完成后，单击【确定】按钮，Photoshop CS6 会自动打开指定文件夹中的图像进行处理，直到所有图片处理结束，几十张图片按照同一个处理过程，十多分钟就可以处理完成。

11.2 动　画

GIF 动画是较为常见的网页或贴图动画，画面活泼生动，引人注目。GIF 图片的动画原理是：在特定的时间内显示特定画面内容，不同画面连续交替显示，产生了动态画面效果。这种动画的特点是：它是以一组图片的连续播放来产生动态效果，这种动画是没有声音的。在 Photoshop CS6 中，主要使用【时间轴】面板来制作 GIF 动画。选择【窗口】|【时间轴】命令，打开【时间轴】面板后，单击【时间轴】面板下方的按钮，进行时间轴和帧动画之间转换。图 11.11 所示为帧动画【时间轴】面板，图 11.12 所示为视频【时间轴】面板。

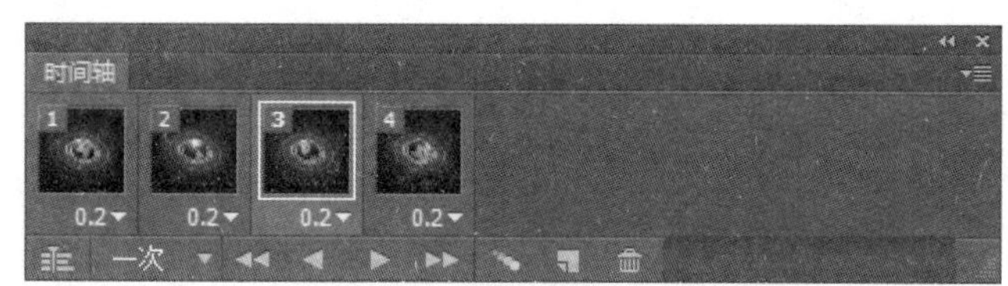

图 11.11　帧动画【时间轴】面板

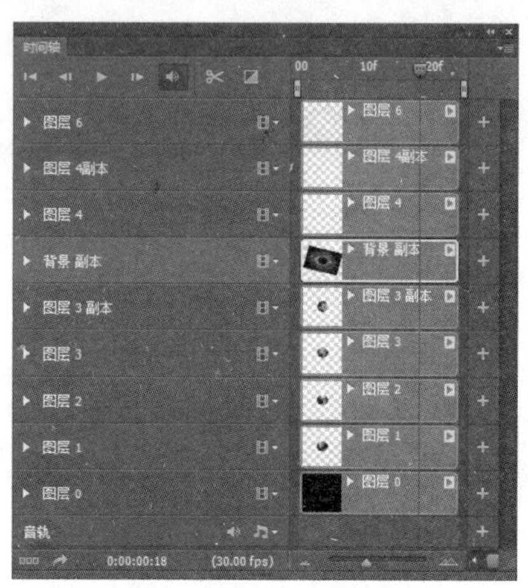

图 11.12　视频【时间轴】面板

帧动画相对来说直观很多，在动画面板上有每一帧的缩略图。制作之前需要先设定好动画的展示方式，然后用 Photoshop CS6 做出分层图。在动画面板新建帧，把展示的动画分帧设置好，再设定好时间和过渡等即可播放预览。

时间轴动画相对来说要专业很多，类似于 Flash 及一些专业影视制作软件。同样，制作之前，需要设定好动画的展示方式，再做出分层图。在时间轴上设置各层的展示位置及动画时间等。

动画设定好后，选择【文件】|【存储为 Web 所用格式】命令，然后命名，制作 GIF 动画的过程就完成了。

11.3 图像的打印设置

打印参数设置的正确与否，会对打印的效果产生一定影响。下面就来学习如何设置打印参数。

选择【文件】|【打印】命令，打开【Photoshop 打印设置】对话框，如图 11.13 所示。

1）【打印设置】按钮，用于设置打印属性。其下方的【纵向打印纸张】按钮和【横向打印纸张】按钮，可以设置纸张是纵向打印还是横向打印。

2）【位置和大小】选项组用于设置所打印的图片位于打印纸张上的位置。勾选【居中】复选框，则图像打印出来位于纸张的中央。如果取消勾选该复选框，则可以在【顶】和【左】文本框中输入数值，设置图像距离纸张顶部和左侧的距离。【缩放后的打印尺寸】选项组，勾选【缩放以适合介质】复选框，系统将缩放图像，并使得图像刚好可以完整地打印在纸张上。

图 11.13　【Photoshop 打印设置】对话框

3）在【打印标记】选项组中，可以选择【角裁剪标志】、【中心裁剪标志】、【套准标记】、【标签】等内容，只有当纸张比打印图像大时，才会打印套准标记、裁切标记和标签。

①【套准标记】选项用于对齐各个分色，勾选【套准标记】复选框可以打印套准标记，如图 11.14 所示。

图 11.14　打印设置

②【角裁剪标志】选项和【中心裁剪标志】选项用于指示裁切位置。勾选【角裁剪标志】复选框可以在角上打印裁剪标志；勾选【中心裁剪标志】复选框，可以在每个边的中心打印裁剪标志。

③ 勾选【标签】复选框，可以在图像上方打印文件名。如果打印分色，则分色名也作为标签的一部分被打印。

小提示：

如果要将彩色图像用于印刷，用户需要将图像中的 C、M、Y、K 这 4 种颜色或其他专色分别打印到不同的版上，这个过程称为分色。在【Photoshop 打印设置】对话框中展开【色彩管理】选项组，如果要对当前图像进行分色打印，可以在【颜色处理】下拉列表中选择【分色】选项。

4）在【函数】选项组中可以设置【背景】、【边界】、【出血】、【负片】和【药膜朝下】等参数选项。

① 单击【背景】按钮，可以在打开的【拾色器（打印背景色）】对话框中设置，在页面上的图像区域处打印的背景色。如将背景设置为浅蓝色，打印效果如图 11.15 所示。

图 11.15 效果图

② 为了防止印刷后，出现裁切误差，一般印刷物四周都要留出一定宽度（一般为 3mm）的出血线。单击【出血线】按钮，打开【出血】对话框，如图 11.16 所示。可以在其中设置给图像内的 4 条边留出空白的出血线。

③【边界】选项用于设置图像的边框，在图像的周围打印一个黑色的边框。这个选项比较适用于边缘是白色的图像，可以看到边缘框，否则打印在白色纸上，将无法判断实际打印图像的大小。单击【边界】按钮，打开【边界】对话框，如图 11.17 所示，可以在其中指定打印边框宽度和单位。

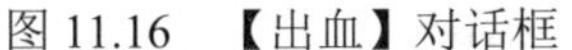
图 11.16　【出血】对话框

图 11.17　【边界】对话框

④ 勾选【负片】复选框，可以打印图像的反相版本。

⑤【药膜朝下】选项用于决定打印时图像在胶片的哪一面。勾选该复选框之后，可以把图像打印在胶片的下面。如果使用胶片打印，则通常勾选该复选框。

小提示：

分色打印之前，一定要先将图像转换为 CMYK 颜色模式。

5）打印机配置文件。在【正常打印/印刷校样】选项下拉列表中有【正常打印】,【印刷校样】选项，【印刷校样】选项一般很少用，如照片打印就选【印刷校样】选项。

渲染方法指 Photoshop CS6 如何将颜色转换为目标色彩空间，单击【渲染方法】下拉按钮，在弹出的下拉列表中有 4 个选项，不同的渲染方法使用不同的规则来调整，如图 11.18 所示。

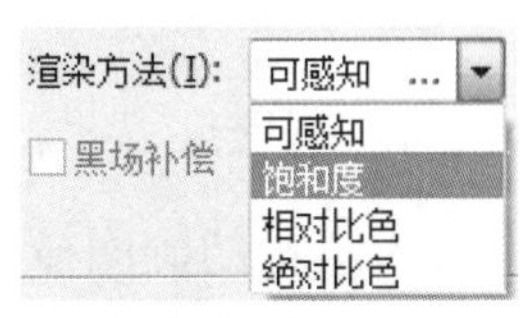

图 11.18　渲染方法

11.4　图像的印刷

11.4.1　印刷的基本概念

1）P：Page，页的意思。

2）色令：平版印刷的基本计算单位，常用于计算印刷工价，1 令纸单面印 1 次为 1 色令。

3）开：一张全开纸（没有经过裁切的纸），用一刀把它从中间切成两张，那两张纸的大小就是 2 开（也称对开），切成 4 张就叫 4 开，以此类推。

4）印张：计算纸介质出版物篇幅的单位，全张纸幅面的一半（一张对开纸）两面印刷后称为一个印张。

5）纸：纸张的计算单位，对没有印刷过的纸张常用令表示。

6）克：每平方米纸张的质量，用来衡量纸的厚薄。

11.4.2　印刷的种类

印刷的种类一般可以分为凸版、凹版、平版、孔版印刷 4 大类。凸版印刷所用印版的图文部分隆起，其中又包括雕版、活字版、铅版、铜锌版、感光树脂版及柔性版印刷等。凹版印刷印版的图文部分凹下，又分为雕刻凹印、照相凹印和电子刻版凹印 3 类。平版印刷印版的图文部分与非图文部分基本处于同一平面，通常即指胶印。孔版印刷主要是丝网印刷，即用丝网制成的图文部分能透过油墨而非图文部分不透过油墨的印版进行印刷。

根据印刷程序，上面 4 种印刷方式又有直接印刷与间接印刷之分。版面油墨先转移到橡皮布滚筒，再由橡皮布滚筒将图文转印到纸张上的胶印是间接印刷，其余各种印刷方式都是直接印刷。直接印刷版的图文为反像，间接印刷版的图文为正像。上述各种印刷方式虽版材与印刷工艺不同，但印刷时，都是承印物与印版相接触，并施加一定的压力，属接触压印式印刷。随着计算机技术与设备的发展，出现了激光印刷及喷墨印刷等印刷技术，此类新方法在印刷时并无压印动作，被称为非接触式印刷或无压印刷。

印刷应用领域也有不同的分类习惯。以美国为例，印刷分为商业印刷、期刊印刷、图书印刷、新闻印刷、表格印刷及杂项印刷等。商业印刷又可归纳为商业性杂志与期刊印刷、商标纸与包装纸印刷、产品样本与购货单印刷、商业广告印刷、零件印刷、财经法律印件印刷6大类。中国的印刷一般分为新闻印刷、出版印刷（包括书籍及杂志）、包装装潢印刷、证券印刷、文化用品印刷及零件印刷。中国香港地区的印刷则习惯分为新闻印刷、散件印刷、其他印刷（包括为出版服务的排字、照相制版、装订、切纸等）、纸箱纸盒印刷。

11.4.3 颜色设置与分色

1. 颜色设置

在处理印刷图像之前要先对处理图像的软件进行颜色设置。选择【编辑】|【颜色设置】命令，打开【颜色设置】对话框，如图 11.19 所示。

【设置】选项的选择决定其他选项的选择，【设置】的默认选项是【日本常规用途 2】，其色彩空间是 sRGB，一般的打印、激光输出等选该项即可；比较专业的印刷选择【北美印前 2】选项，其色彩空间是 Adobe RGB，一般 RGB 颜色模式的照片在此模式下可以得到很好的效果；如果选择【自定】选项，则可以进行个性设置。

【工作空间】选项组如图 11.20 所示，包括【RGB】、【CMYK】、【灰色】和【专色】4 个选项，是 Photoshop CS6 色彩的工作核心。

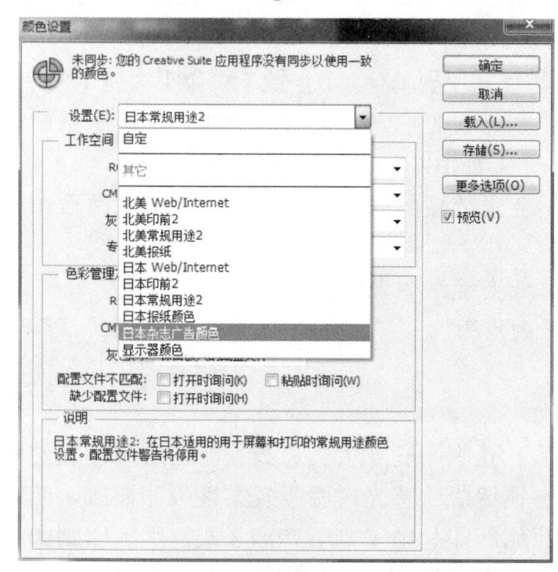

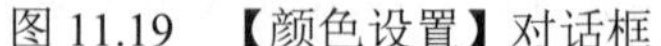
图 11.19 【颜色设置】对话框

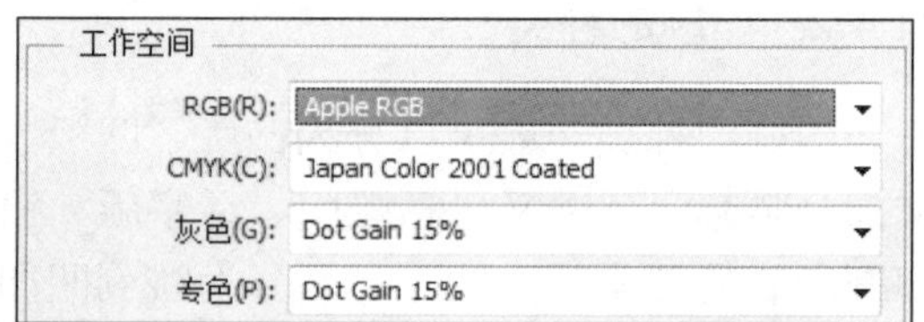

图 11.20 【工作空间】选项组

【RGB】选项一般选择 RGB 或 Adobe RGB 以配合最终出版，否则会出现偏色；【CMYK】选项用于印刷设置，最好得到厂家的色彩配置文件 ICC；【灰色】选项是一个影响灰度图像的设置；【专色】选项用于专色印刷。

设置完成后，就可以打开图像进行分色了。

2. 分色

分色是一个印刷专业名词，指将图稿上的各种颜色分解为青（C）、红（M）、黄（Y）、黑（K）4 种原色颜色。在 Photoshop CS6 中，分色操作只需把图像颜色模式从 RGB 颜色模式或 Lab 模式转换为 CMYK 颜色模式即可。具体操作是，选择【图像】|【模式】|【CMYK 颜色】命令，这样图像的色彩就由色料（油墨）来表示了，具有 4 个颜色通道。图像在输出菲林（也称胶片，是旧时对 film 的翻译，也可以指印刷制版中的底片）时就会按颜色的通道数据生成网点，并分成青、红、黄、黑 4 张分色菲林片。

一幅 RGB 颜色模式的图像包含成百上千个颜色值，索引分色的原理是将这成百上千的颜色按相近合并的办法缩减到 256 个颜色，再人为地将 256 个颜色通过手动控制缩减到几个或十几个颜色后用以分色制版。

拓展：

网点印刷是印刷的一个种类，在包装设计上，图形的表现力和视觉冲击力强，极易引起人们的注意，采用网点印刷的图形难以仿冒，防伪性能好，富有层次感、立体感。

11.4.4 印刷前应注意的问题

1）确定图片模式为 CMYK 颜色模式；确定实底（如纯黄色、纯黑色等）无其他杂色；文件最好为未合并图层的 PSD 文件格式；图片内的文字最好不要在 Photoshop 内完成（可以在 Illustrator 等矢量软件中生成文字，导入到 Photoshop 中），因为文字转换为图片格式以后，字会变毛。

2）Photoshop 文件一般只包含图像范畴。如果做一个印刷页面，最好将图像、图形、文字分别使用不同的软件进行处理。

3）对于交付印刷的图像，最主要的是要注意图像的分辨率和图像尺寸的问题，一般计算公式为：分辨率=加网线数×（1.5～2）；其次是色彩模式的问题，彩色图像的色彩模式，要使用 CMYK 颜色模式。

4）黑白图像如无特殊要求，一般为灰度模式。对于像条形码这种一定要表现成点阵图像形式的线条稿图像，一般分辨率不低于 300dpi，色彩模式为位图模式，网点搭配也是影响图像质量的重要因素。

5）对于反差、网点大小及灰色的平衡数据的 CMYK 网点搭配情况，一定要与后序印刷工艺相匹配。例如，如果使用胶版纸印刷，一般网点反差范围为 5%～85%，如果是使用铜版纸印刷，网点反差范围为 2%～98%。

案例实施

案例一 实施步骤

前面介绍了【动作】面板的使用，下面利用所学知识完成案例一中的任务。

【步骤一】准备工作。

1）在 Photoshop CS6 中，新建一个 500×400 像素的图形文件，将背景填充为黑色。

2）选择工具栏中【横排文字工具】T，输入“动画演示”，文字颜色为红色，80 点，字体为“华文琥珀”，如图 11.21 所示。

【步骤二】创建视频时间轴。

1）选择【窗口】|【时间轴】命令，打开【时间轴】面板，选择并单击【创建视频时间轴】选项，进入视频动画制作状态，如图 11.22 所示。

图 11.21　输入文字

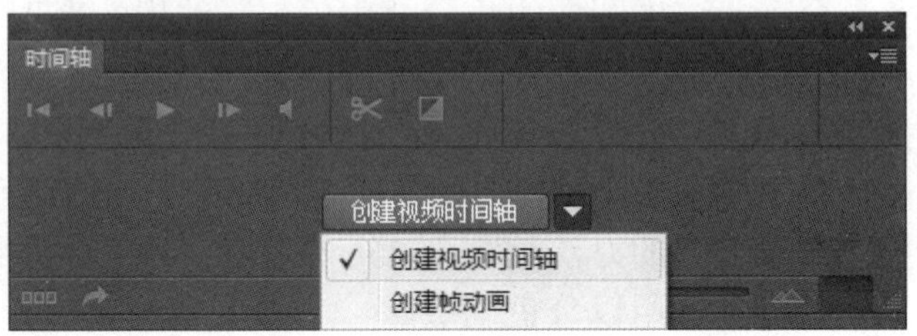

图 11.22　【时间轴】面板

2）打开【图层】面板，选中文字图层，右击，在弹出的快捷菜单中选择【栅格化文字】命令，将文字层栅格化。

3）在【时间轴】面板中，单击文字图层前面的按钮，展开当前图层的参数设置，单击【位置】前面的【启动开关】按钮，移动时间轴线，然后使用【移动工具】移动文字的位置，单击【位置】前面的【在播放头处添加或移去关键帧】按钮，添加关键帧，这样就可以制作一个文字移动的 GIF 动画，如图 11.23 所示。

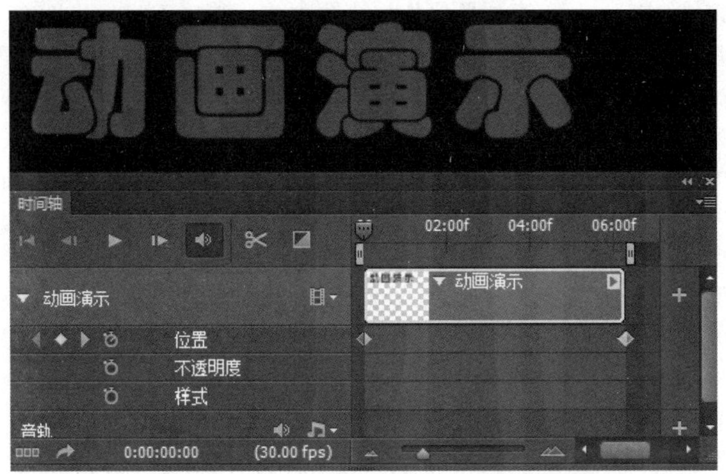

图 11.23　创建【位置】变化的动画

4）时间轴里面【不透明度】、【样式】和【位置】的使用方法类似，单击【不透明度】前面的【启动开关】按钮，移动时间轴线，然后打开【图层】面板，调整文字图层的填充不透明度，这样就可以制作一个文字渐隐的动画了；同样，可以设置文字不同位置的图层样式，效果如图 11.24～图 11.28 所示。

5）单击【时间轴】面板上方的【播放】按钮查看动画效果。如果不满意，则拖动至时间轴拉到某一关键帧，重新设置各参数，直到满意为止。

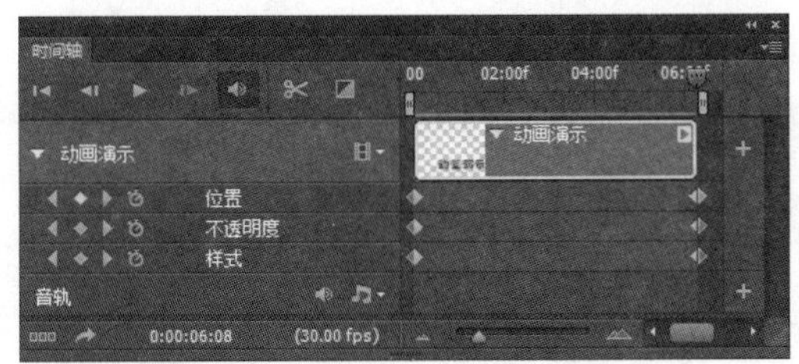

图 11.24　创建【不透明度】、【样式】和【位置】变化的动画

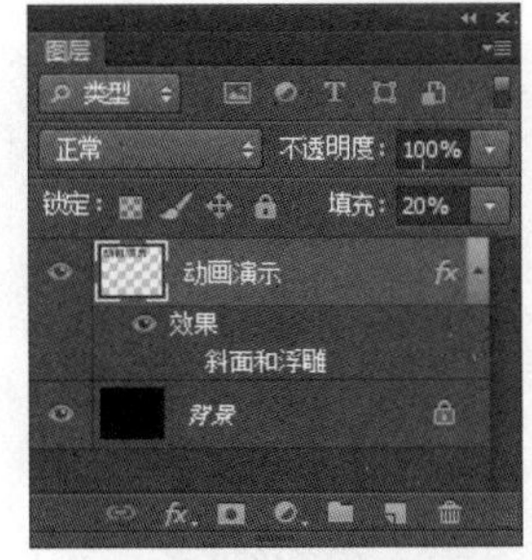

图 11.25　第一帧效果设置

图 11.26　第一帧效果

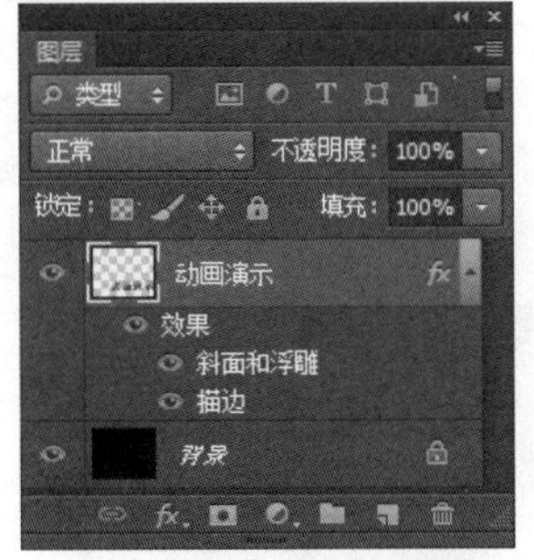

图 11.27　第三十帧效果设置

图 11.28　第三十帧效果

【步骤三】保存文件。

选择【文件】|【存储为 Web 所用格式】命令，保存文件为“动画文字.gif”。

案例二　实施步骤

案例一介绍了时间轴动画的设计过程，下面利用所学知识完成案例二中的任务。

【步骤一】准备工作。

启动 Photoshop CS6，打开本案例素材文件 11.29（a）和三条小鱼的图 11.29（b），11.29（c），11.29（d），如图 11.29 所示。

图 11.29　效果

【步骤二】鱼动画设计。

1）选择【窗口】|【时间轴】命令，打开【时间轴】面板，如图 11.30 所示。

2）先做【鱼 1】的动画，把【鱼 1】放到画面最左边，打开【时间轴】面板位置前面的小钟【启动开关】，生成一个起始帧黄色小棱角。拖动拉杆（时间）一段距离，然后把【鱼 1】移动进来并放好位置，此时它会自动生成一个关键帧，移动拉杆，改变【鱼 1】的位置，再生成几个关键帧，制造小鱼游动的弧线，最后把【鱼 1】放到画面的最右边以结束【鱼 1】的游动，如图 11.31 所示。

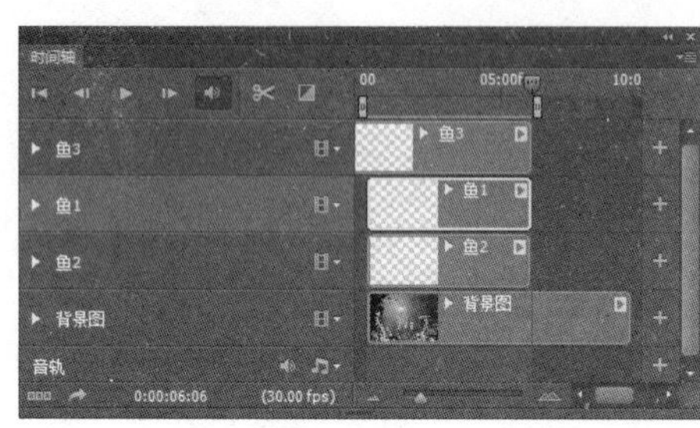

图 11.30 【时间轴】面板

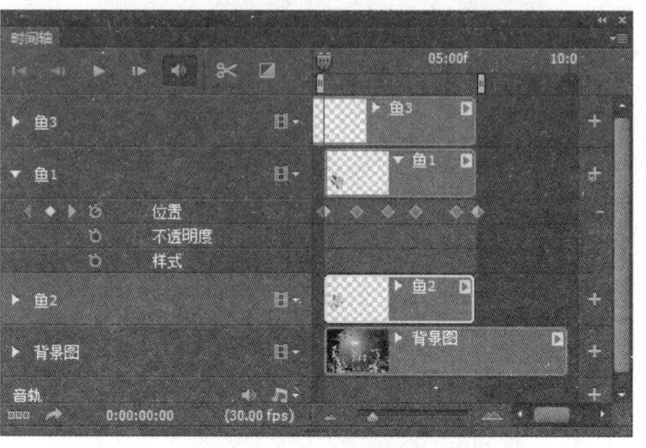

图 11.31 【鱼 1】时间轴设置

3）用同样的方法做【鱼 2】、【鱼 3】的游动动画，其设置和【鱼 1】的动画设置相同。总设置如图 11.32 所示。

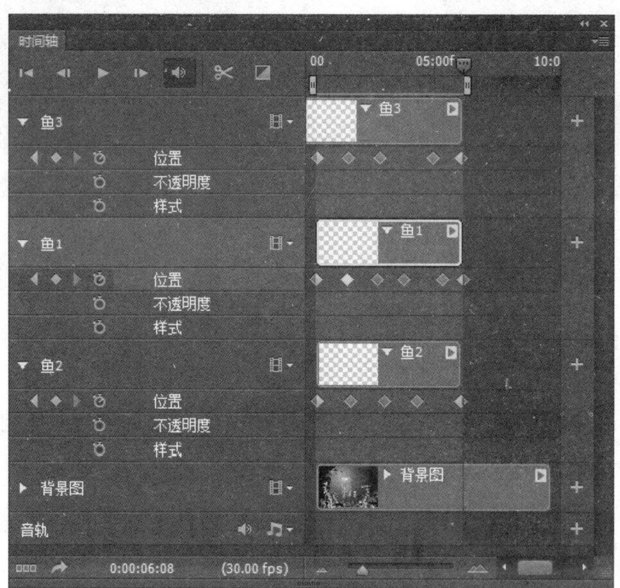

图 11.32 3 条鱼时间轴设置

4）单击【时间轴】面板上方的【播放】按钮▶查看效果，如运动轨迹不满意，拖动关键帧和小鱼的位置进行调整，最终效果如图 11.2 所示。

【步骤三】保存文件。

选择【文件】|【存储为 Web 所用格式】命令，保存文件为“热闹的海洋世界.gif”。

工作实训营

1. 训练内容

1）利用图层样式制作立体字效果，如图 11.33 所示，并将其录制成动作。

图 11.33　效果图

2）使用【批处理】命令将一批曝光过度照片做纠正处理。

2. 训练要求

在深入学习的基础上，分别实现上述要求。

工作实践中常见问题解析

【常见问题 1】 如何使用下载的动作？

答：在【动作】面板选项菜单中，选择【载入动作】命令，载入下载的动作文件。载入后，在【动作】面板中会出现刚载入的动作。选择动作命令并执行动作。

【常见问题 2】 录制的动作可以在其他计算机中使用吗？

答：在【动作】面板选项菜单中，选择【存储动作】命令，存储动作时用户选择存储位置，可以新建一个文件夹并命名，把这个动作的文件夹复制到其他机器中，打开 Photoshop CS6，在【动作】面板选项菜单中选择【载入动作】命令，找到该动作文件夹，选取想要的动作文件即可加载。

【常见问题 3】 怎样把批处理后的图像保存到另一个文件夹？

答：在录制动作时，当操作到【然后将图片关闭】时不要直接关闭文件，而是选择【文件】|【存储为】命令，将图片存储到用户想要存储的文件夹中，存储完毕后关闭文件，并停止动作对话框的录制。

【常见问题 4】 如何设置打印照片？

答：现在很多打印机都支持无边距打印。打印照片，选择无边距打印更好。无边距打印从 100mm×150mm 到 A4 幅面的照片纸，都可打印满幅照片。使用时，只需将打印机驱动程序中的【打印纸】设置中的【纸张来源】选择为【卷纸（零边距）】选项即可。

【常见问题 5】 用 Photoshop 打印出来的照片区域小，部分边沿打印不出来，怎么处理？

答：设置出血，一般为 3mm。

【常见问题 6】 如何将几个图片打印到一张纸上？

答：建一个比较大的文件，用【移动工具】把一张张需要打印的照片排好。使用对齐工具进行精确排列，确保空白位置匀称，以方便剪裁，最后合并所有的图层，实现多张照片打印在一张纸上的要求（可参照第 5 章一寸照片连排的案例）。

习　题

1．利用滤镜、动作及动画制作春雨绵绵的效果。效果如图 11.34 所示。

图 11.34　春雨效果图

2．打开一幅曝光不足的照片，处理成正常的照片，要求生成动作和批处理文件。

参考文献

赖亚非，陈雷，赵军．2011．Photoshop CS5 图像处理实训教程[M]．北京：清华大学出版社．

李金明，李金荣．2012．中文版 Photoshop CS6 完全自学教程（1DVD）（彩印）[M]．北京：人民邮电出版社．

胖鸟工作室．2010．Photoshop CS5 完全自学手册[M]．北京：石油工业出版社．

锐意视觉．2012．Photoshop CS6 平面广告设计经典 228 例[M]．北京：中国青年出版社．

时代印象．2013．中文版 Photoshop CS6 实用教程[M]．北京：人民邮电出版社．

陶书中，赵军．2013．Photoshop 图像处理项目化教程[M]．北京：机械工业出版社．

新视角文化行．2010．Photoshop CS5 图像处理实战从入门到精通[M]．北京：人民邮电出版社．

赵军，沈海洋，嵇可可．2012．Photoshop CS5 设计案例教程[M]．北京：科学出版社．